U0150015

低维动力系统与函数方程

石勇国 著

科学出版社

北京

内 容 简 介

本书共 6 章. 第 1 章是动力系统和函数方程简介. 第 2 章介绍 Sharkovsky 序列、倍周期分岔、Feigenbaum 函数方程、FKS 函数方程. 第 3 章介绍实数的动力系统展开, 以及相关展开的分析性质. 第 4 章介绍区间映射的共轭问题, 包括单调映射、多峰映射、Markov 映射, 以及马蹄映射等; 讨论共轭方程组的奇异解, 无处可微连续解和分形解等. 第 5 章介绍单变量线性函数方程的连续解. 第 6 章讨论可积映射、可反映射、可反映射同(异)宿轨、双曲同胚的线性化, 以及全纯映射的局部规范型、Cremona 映射的 Siegel 盘.

本书可供数学专业高年级本科生、研究生、教师作为教学科研素材使用, 也可供相关科研人员和数学爱好者参考.

图书在版编目(CIP)数据

低维动力系统与函数方程/石勇国著. —北京: 科学出版社, 2021.3
 ISBN 978-7-03-067508-8

Ⅰ. ①低⋯ Ⅱ. ①石⋯ Ⅲ. ①动力系统(数学) ②泛函方程 Ⅳ. ①O194 ②O177

中国版本图书馆 CIP 数据核字 (2020) 第 268169 号

责任编辑: 王胡权 姚莉丽 李 萍 / 责任校对: 杨聪敏
责任印制: 张 伟 / 封面设计: 陈 敬

科学出版社 出版
北京东黄城根北街 16 号
邮政编码: 100717
http://www.sciencep.com
天津市新科印刷有限公司 印刷
科学出版社发行 各地新华书店经销
*
2021 年 3 月第 一 版 开本: 720 × 1000 B5
2022 年 7 月第三次印刷 印张: 12 1/2
字数: 240 000
定价: 69.00 元
(如有印装质量问题, 我社负责调换)

前　　言

　　动力系统是研究随时间演变的系统的一门分支学科, 按照时间可以分为连续动力系统和离散动力系统. 动力系统理论源于天体力学和微分方程定性理论的研究, 近几十年来得到迅猛的发展, 其概念、理论和方法已经渗透到数学的其他分支, 在物理学、力学、化学、生物学、医学、工程学、经济学和统计学等学科中广泛应用. 现代动力系统按照内容可分为: 符号动力系统、拓扑动力系统、遍历理论、微分动力系统、复动力系统、Hamilton 系统、微分方程的定性理论、随机动力系统等; 按照维数可分为: 低维动力系统 (一维或二维)、高维 (n 维) 动力系统、无穷维动力系统.

　　函数方程经常出现在动力系统不变量的研究中, 也经常出现在数学的其他分支. 按照变量的个数, 函数方程分为单变量函数方程与多变量函数方程. 函数方程的研究主要集中于函数方程的连续解、凸解、可微解或解析解等各类型解的存在性、构造以及相关的性质.

　　本书无意涉及动力系统和函数方程的诸多主题, 主要集中在作者研究的几个小领域中, 其中包括 Feigenbaum 函数方程, 动力系统中的实数表示, 区间上的共轭方程, 线性函数方程, 二维可积、可反映射, 离散系统的同宿 (异宿) 轨道, 二维映射局部线性化等主题. 除了介绍近几十年这些方面的代表性成果外, 还介绍了作者与其他合作者的一些工作, 并且提出了一些值得深入探讨的问题.

　　本书力图结构分明, 内容简洁明了. 每一章基本独立, 但彼此之间有联系. 第 2 章求解 Feigenbaum 函数方程的方法和 4.1 节求解共轭方程的方法是类似的, 读者可以比较阅读, 领会逐段定义法的技巧. 第 3 章实数的表示, 内容涉及数论、概率论和常微分方程, 3.1 节和 3.3 节的方法可以运用到第 4 章逐段扩张多峰映射共轭的精确表达式和光滑性的估计中. 第 5 章线性函数方程的求解方法, 可以运用到第 6 章可积映射积分求解中. 反过来, 第 6 章关于二维映射的规范型或线性化, 实际上是寻找二维的共轭方程各类型解的存在性. 这方面有诸多方法和经典的结果. 为了查阅文献的方便, 每节参考文献附在节的末尾.

　　本书主要内容来自我校数学与应用数学专业发展选修课程 "动力系统初步" 的讲义. 部分内容已经在一些高校讨论班和国内外相关会议上做过汇报. 在成书之前, 彭家寅教授和赵思林教授给予作者极大的鼓励; 在成书过程中, 我院 2014 级学生马倩、蒲娇、汪马玲、张悦、贺建君、荣源等花费了很多时间和精力帮助输入和整理. 在此一并表示衷心的感谢.

　　本书的出版得到了 "内江师范学院领军人才工程后备人选项目" 的经费资助, 课题内容曾获国家自然科学基金项目 (11301256) 和四川省教育厅科研项目 (18ZA0274, 14TD0026) 的资助, 特此说明并致谢.

　　限于作者的水平, 书中难免有不当之处, 敬请广大读者和专家批评指正. 作者的邮箱: scumat@163.com.

石勇国

2019 年 3 月 3 日

于大千故里

目　　录

第1章　动力系统与函数方程简介

本章简要介绍动力系统的历史、概念以及相关的著名例子; 详细介绍函数方程的历史、类型, 函数方程与特殊函数、函数方程与动力系统的关系, 函数方程的求解方法, 以及具体的例子.

1.1　动力系统简介

动力系统 (dynamical system) 是数学上的一个概念, 描述从一个状态到下一个状态的变化规则. 技术上讲, 动力系统就是在某个时间对某个对象上的一种作用. 动力系统又称动力学系统、动态系统, 研究由微分方程描述的连续变化的过程和映射迭代描述的离散运动的性质. 动力系统理论源于天体力学和微分方程定性理论的发展, 作为研究现实的复杂系统动力学行为的有力工具, 近几十年来得到了迅猛的发展, 其概念、理论和方法已经渗透到数学的其他分支, 在物理学、化学、生物学、医学、经济学和统计学等学科中得到了广泛的应用, 特别是在预测与控制方面的应用.

动力系统的研究可以追溯到著名的科学家牛顿. 在他研究二体问题的过程中, 以时间为参变量的微分方程占据了主导地位. 牛顿的方法和结果使得人们非常乐观地相信, 通过求出微分方程的显示解, 可以处理任何天体问题. 到了 19 世纪末, 法国大数学家 Poincaré 着力研究三体问题, 发现即使对于某些非常简单的微分方程组, 也无法求出显示解. 为了克服这一难题, 他将注意力从方程的单个解转移到所有解曲线及其相互关系上来, 将相空间的几何引入定性分析过程中. Poincaré 这种定性分析方法虽然对单个解不能提供多少帮助, 但却能得到大部分解曲线的信息. 自此以后, 动力系统研究的重点从以微分方程来定义系统的模式转到相空间与群作用上. 在 20 世纪 20 年代, 美国数学家 Birkhoff 又以一般度量空间上的群作用作为动力系统来研究众多动力学性质, 为动力系统成为独立的数学分支奠定了理论基础.

一个**离散 (时间) 动力系统**包含一个非空集合 X 和一个映射 $f: X \to X$. 对于 $n \in \mathbb{N}$, f 的 n 次迭代或复合表示为 $f^n = f \circ \cdots \circ f(n \text{ 次})$, 我们定义 f^0 为恒等映射 Id, 若 f 可逆, 则 $f^{-n} = f^{-1} \circ \cdots \circ f^{-1}(n \text{ 次})$. 由于 $f^{n+m} = f^n \circ f^m$, 因此, 若 f 可逆, 这些迭代形成一个群; 若 f 不可逆, 则形成一个半群.

一个**连续 (时间) 动力系统**包含一个空间 X 和一个单参数族映射 $\{f^t: X \to$

$X\}$, 其中 $t \in \mathbb{R}$ 或 $t \in \mathbb{R}^+$, 它形成一个单参数的群或半群, 即 $f^{t+s} = f^t \circ f^s$, 且 $f^0 = \mathrm{Id}$. 如果时间取遍整个实数集 $\mathbb{R}$, 那么这个动力系统称为一个流; 如果时间取遍整个 $\mathbb{R}^+$, 那么称为半流. 注意到固定 t_0, 则 $(f^{t_0})^n = f^{t_0 n}$ 形成一个离散 (时间) 动力系统.

本书用 "动力系统" 术语, 除第 6 章部分章节指微分方程描述的连续动力系统之外, 主要指由映射迭代描述的离散动力系统. 低维动力系统指的是低维空间里的动力系统, 本书主要涉及一维区间映射、二维映射或 n 维映射、复平面上的全纯映射.

关于低维动力系统有许多著名的例子. 例如, Logistic 人口增长模型, 属于一维连续动力系统; 表述市场价格变化的蛛网图, 属于一维离散动力系统; 牛顿迭代映射, 属于复动力系统; Lotka-Volterra 捕食与被捕食模型, 以及 van der Pool 振荡系统, 属于二维连续动力系统; $3n+1$ 问题, 以及计算方根的平均映射

$$T(x, y) = \left(\frac{2xy}{x+y}, \frac{x+y}{2} \right),$$

属于二维离散动力系统; 用于天气预测的 Lorentz 系统, 属于三维连续动力系统. 更多关于动力系统的历史、研究课题以及分类等介绍见文献 [1—17].

参 考 文 献

[1] Banks J, Dragan V, Jones A. Chaos: A Mathematical Introduction. Cambridge: Cambridge University Press, 2003.

[2] 陈胜, 宋威. 动力系统的不变量与函数方程. 哈尔滨: 哈尔滨工业大学出版社, 2011.

[3] Guckenheimer J, Holmes P. Nonlinear Oscillations, Dynamical Systems, and Bifurcations of Vector Fields. New York: Springer, 1983.

[4] Katok A, Hasselblatt B. Introduction to the Modern Theory of Dynamical Systems. Cambridge: Cambridge University Press, 1995.

[5] Hasselblatt B, Katok A. A First Course in Dynamics. Cambridge: Cambridge University Press, 2003.

[6] Hirsch M W, Smale S, Devaney R L. Differential Equations, Dynamical Systems and an Introduction to Chaos. Amsterdam: Elsevier, 2004.

[7] Layek G C. An Introduction to Dynamical Systems and Chaos. New Delhi: Springer, 2015.

[8] Knill O. Dynamical Systems. Harvard University, Spring semester, 2005.

[9] Robinson C. Dynamical Systems: Stability, Symbolic Dynamics and Chaos. Boca Raton: CRC Press, 1995.

[10] Robinson C. An Introduction to Dynamical Systems: Continuous and Discrete. New York: Prentice Hall, 2004.

[11] Thompson J M T. Stewart H B. Nonlinear Dynamics and Chaos: Geometrical Methods for Engineers and Scientists. Hoboken: John Wiley and Sons, 1986.

[12] Wiggins S, Mazel D S. Introduction to Applied Nonlinear Dynamical Systems and Chaos. 2nd ed. New York: Springer, 2003.

[13] 叶向东, 黄文, 邵松. 拓扑动力系统概论. 北京: 科学出版社, 2008.

[14] 张景中, 熊金城. 函数迭代与一维动力系统. 成都: 四川教育出版社, 1992.

[15] 张伟年. 动力系统基础. 北京: 高等教育出版社, 2001.

[16] 张筑生. 微分动力系统原理. 北京: 科学出版社, 1987.

[17] 周作领, 尹建东, 许绍元. 拓扑动力系统 —— 从拓扑方法到遍历理论方法. 北京: 科学出版社, 2011.

1.2 函数方程简介

含有未知函数的等式叫**函数方程** (functional equation). 当然, 根据具体研究的对象, 还需首先给出函数的定义域与值域.

常见的函数方程, 如, Cauchy 函数方程: $f(x + y) = f(x) + f(y)$; Gamma 函数方程: $\Gamma(x + 1) = x\Gamma(x)$; Schröder 函数方程: $f(h(x)) = sf(x)$; Abel 函数方程: $f(h(x)) = f(x) + c, c \neq 0$. 按照变量的个数, 函数方程还可以分为单变量函数方程与多变量函数方程.

函数方程与其他方程有着紧密的关系.

(1) 当函数的定义域是整数的集合时, 该函数是一个序列, 带有这样的定义域的方程本质是一个递推问题, 即**差分方程**.

(2) 当函数方程中函数可微时, 可以转化为**微分方程**或者泛函微分方程来求解. 反过来, 一个常微分方程的数值求解迭代格式, 可以看成单变量函数满足某个差分方程; 一个偏微分方程的数值求解迭代格式, 可以看成多变量函数满足某个差分方程.

(3) 当函数方程中函数可积时, 则可以转化为**积分方程**来求解.

Hilbert 强调, 虽然在求解函数方程时, 微分方程理论提供了一个优美且强有力的技巧, 但是函数本身没被要求可微性假设, 因此需要在一般的条件下求解函数方程的通解, 人们正是朝着这个方向努力, 使得函数方程理论在近几十年快速发展, 并且成为现代数学的一个分支.

许多大数学家, 如 Euler (1768), Poisson (1804), Cauchy (1821), Abel (1823), Darboux (1895), Pexider (1903), Banach (1920), Ostrowski (1929), 都对函数方程有过研究. 在 1769 年, d'Alembert[1,2] 在讨论力的合成法则时, 导出了函数方程

$$f(x + y) + f(x - y) = 2f(x)f(y).$$

1815 年, 现代计算机之父 Charles Babbage[3] 研究了函数方程

$$f(f(x)) = x, \quad \forall x \in S.$$

从 1821 年起, 数学家 Cauchy[1] 对一系列函数方程, 如

$$f(x + y) = f(x) + f(y),$$

$$f(xy) = f(x) + f(y),$$

$$f(xy) = f(x)f(y)$$

进行了研究, 从而创立了求解函数方程的经典方法——**Cauchy 法**. 20 世纪 70 年代末, 华罗庚等[4] 利用线性函数方程

$$f(x) = \sum_{i=1}^{l} a_i f(b_i x) + h(x)$$

研究两个自变量两个未知函数的二阶常系数线性偏微分方程组的唯一可解性, 获得了成功. 1983 年, 张景中、杨路[5] 研究了连续的非单调函数 $F : I \to I$ 的迭代根, 即迭代方程

$$f^n(x) = F(x), \quad \forall x \in I.$$

1989 年, 法国数学家 Yoccoz[6] 研究 Schröder 函数方程获得 1994 年的 Fields 奖. 1989 年, 曾就职 AT&T Bell 实验室、现任普林斯顿大学教授、小波理论的创始人之一、美国科学院女院士 Daubechies 给出了尺度方程

$$f(x) = \sum_{n=0}^{N-1} a_n f(kx - n)$$

的解的三种构造法及其正则性[7,8], 构造了紧支正交波.

1.2.1　数学奥林匹克竞赛和课程中涉及的函数方程

在数学奥林匹克竞赛中我们也会见到许多类型的函数方程[9-11].

例 1.2.1 (1978 年罗马尼亚数学奥林匹克竞赛)　设 N 是正整数集, 证明存在一个函数 $f : \mathrm{N} \to \mathrm{N}$, 使得对于任意的 $n \in \mathrm{N}$ 有

$$f(f(n)) = n^2.$$

例 1.2.2 (2004 年西班牙数学奥林匹克竞赛) 设 $\mathbb{Z}$ 是整数集, 确定 (证明) 所有函数 $f : \mathbb{Z} \to \mathbb{Z}$, 使得对于属于 $\mathbb{Z}$ 的 x, y, 有

$$f(x + f(y)) = f(x) - y.$$

另外, 数学分析中隐函数定理和逆函数定理均涉及函数方程.

定理 1.2.1 (二维隐函数定理) 设 $g : \mathbb{R}^2 \to \mathbb{R}^1$ 是 C^1 函数 (即偏导数存在且连续), 进一步假设:

(1) $g(x_0; y_0) = 0$;

(2) $\dfrac{\partial g}{\partial y}(x_0; y_0) \neq 0$,

那么存在关于 x_0 的开区间 I、关于 y_0 的开区间 J, 以及 C^1 函数 $p : I \to J$, 满足

(1) $p(x_0) = y_0$;

(2) $g(x; p(x)) = 0, \forall x \in I$.

定理 1.2.2 (Lagrange 逆定理) 设 v 是一个关于 x, y 和另一个函数 f 的函数, 且满足

$$v = x + y f(v),$$

那么对于任意函数 g 和很小的 y, 有

$$g(v) = g(x) + \sum_{k=1}^{\infty} \frac{y^k}{k!} \left(\frac{\partial}{\partial x} \right)^{k-1} ((f(x))^k g'(x)).$$

若 g 是一个恒等映射, 则 $v = x + \sum_{k=1}^{\infty} \dfrac{y^k}{k!} \left(\dfrac{\partial}{\partial x} \right)^{k-1} ((f(x))^k)$.

1770 年, Joseph Louis Lagrange (1736—1813) 对上述提到的 v 函数发表了隐式方程的幂级数解.

除了数学分析和微分方程, 我们在其他课程中也会发现很多问题本质上是涉及函数方程的. 例如, 在算法设计与分析课程中, 会遇到下面有关时间复杂度估计的函数方程

$$T(n) = 4T(n/2) + n^2 \quad \text{或} \quad T(n) = 4T(n/2) + n^3.$$

更一般的方程是下面非齐次的线性函数方程

$$f(ax) - bf(x) = h(x).$$

当 $h(x) = \sum_{k=0}^{n} A_k x^n$ 时, 此函数方程有特解[12]:

$$f(x) = \sum_{k=0}^{n} \frac{A_k}{a^k - b} x^k, \quad a^k - b \neq 0.$$

在动态规划中, 下面的 Bellman 函数方程在经济模型[13] 中有着重要应用

$$v(x) = \max_{y \in \Gamma(x)} [F(x, y) + \beta v(y)].$$

Stokey 和 Lucas 在文献 [14, Theorem 4.6] 中利用 Blackwell 定理证明了该方程解的存在唯一性.

1.2.2   函数方程与特殊函数

很多特殊函数可以利用函数方程的解来刻画. Bernoulli 多项式涉及如下线性函数方程

$$f(x + 1) - af(x) = h(x).$$

当 $a = 1$ 和 $h(x) = \sum_{k=0}^{n} b_k x^n$ 时, 这个单变量线性函数方程有特解[12]:

$$f(x) = \sum_{k=0}^{n} \frac{b_k}{k+1} B_k + 1(x),$$

其中 $B_k(x)$ 是 k 次 Bernoulli 多项式. 值得注意的是 k 次 Bernoulli 多项式 $B_k(x)$ 满足下面的函数方程[7,8]

$$f(x) = \sum_{n=0}^{k-1} n^{k-1} f\left(\frac{x+n}{k}\right).$$

此外, 可以通过简单函数方程或者函数方程组定义特殊函数[15-18]. 例如, Lambert W 函数, Gamma 函数, de Rham 函数, Appell 多项式, Weierstrass 函数, Takagi 函数, Riemann 函数, Keisswetter 函数, van de Waerden 函数, Knopp 函数.

利用函数方程可以定义基本函数和刻画性质. 基本函数包括线性函数、多项式函数、三角函数、指数对数函数、双曲函数等[19], 常用方法有如下两种:

(1) 可通过函数方程本身求出基本函数;

(2) 可通过函数方程本身导出函数所满足的性质 (正则性、恒等式、不等式等).

函数方程在其他方面也有广泛的应用. 下面函数方程导出三次 B-样条函数[20]:

$$f(x) = \frac{1}{8}(f(2x) + 4f(2x - 1) + 6f(2x - 2) + 4f(2x - 3) + f(2x - 4)).$$

更一般地, 规范化 $N - 1$ 次 B-样条函数

$$f(x) = \frac{(-1)^N}{(N-1)!} \sum_{k=0}^{N} (-1)^k \binom{N}{k} [(k - x)^+]^{N-1}$$

是下面 2 尺度差分方程[21]

$$f(x) = \sum_{n=0}^{N-1} f(2x-n), \quad \int f(x)\mathrm{d}x = 1$$

当 $a_n = \left.\begin{pmatrix} N \\ n \end{pmatrix}\right/ 2^{N-1}$ 时的解.

如下函数方程是 Schilling 方程

$$4qf(qx) = f(x+1) + 2f(x) + f(x-1), \quad x \in \mathbb{R}.$$

它起源于物理. Schilling[22,23] 在研究一类非晶体物质的混沌结构时得到这个函数方程. 至今仍然存在多个公开问题未能解决[24,25].

在天文学中 Kepler 方程为

$$M = E - e\sin E,$$

其中 M 表示平近点角, E 表示偏近点角, e 表示反常参数. Kepler 方程首先由 Johannes Kepler 在 1619 年推导出, 在物理和数学中有着重要的地位[26-30]. 它主要应用在解决行星运行的轨道问题上. 将 E 写成 e 的幂级数形式

$$E = M + \sum_{n=1}^{\infty} a_n e^n,$$

其中系数由 Lagrange 逆定理给出[26]

$$a_n = \frac{1}{2^{n-1}n!} \sum_{k=0}^{[n/2]} (-1)^k \begin{pmatrix} n \\ k \end{pmatrix} (n-2k)^{n-1} \sin[(n-2k)M].$$

1.2.3 函数方程与动力系统的关系

当求解函数方程时, 首先需要考虑已知函数在不变集附近的动力学性质. 由后面章节可以看到, 不同动力学性质, 例如不同类型的不动点, 对应求解函数方程的方法有所不同, 对应解的个数差别也很大. 反过来, 动力系统中的不变流形、KAM 理论、线性化问题、规范型、小除数问题, 以及 Collatz 猜想或 $3n+1$ 问题等都涉及函数方程.

动力系统与函数方程相互关联, 互相渗透, 融为一体.

1.2.4 函数方程的求解方法

对于不同的函数方程, 有各种各样的求解方法. 不同的方法适用于不同的情形. 常见的求解函数方程的方法有初等解法[31]、解析方法[32] 等.

初等解法包括不动点法、代换法、共轭法、微分法、Cauchy 法等.

解析方法包括不动点定理、幂级数法、基本域 (或延拓法)、递推法等.

函数研究的内容包含函数方程的解的存在唯一性以及解的可微性、周期性、稳定性等相关性质.

例 1.2.3　利用 Maple 软件, 考虑函数方程

$$f(x) = f(3x) + \frac{1}{3}(f(3x + 1) + f(3x - 1)) + \frac{2}{3}(f(3x + 2) + f(3x - 2)).$$

定义初始化函数

$$f := x \rightarrow \begin{cases} 1 - abs(x), & abs(x) \leqslant 1, \\ 0, & abs(x) > 1, \end{cases}$$

$$x \rightarrow piecewise(|x| \leqslant 1, 1 - |x|, 1 < |x|, 0).$$

构造算子:

$$V := f \rightarrow f(3x) + \frac{1}{3}(f(3x + 1) + f(3x - 1)) + \frac{2}{3}(f(3x + 2) + f(3x - 2));$$

$$s_1 := V(f) : f_1 := unapply(s1, x) : plot(f_1(x), x = -1..1)$$

得到 f_1 的图像, 如图 1.2.1 所示.

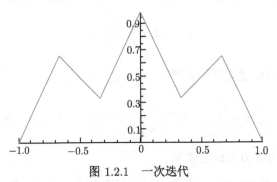

图 1.2.1　一次迭代

不断迭代,

$$s_2 := f_1(3x) + \frac{1}{3}(f_1(3x + 1) + f_1(3x - 1)) + \frac{2}{3}(f_1(3x + 2) + f_1(3x - 2)) :$$

$$f_2 := unapply(s_2, x) : plot(f_2(x), x = -1..1)$$

得到 f_2 的图像, 如图 1.2.2 所示.

$$s_3 := f_2(3x) + \frac{1}{3}(f_2(3x + 1) + f_2(3x - 1)) + \frac{2}{3}(f_2(3x + 2) + f_2(3x - 2)) :$$

$$f_3 := unapply(s_3, x) : plot(f_3(x), x = -1..1)$$

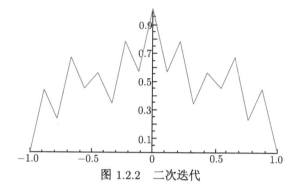

图 1.2.2   二次迭代

得到 f_3 的图像, 如图 1.2.3 所示.

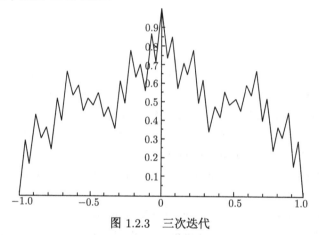

图 1.2.3   三次迭代

$$s_4 := f_3(3x) + \frac{1}{3}(f_3(3x+1) + f_3(3x-1)) + \frac{2}{3}(f_3(3x+2) + f_3(3x-2)):$$
$$f_4 := unapply(s_4, x) : plot(f_4(x), x = -1..1)$$

得到如图 1.2.4 的近似解.

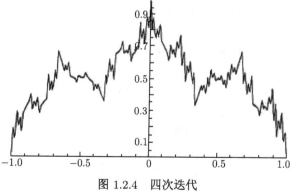

图 1.2.4   四次迭代

参 考 文 献

[1] Aczél J, Dhombres J. Functional Equations in Several Variables. Cambridge: Cambridge University Press, 1989.

[2] Rassias T M. Functional Equations and Inequalities. Dordrecht: Kluwer, 2000.

[3] Babbage C. Essay towards the calculus of functions. Philosoph. Transact, 1815, 105: 389-423; II, ibid. 106(1816): 179-256.

[4] 华罗庚, 吴兹潜, 林伟. 二阶两个自变数两个未知函数的常系数线性偏微分方程组. 北京: 科学出版社, 1979: 25-31.

[5] Zhang J, Yang L. Discussion on iterative roots of piecewise monotone functions. Acta. Math. Sinica, 1983, 26(4): 398-412.

[6] Yoccoz J C. Analytic linearization of circle diffeomorphisms//Eliasson L H, Kuksin S B, Marmi S, Yoccoz J C. Dynamical Systems and Small Divisors, Cetraro, 1998. Lecture Notes in Math., Berlin: Springer-Verlag, 2002, 1784: 125-173.

[7] Daubechies I, Lagarias J C. Two-scale difference equations I. Existence and global regularity of solutions. SIAM J. Math. Anal., 1991, 22(5): 1388-1410.

[8] Daubechies I, Lagarias J C. Two-scale difference equations II. Local regularity, infinite products of matrices, and fractals. SIAM J. Math. Anal., 1992, 23(4): 1031-1079.

[9] Small C G. Functional Equations and How to Solve Them. New York: Springer, 2007.

[10] Lajkó K. Functional Equations in Competition Problems. Debrecen: University Press of Debrecen, 2005.

[11] Mathematical Excalibur. http://www.math.ust.hk/excalibur/.

[12] Functional Equations: Exact Solutions at EqWorld: The World of Mathematical Equations. http://eqworld.ipmnet.ru/en/solutions/fe.htm.

[13] Bellman R E. Dynamic Programming. Princeton: Princeton University Press, 1957.

[14] Stokey N L, Lucas Jr R E, Prescott E C. Recursive Methods in Economic Dynamics. Cambridge: Harvard University Press, 1989.

[15] Kannappan P. Functional Equations and Inequalities with Applications. New York: Springer, 2008.

[16] Thim J. Continuous nowhere differentiable functions. Luleal University of Technology, Senior Thesis, 2003.

[17] Spurrier K G. Continuous nowhere differentiable functions. South Carolina Honors College, 2004.

[18] Okamoto H. A remark on continuous, nowhere differentiable functions. Proc. Japan Acad., 2005, 81: 47-50.

[19] Weisstein E W. Functional Equation. http://mathworld.wolfram.com/Functional Equation.html.

[20] Strang G. Wavelets and dilation equations: A Brief Introduction. SIAM Review, 1989, 31: 614-627.

[21] Wang Y. Two-scale dilation equations and the cascade algorithm. Random and Computational Dynamics, 1995(3): 289-307.

[22] Derfel G, Schilling R. Spatially chaotic configurations and functional equations with rescaling. J. Phys. A, 1996, 29: 4537-4547.

[23] Schilling R. Spatially-chaotic structures//Thomas E, ed. Nonlinear Dynamics in Solids. Berlin: Springer-Verlag, 1992: 213-241.

[24] Drzaślewicz A. The general solution of the generalized Schilling's equation. Aequationes Math., 1992, 44: 317-326.

[25] Baron K, Jarczyk W. Recent results on functional equations in a single variable, perspectives and open problems. Aequationes Math., 2001, 61: 1-48.

[26] Ioakimidis N I, Papadakis K E. A new simple method for the analytical solution of Kepler's equation. Celest. Mech., 1985, 35: 305-316.

[27] Dörrie H. 100 Great Problems of Elementary Mathematics: Their History and Solutions. New York: Dover, 1965: 330-334.

[28] Weisstein E W. Kepler's Equation. http://mathworld.wolfram.com/Keplers Equation.html.

[29] Siewert C E, Burniston E E. An exact analytical solution of Kepler's equation. Celest. Mech., 1972, 6: 294-304.

[30] Montenbruck O, Pfleger T. Astronomy on the Personal Computer. 4th ed. Berlin: Springer-Verlag, 2000: 62-63, 65-68.

[31] 张伟年, 杨地莲, 邓圣福. 函数方程. 成都: 四川教育出版社, 2002.

[32] 李文荣, 张全信. 函数方程与微分方程的解析解. 北京: 科学出版社, 2008.

第 2 章 区 间 映 射

本章简要介绍区间映射的周期结构, 以及迭代产生的倍周期分岔和混沌现象, 进而探讨与 Feigenbaum 方程相关的连续解.

2.1 节介绍了区间上连续的自映射的周期点的定义, 这样的连续映射的周期结构即 Sharkovsky 序列, 以及著名的 Sharkovsky 定理.

2.2 节介绍了 Logistic 映射的倍周期分岔现象, 以及给出了 Li-Yorke 混沌的定义.

2.3 节考虑了倍周期分岔中解释 "普适" 现象的重正化群方程, 即 Feigenbaum 方程; 介绍了 (平底) 单谷延拓解的性质和构造; 探讨了多峰延拓解; 根据参数的四种不同情况, 用逐段定义法, 分别给出了四种方式构造双谷延拓解.

2.4 节研究了 Feigenbaum-Kadanoff-Shenker 方程, 该方程与 Feigenbaum 方程形式类似; 利用区间映射迭代的性质, 给出了单谷延拓解的性质; 利用逐段定义法, 构造了单谷延拓解.

2.1 Sharkovsky 序列

在动力系统中, 不得不讲的定理或许就是 Sharkovsky 定理[1,2]. 本节对著名的 Sharkovsky 定理做一个简要介绍, 这个定理的各种证明可以参见相关文献 [3—6].

2.1.1 连续自映射的周期点

设 f 是某个区间上的连续自映射, 区间不必是闭的或有界的. 动力系统的目的是研究 f 的迭代: 如果 f^n 表示为 f 的 n 次复合, 那么对于给定一点 x, 可探究序列

$$x, f(x), f^2(x), f^3(x), \cdots.$$

这个序列称为 x 的 f 轨道, 或简称为 x 的轨道.

当这个序列中的元素重复时, 就特别有趣. 在这种情况下, 称 x 为**周期点**, 称轨道或周期 $O := \{f^n(x)|n = 0, 1, \cdots\}$ 中不同点的个数为 x 的**周期**. x 的周期是使得 $f^m(x) = x$ 成立的最小正整数 m.

特别地, 不动点 x 是周期为 1 的周期点, 即 $f(x) = x$. 周期为 m 的周期点是 $f^m, f^{2m}, f^{3m}, \cdots$ 的不动点, 因此, 若 $f^n(x) = x$, 则 x 的周期是 n 的因数.

如果 f 有一个周期为 m 的周期点, 则称 m 是 f 的一个周期. 一个自然的问题是给定一个连续的区间自映射会有什么样的周期? 在 20 世纪 60 年代, 乌克兰数学家 Sharkovsky(或 Sharkovskii) 天才地意识到存在一个周期集的结构.

2.1.2 Sharkovsky 定理

Sharkovsky 定理涉及对正整数集 $\mathbb{N}$ 的重新排序, 称这种排序为 Sharkovsky 序列, 具体如下:

$$3 \triangleright 5 \triangleright 7 \triangleright \cdots \triangleright 2 \cdot 3 \triangleright 2 \cdot 5 \triangleright 2 \cdot 7 \triangleright \cdots \triangleright 2^2 \cdot 3 \triangleright 2^2 \cdot 5 \triangleright 2^2 \cdot 7 \triangleright \cdots \triangleright 2^3 \triangleright 2^2 \triangleright 2 \triangleright 1,$$

这是一个总的排序; 当 l 在 r 左边时, 记为 $r \triangleleft l$ 或 $l \triangleright r$.

一个重要的事实是 Sharkovsky 序列具有以下二倍周期属性:

$$l \triangleright r \text{ 当且仅当 } 2l \triangleright 2r.$$

大于 1 的奇数出现在序列左端, 1 出现在序列右端, 且 $\mathbb{N}$ 的其余部分将被这些末端块相继地加倍, 并向内插入序列中.

Sharkovsky 证明了这个序列描述了区间上连续自映射哪些数字是它的周期.

定理 2.1.1 (Sharkovsky 迫使定理[1,2]) 如果 m 是 f 的一个周期并且 $m \triangleright l$, 那么 l 也是 f 的一个周期.

上述表明, 一个连续区间映射的周期集是 Sharkovsky 序列的某个尾部. 所谓的尾部是一个集合 $T \subset \mathbb{N}$, 且对于所有的 $s \notin T, t \in T$ 有 $s \triangleright t$. 很明显, 有三种类型的尾部: 对于某个 $m \in \mathbb{N}$, $\{m\} \cup \{l \in \mathbb{N} | l \triangleleft m\}$; 2 的所有幂的集合, 即 $\{\cdots, 16, 8, 4, 2, 1\}$; 以及空集 $\varnothing$.

下面的互补结果有时被称为 Sharkovsky 定理的逆命题, 在 Sharkovsky 的原始论文[1,2] 中有证明.

定理 2.1.2 (Sharkovsky 定理[1,2]) Sharkovsky 序列的任意尾部都是某个区间连续自映射的周期集.

这两个定理合在一起就是 Sharkovsky 定理: $\mathbb{N}$ 的一个子集是一个区间连续自映射的周期集当且仅当这个周期集是 Sharkovsky 序列的一个尾部.

无论 Sharkovsky 定理的证明有多少种方法, 无论有多么巧妙, 证明的基础都是中值定理.

2.1.3 Sharkovsky 定理的历史渊源

在 20 世纪 50 年代 Coppel[7] 得到一个结果: 如果闭区间上的连续映射没有周期为 2 的周期点, 那么每个点在此映射迭代下都收敛于不动点. 于是得到如下简单的推论: 如果一个连续映射有异于不动点的其他周期点, 那么 2 必然是它的周期. 这意味着 2 是 Sharkovsky 序列中倒数第二个数字.

在 20 世纪 60 年代发表的两篇论文 [1,2] 中, Sharkovsky 阐明了上述结果, 并重新对 Coppel 的定理进行了验证[1,2]. 在 1975 年, 《美国数学月刊》发表了李天岩和 Yorke 的一篇著名的论文《周期 3 蕴含混沌》[8], 其中的结论: 周期为 3 的周期点的存在意味着所有其他周期的周期点的存在. 这意味着 3 是 Sharkovsky 序列中第一个数字. 李天岩和 Yorke 的这篇论文除了向读者介绍混沌之外, 他们的工作引起了全球学者对 Sharkovsky 工作的认可.

在几年内, Sharkovsky 定理的新证明不断出现, 例如, Štefan[3]; Block, Guckenheimer, Misiurewicz 和 Young[4]; Burkart[5]; Nitecki[6] 的综述论文; Alsedà, Llibre 和 Misiurewicz[9]; 以及 Du[10]; Burns 和 Hasselblatt 的证明[11].

参 考 文 献

[1] Sharkovskii A N. Coexistence of cycles of a continuous map of the line into itself. Ukrain. Mat. Zh., 1964, 16: 61-71.

[2] Sharkovskii A N. On cycles and structure of a continuous mapping. Ukrain. Mat. Zh., 1965, 17: 104-111.

[3] Štefan P. A theorem of Sarkovskii on the existence of periodic orbits of continuous endomorphisms of the real line. Comm. Math. Phys., 1977, 54: 237-248.

[4] Block L, Guckenheimer J, Misiurewicz M, et al. Periodic points and topological entropy of one-dimensional maps//Nitecki Z, Robinson C, eds. Global Theory of Dynamical Systems. Berlin: Springer-Verlag, 1980: 18-34.

[5] Burkart U. Interval mapping graphs and periodic points of continuous functions. J. Combin. Theory Ser. B, 1982, 32: 57-68.

[6] Nitecki Z. Topological dynamics on the interval//Katok A, ed. Ergodic Theory and Dynamical Systems II. Boston: Birkhäuser, 1982: 1-73.

[7] Coppel W A. The solution of equations by iteration. Proc. Cambridge Philos. Soc., 1955, 51: 41-43.

[8] Li T Y, Yorke J A. Period three implies chaos. Amer. Math. Monthly, 1975, 82: 985-992.

[9] Alsedà L, Llibre J, Misiurewicz M. Combinatorial Dynamics and Entropy in Dimension One. 2nd ed. River Edge: World Scientific, 2000.

[10] Du B S. A simple proof of Sharkovsky's theorem. Amer. Math. Monthly, 2004, 111: 595-599.

[11] Burns K, Hasselblatt B. The Sharkovsky theorem: A natural direct proof. Amer. Math. Monthly, 2011, 118(3): 229-244.

2.2　倍周期分岔

考虑如下简单的动力系统[1,2]:

$$x_{n+1} = r x_n (1 - x_n),$$

或者 Logistic 映射 $f(x) = rx(1-x)$, 其中 f 的定义域为 $[0,1]$, 参数为 $r \in (0,4)$.

当 $r \in (1,3)$ 时, x_n 趋于稳定的不动点 $x_* = (r-1)/r$; 但当参数超过 3 时, 不动点突然地一分为二, x_n 的值在两个不同数之间振荡, 这是周期 2 循环; 把 r 增大到 $3.444\cdots$ 时, 周期 2 吸引子也失稳, 出现周期 4 循环, 即 x_n 的值在 4 个不同值之间跳跃, 周期再次加倍; 当 r 增大到 $3.56\cdots$ 时, 周期又加倍到 8; 到 $3.567\cdots$ 时, 周期达到 16; 此后便是更快速的 32, 64, 128, $\cdots$, 周期倍增数列, 这种现象叫做**倍周期分岔**[3,4]. 这种倍周期分岔速度如此之快, 以至到 $3.5699\cdots$ 就结束了, 见图 2.2.1. 倍周期分岔现象突然中断, 周期性让位于混沌, 表现为一种永不落入定态的振荡. 混沌是非线性系统固有的内在随机性, 它表现为很混乱的输出.

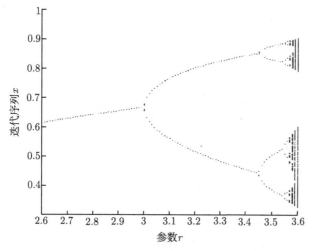

图 2.2.1　倍周期分岔

关于映射的混沌定义, 目前尚无统一的数学定义. 下面给出的混沌定义是由李天岩和 Yorke[5] 首先提出的. 考虑区间 $[a,b]$ 上单参数的连续的自映射 $x_{n+1} = F(x_n, \lambda)$, $n = 0, 1, 2, \cdots$.

定义 2.2.1　对于映射 $x_{n+1} = F(x_n, \lambda)$, 如果存在不可数子集 $S \subset [a,b]$, 使得

$$\liminf_{n \to \infty} \|F^n(x, \lambda) - F^n(y, \lambda)\| = 0, \quad x, y \in S \text{ 且 } x \neq y;$$

$$\limsup_{n \to \infty} \|F^n(x, \lambda) - F^n(y, \lambda)\| > 0, \quad x, y \in S \text{ 且 } x \neq y,$$

则称映射 $x_{n+1} = F(x_n, \lambda)$ 为 Li-Yorke 混沌.

在定义中, 前面两个极限说明子集的点相对集中而又相当分散.

倍周期分岔是一种具有代表性的由有序向混沌态过渡、演化的过程, 是通往混沌的一条路径. 对于不同的参数值, 可能有不同的归宿. 所有这一切看起来是非常简单的, 当参数 r 从 0 趋向 4 时, 动力学性态的复杂性稳定增长: 定态 → 周期性态 → 混沌性态.

参 考 文 献

[1] Feigenbaum M J. Quantitative universality for a class of nonlinear transformations. Statist. Phys., 1978, 19(1): 25-52.

[2] Feigenbaum M J. The universal metric properties of nonlinear transformations. Statist. Phys., 1979, 21: 669-706.

[3] Kuznetsov Y A. Elements of Applied Bifurcation Theory. 3rd ed. New York: Springer-Verlag, 2004.

[4] Alligood K T, Sauer T D, Yorke J A. Chaos: An Introduction to Dynamical Systems. Berlin: Springer, 1996.

[5] Li T Y, Yorke J A. Period three implies chaos. Amer. Math. Monthly, 1975, 82: 985-992.

2.3　Feigenbaum 函数方程

1978 年, Feigenbaum[1] 发现单参数区间映射进行迭代时, 随参数的变化出现了倍周期分叉现象. 由此, Feigenbaum[1,2] 得到了临界情形下著名的函数方程, 即 Cvitanovic-Feigenbaum 方程或 Feigenbaum 方程:

$$\begin{cases} g(x) = -\dfrac{1}{\lambda} g(g(-\lambda x)), & 0 < \lambda < 1, \\ g(0) = 1, \ -1 \leqslant g(x) \leqslant 1, & x \in [-1, 1]. \end{cases}$$

这个方程解释了在映射区间里出现的这种普遍现象. Feigenbaum 和 Coullet 及 Tresser[3] 分别计算了该方程的幂级数解的前几项. 然而, 要找到这样一个形式简单的方程的准确解并不容易. 限定在连续、光滑或解析范围, 这样解的存在性结果已经在文献 [4—8] 中有所涉及并得到了相应的解. 1985 年, 杨路和张景中[9] 用如下方程代替了上面的方程:

$$\begin{cases} \varphi(x) = \dfrac{1}{\lambda} \varphi(\varphi(\lambda x)), & 0 < \lambda < 1, \\ \varphi(0) = 1, \ 0 \leqslant \varphi(x) \leqslant 1, \ x \in [0, 1], \end{cases} \tag{2.3.1}$$

称之为第二类 Feigenbaum 方程. 他们证明了 Feigenbaum 方程的单峰偶解等价于第二类 Feigenbaum 方程的单谷解; 利用逐段定义法, 构造了所有单谷解; 同年, Groeneveld[10] 也同样构建了 Feigenbaum 函数的单峰、凹和偶解. 1994 年, 唐元生[11] 构造了 Feigenbaum 函数方程的单峰偶解, 并给出这类连续解可成为 C^k 解的充分条件. 1997 年, 席鸿建、孙太祥[12] 通过研究方程 (2.3.1) 连续解的性质和平底单谷扩充连续解的性态, 给出了构造平底单谷连续解的可行方法. 2008 年, Berg[13] 计算了上面第一个方程的 C^0 分段线性解. 2009 年, 司建国和张敏[14] 讨论了第二类 Feigenbaum 方程的 C^2 凸的单谷解. 一个自然的问题是 Feigenbaum 方程是否有其他类型的解, 廖公夫[15] 针对第二类 Feigebaum 方程, 探讨了由某单谷映射扩充所得到的所有连续解的性质, 并构造所有这类解, 而且一族解不是单谷的.

本节将简要介绍 (平底) 单谷延拓解的性质和构造, 以及双谷延拓解的构造. 同样的方法可以构造多峰延拓解.

2.3.1 第二类 Feigenbaum 方程的 (平底) 单谷延拓解

设 φ 为函数方程 (2.3.1) 的连续解. 根据方程边界条件有 $\varphi(1) = \lambda$, $\varphi^2(\lambda) = \lambda^2$, 进而得到 $\varphi(\lambda) \neq \lambda$, $\varphi(\lambda) \neq 1$. 关于连续解, 有如下性质[12].

性质 1 设 φ 的最小值点为 α, 则 $\varphi(\alpha) = 0$, $\alpha > \lambda$.

性质 2 设 φ 的最小值点为 α, 若 $x \in [0, \lambda]$, 使 $\varphi(x) = \alpha$, 则存在 φ 的最小值点 β(可能与 α 相等), 使 $x = \lambda\beta$.

性质 3 设集合 $A = \{\alpha | \alpha$ 是 φ 的最小值点$\}$, 则 A 是开区间 $(\lambda, 1)$ 上的单点集或闭子区间.

性质 4 设 φ 的最小值点构成的区间为 $[\alpha, \beta]$, α 和 β 为 φ 的最小值点, 则

(1) 对任意 $x \in [\beta, 1]$, $\varphi(x) \leqslant \lambda$;

(2) 当 $\varphi(\lambda) > \beta$ 时, 有 $\varphi([0, \lambda\alpha]) = [\beta, 1]$, $\varphi([\lambda\alpha, \lambda\beta]) = [\alpha, \beta]$, $\varphi([\lambda\beta, \lambda]) \subset [\beta, 1]$, $\varphi(\lambda\alpha) = \varphi(\lambda\beta) = \beta$;

(3) 当 $\varphi(\lambda) < \alpha$ 时, 有 $\varphi([0, \lambda\alpha]) = [\beta, 1]$, $\varphi([\lambda\alpha, \lambda\beta]) = [\alpha, \beta]$, $\varphi([\lambda\beta, \lambda]) \subset [\lambda, \alpha]$, $F(\lambda\alpha) = \beta$, $F(\lambda\beta) = \alpha$.

定义 2.3.1 设 $\varphi : \mathbb{R} \to \mathbb{R}$, 闭区间 $[a, b] \subset \mathbb{R}$, 若存在点 $\alpha \in [a, b]$, 使得 $\varphi(x)$ 在 $[a, \alpha]$ 上严格递减, 在 $[\alpha, b]$ 上严格递增, 则称 $[a, b]$ 是函数 $\varphi(x)$ 的**单谷区间**, $\varphi(x)$ 是 $[a, b]$ 上的**单谷函数**. 若存在点 $u, v \in (a, b)$ 且 $u < v$, 使得 $\varphi(x)$ 在 $[a, u]$ 上严格递减, 在 $[u, v]$ 上为常值, 在 $[v, b]$ 上严格递增, 则称 $[u, v]$ 是函数 $\varphi(x)$ 的**平底区间**, $\varphi(x)$ 是 $[a, b]$ 上的**平底单谷函数**.

定义 2.3.2 方程 (2.3.1) 的连续解称为 **(平底) 单谷延拓解**, 如果 φ 限制在区间 $[\lambda, 1]$ 是 (平底) 单谷函数.

特别地, 当平底区间退化为一点时, 平底单谷延拓解变为单谷延拓解.

设 φ 为方程 (2.3.1) 的平底单谷延拓解, $[u,v]$ 是其最小值点构成的区间, 则 $\lambda < u < v < 1$, 且对于任意 $x \in [u,v]$, 有 $\varphi(x) = 0$, 且 $\varphi(\lambda) \neq u$. 关于平底单谷延拓解, 有如下性质[12].

性质 5   设 φ 为方程 (2.3.1) 的平底单谷延拓解, 则方程 $\varphi(x) = \lambda x$ 在区间 $[v,1]$ 上有唯一解 $x = 1$.

性质 6   若 $\varphi(\lambda) > v$, 则对任意整数 $n \geqslant 0$, $\varphi|_{[\lambda^n v, \lambda^n]}$ 严格单调递增; $\varphi|_{[\lambda^{n+1}, \lambda^n u]}$ 严格单调递减.

性质 7   若 $\varphi(\lambda) < u$, 则对任意整数 $n \geqslant 0$, $\varphi|_{[\lambda^n v, \lambda^n]}$ 和 $\varphi|_{[\lambda^{n+1}, \lambda^n u]}$ 均严格单调递减.

根据上面的性质, 按照如下方式构造这类通解.

任意取以区间 $[u,v] \subset [\lambda,1]$ 为平底区间的平底单谷函数 $\varphi_0 : [\lambda,1] \to [0,1]$, 且满足

(i) $\varphi_0(1) = \lambda$, $\lambda < \varphi_0(\lambda) < 1$, $\varphi_0(\lambda) \notin [u,v]$, $\varphi_0^2(\lambda) = \lambda^2$;

(ii) $\varphi_0(x) = \lambda x$ 在区间 $[v,1]$ 上有唯一解 $x = 1$;

(iii) 对任意 $x \in [u,v]$, $\varphi(x) = 0$.

记 $p(x) := \varphi|_{[v,1]}$ 和 $q(x) := \varphi|_{[\lambda,u]}$.

若 $\varphi_0(\lambda) > v$, 定义

$$\varphi_1(x) = \begin{cases} p^{-1}\left(\lambda\varphi_0\left(\dfrac{x}{\lambda}\right)\right), & x \in [\lambda^2, \lambda u] \cup [\lambda v, \lambda], \\ w(x), & x \in [\lambda u, \lambda v], \end{cases}$$

其中映射 $w : [\lambda u, \lambda v] \to [u,v]$ 是连续映射且 $w(\lambda u) = w(\lambda v) = v$. 对任意 $n \geqslant 2$, 递推定义

$$\varphi_n(x) = p^{-1}\left(\lambda\varphi_{n-1}\left(\dfrac{x}{\lambda}\right)\right), \quad x \in [\lambda^{n+1}, \lambda^n],$$

则平底单谷延拓通解由下式给出

$$\varphi(x) = \begin{cases} \varphi_n(x), & x \in [\lambda^{n+1}, \lambda^n], \\ 1, & x = 0. \end{cases}$$

若 $\varphi_0(\lambda) < u$, 定义

$$\varphi_1(x) = \begin{cases} p^{-1}\left(\lambda\varphi_0\left(\dfrac{x}{\lambda}\right)\right), & x \in [\lambda^2, \lambda u], \\ w(x), & x \in [\lambda u, \lambda v], \\ q^{-1}\left(\lambda\varphi_0\left(\dfrac{x}{\lambda}\right)\right), & x \in [\lambda v, \lambda], \end{cases}$$

其中映射 $w : [\lambda u, \lambda v] \to [u,v]$ 是连续映射且 $w(\lambda u) = v, w(\lambda v) = u$. 对任意 $n \geqslant 2$, 递推定义

$$\varphi_n(x) = p^{-1}\left(\lambda\varphi_{n-1}\left(\dfrac{x}{\lambda}\right)\right), \quad x \in [\lambda^{n+1}, \lambda^n],$$

则平底单谷延拓通解由下式给出：

$$\varphi(x) = \begin{cases} \varphi_n(x), & x \in [\lambda^{n+1}, \lambda^n], \\ 1, & x = 0. \end{cases}$$

例 2.3.1 取 $\lambda = 1/4, u = 3/5, v = 5/7, f(\lambda) = 7/9$. 取初始函数为逐段线性的函数, 得到平底单谷延拓解, 如图 2.3.1 所示.

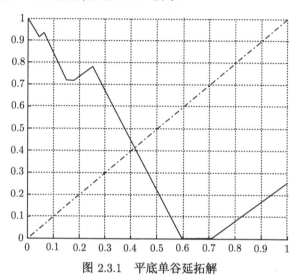

图 2.3.1 平底单谷延拓解

例 2.3.2 取 $\lambda = 1/4, \alpha = 3/5, f(\lambda) = 1/2$. 取初始函数为逐段线性的函数, 得到单谷解, 如图 2.3.2 所示.

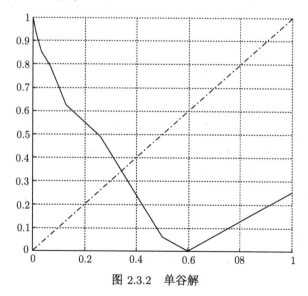

图 2.3.2 单谷解

例 2.3.3   取 $\lambda = 1/3, \alpha = 2/3, f(\lambda) = 7/9$. 取初始函数为逐段线性的函数, 得到单谷延拓解, 也称 Štefan 映射[16], 该映射有所有 2 的方幂周期的周期点, 而无其他的周期点, 如图 2.3.3 所示.

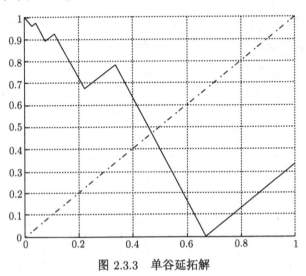

图 2.3.3   单谷延拓解

2.3.2   第二类 Feigenbaum 方程的双谷延拓解

前面方法都是构造单谷延拓解, 自然的一个问题是方程是否还有其他类型的连续解, 例如, 多峰延拓解. 本小节在孙太祥[17] 给出的两种构造方法的基础上, 给出构造了双谷延拓解的四种方法.

定义 2.3.3   方程 (2.3.1) 的连续解称为**多峰延拓解**, 如果 φ 限制在区间 $[\lambda, 1]$ 是多峰函数. 特别地, 如果 φ 限制在区间 $[\lambda, 1]$ 是双谷函数, 那么称 φ 为双谷延拓解.

设 α 是连续解 φ 的最小值点, 分下面四种情形进行构造.

(C11) $\varphi|_{[\alpha,1]}$ 是双峰函数且 $\varphi(\lambda) > \alpha$;

(C12) $\varphi|_{[\alpha,1]}$ 是双峰函数且 $\varphi(\lambda) < \alpha$;

(C21) $\varphi|_{[\alpha,1]}$ 是严格递增函数, $\varphi|_{[\lambda,\alpha]}$ 是双峰函数且 $\varphi(\lambda) > \alpha$;

(C22) $\varphi|_{[\alpha,1]}$ 是严格递增函数, $\varphi|_{[\lambda,\alpha]}$ 是双峰函数且 $\varphi(\lambda) < \alpha$.

对于情形 (C11), 双谷延拓解构造如下.

任取连续函数 $\varphi_0 : [\lambda, 1] \to [0, \varphi_0(\lambda)]$ 使得

(i) $\varphi_0|_{[\alpha,1]}$ 是双峰函数, 折点为 t_1, t_2 且 $\varphi_0(\alpha) = 0$, $\varphi_0(1) = \lambda$, 其中 $\alpha \in (\lambda, 1)$, $t_i \in (\alpha, 1)$ 均为任意给定.

(ii) $\varphi_0 : [\lambda, \alpha] \to [0, \varphi_0(\lambda)]$ 是严格递减函数, 其中 $\varphi_0(\lambda) \in (\alpha, 1)$.

(iii) $\varphi_0^2(\lambda) = \lambda^2$, 若 $\varphi_0(\lambda) \in (\alpha, t_1]$, 记

$$l = 1, \quad \varphi_0(\alpha) = 0, \quad \varphi_0(t_i) = \lambda\varphi_0^{-1}|_{[\alpha,t_1]}(\lambda\varphi_0(s_i)),$$

其中 $i = 1, 2, \lambda = s_3 < s_2 < s_1 = 1, s_2$ 任意给定; 若 $\varphi_0(\lambda) \in (t_1, t_2]$, 记

$$l = 2, \quad \varphi_0(t_1) = 0, \quad s_2 = 1, \quad \varphi_0(t_2) = \lambda\varphi_0^{-1}|_{[t_1,t_2]}(\lambda\varphi_0(s_2)) = \lambda\varphi_0(\lambda);$$

若 $\varphi_0(\lambda) \in (t_2, 1)$, 记

$$l = 3, \quad \varphi_0(t_2) = 0.$$

(iv) $\varphi_0(x) = \lambda x$ 在区间 $[t_2, 1]$ 上有唯一解 $x = 1$.

记 $t_0 := \alpha, t_3 := 1, f_{2-i} := \varphi_0|_{[t_i, t_{i+1}]}, i = 0, 1, 2$. 定义

$$\varphi_1(x) = f_{3-l}^{-1}(\lambda\varphi_0(\lambda^{-1}x)), \quad x \in [\lambda^2, \lambda].$$

可以验证, 对于 $l = 1, 2$,

$$\varphi_1([\lambda^2, \lambda]) = [t_{l-1}, t_l] \quad \text{和} \quad t_i = f_{2-i}^{-1}(\lambda\varphi_1(\lambda s_i)), \ i = l, \cdots, 2.$$

对于 $l = 1$, 定义

$$\varphi_2(x) = \begin{cases} f_2^{-1}(\lambda\varphi_1(\lambda^{-1}x)), & x \in [\lambda^2 s_1, \lambda^2], \\ f_1^{-1}(\lambda\varphi_1(\lambda^{-1}x)), & x \in [\lambda^2 s_2, \lambda^2 s_1], \\ f_0^{-1}(\lambda\varphi_1(\lambda^{-1}x)), & x \in [\lambda^3, \lambda^2 s_2]. \end{cases}$$

对于 $l = 2$, 定义

$$\varphi_2(x) = \begin{cases} f_1^{-1}(\lambda\varphi_1(\lambda^{-1}x)), & x \in [\lambda^2 s_2, \lambda^2], \\ f_0^{-1}(\lambda\varphi_1(\lambda^{-1}x)), & x \in [\lambda^3, \lambda^2 s_2]. \end{cases}$$

对于 $l = 3$, 定义

$$\varphi_2(x) = f_0^{-1}(\lambda\varphi_1(\lambda^{-1}x)), \quad x \in [\lambda^3, \lambda^2].$$

对任意 $n \geqslant 3$, 再递推定义

$$\varphi_n(x) = f_0^{-1}(\lambda\varphi_{n-1}(\lambda^{-1}x)), \quad x \in [\lambda^{n+1}, \lambda^n].$$

则双谷延拓解由下式给出

$$\varphi(x) = \begin{cases} \varphi_n(x), & x \in [\lambda^{n+1}, \lambda^n], \\ 1, & x = 0. \end{cases}$$

反过来, 要构造这样的解, 必须满足条件 (i)—(iv).

例 2.3.4 取 $\lambda = 1/4, \alpha = t_0 = 1/2, t_1 = 5/7, t_2 = 6/7, \varphi_0(\lambda) = 17/28$; $s_1 = 1, s_2 = t_0 = 1/2$; $\varphi_0(t_0) = 0, \varphi_0(t_1) = 17/112, \varphi_0(t_2) = 1/8, \varphi_0(1) = \lambda$; 取初始函数 φ_0 为逐段线性的函数, 得到双谷延拓解, 如图 2.3.4 所示.

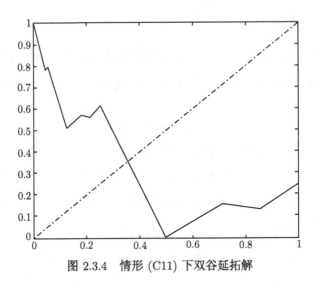

图 2.3.4   情形 (C11) 下双谷延拓解

对于情形 (C12), 双谷延拓解构造如下.

任取 $[\lambda, 1]$ 上的连续函数使得

(i) $\varphi_0|_{[\alpha,1]}$ 是双峰函数, 折点为 t_1, t_2 且 $\varphi_0(\alpha) = 0$, $\varphi_0(1) = \lambda$, 其中 $\alpha \in (\lambda, 1)$, $t_i \in (\alpha, 1)$ 均为任意给定;

(ii) $\varphi_0 : [\varphi_0(\lambda), \alpha] \to [0, \lambda^2]$ 是严格递减函数, 其中 $\varphi_0(\lambda) \in (\lambda, \alpha)$;

(iii) $\varphi_0(t_i) = \lambda\varphi_0(s_i)$, 其中 $i = 0, 1, 2$, $t_0 = \alpha$, s_1 任意给定使得 $\lambda = s_2 < s_1 < s_0 = \alpha$;

(iv) $\varphi_0(x) = \lambda x$ 在区间 $[t_2, 1]$ 上有唯一解 $x = 1$.

记 $t_0 := \alpha, t_3 := 1$, $f_{2-i} := \varphi_0|_{[t_i, t_{i+1}]}$, $i = 0, 1, 2$. 记 $f_3 := \varphi_0|_{[\varphi_0(\lambda), t_0]}$. 定义

$$\varphi_1(x) = \begin{cases} f_3^{-1}(\lambda\varphi_0(\lambda^{-1}x)), & x \in [\lambda s_0, \lambda], \\ f_2^{-1}(\lambda\varphi_0(\lambda^{-1}x)), & x \in [\lambda s_1, \lambda s_0], \\ f_1^{-1}(\lambda\varphi_0(\lambda^{-1}x)), & x \in [\lambda^2, \lambda s_1]. \end{cases}$$

对任意 $n \geqslant 2$, 再递推定义 $\varphi_n(x) = f_0^{-1}(\lambda\varphi_{n-1}(\lambda^{-1}x)), x \in [\lambda^{n+1}, \lambda^n]$. 则双谷延拓解由下式给出

$$\varphi(x) = \begin{cases} \varphi_n(x), & x \in [\lambda^{n+1}, \lambda^n], \\ 1, & x = 0. \end{cases}$$

例 2.3.5   取 $\lambda = 1/4, \alpha = t_0 = 1/2, t_1 = 5/7, t_2 = 6/7, \varphi_0(\lambda) = 3/7$; $s_1 = 3/8$; $\varphi_0(s_1) = 4/7, \varphi_0^2(\lambda) = \lambda^2, \varphi_0(t_1) = 1/7, \varphi_0(t_2) = 3/28$; 取初始函数 φ_0 为逐段线性的函数, 得到双谷延拓解, 如图 2.3.5 所示.

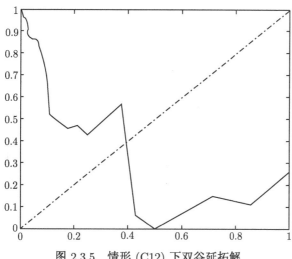

图 2.3.5 情形 (C12) 下双谷延拓解

对于情形 (C21), 双谷延拓解构造如下.

任取区间 $[\lambda, 1]$ 上连续函数 φ_0 使得

(i) $\varphi_0|_{[\lambda,\alpha]}$ 是双峰函数, 折点为 t_1, t_2, $\varphi_0(\lambda) \in (\alpha, 1)$ 且 $\varphi_0(\alpha) = 0$, $\varphi_0(1) = \lambda$, 其中 $\alpha \in (\lambda, 1)$, $t_i \in (\lambda, \alpha)$ 均为任意给定;

(ii) $\varphi_0 : [\alpha, 1] \to [0, \lambda]$ 是严格递增函数, 且 $\varphi_0^2(\lambda) = \lambda^2$;

(iii) $\varphi_0(x) = \lambda x$ 在区间 $[\alpha, 1]$ 上有唯一解 $x = 1$.

记 $f_0 := \varphi_0|_{[\alpha,1]}$, 对任意 $n \geqslant 1$, 再递推定义 $\varphi_n(x) = f_0^{-1}(\lambda \varphi_{n-1}(\lambda^{-1} x))$, $x \in [\lambda^{n+1}, \lambda^n]$, 则双谷延拓解由下式给出:

$$\varphi(x) = \begin{cases} \varphi_n(x), & x \in [\lambda^{n+1}, \lambda^n], \\ 1, & x = 0. \end{cases}$$

例 2.3.6 取 $\lambda = 1/4, \alpha = t_3 = 4/5, t_1 = 3/8, t_2 = 1/2, \varphi_0(\lambda) = 9/10$; $s_1 = 1, s_2 = t_0 = 1/2$; $\varphi_0(t_3) = 0$, $\varphi_0(t_1) = 0$, $\varphi_0(t_2) = 1$, $\varphi_0(1) = \lambda$, $\varphi_0^2(\lambda) = \lambda^2$; 取初始函数 φ_0 为逐段线性的函数, 得到双谷延拓解, 如图 2.3.6 所示.

对于情形 (C22), 双谷延拓解构造如下.

任取区间 $[\lambda, 1]$ 上的连续函数 φ_0 使得

(i) $\varphi_0|_{[\lambda,\alpha]}$ 是双峰函数, 折点为 t_1, t_2, $\varphi_0(\lambda) \in (\lambda, \alpha)$, $\varphi_0(\alpha) = 0$, $\varphi_0(1) = \lambda$, $\varphi_0^2(\lambda) = \lambda^2$, 其中 $\alpha \in (\lambda, 1)$, $t_i \in (\lambda, \alpha)$ 均为任意给定.

(ii) $\varphi_0(\lambda) \in (\lambda, \alpha)$. 若 $\varphi_0(\lambda) \in [\lambda, t_1)$, 记 $l = 1$, $\varphi_0(t_i) = \lambda \varphi_0(s_i)$, 其中 $i = 1, 2$, s_i 任意给定使得 $\alpha = s_3 < s_2 < s_1 < 1$; 若 $\varphi_0(\lambda) \in [t_1, t_2)$, 记 $l = 2$, $\varphi_0(t_2) = \lambda \varphi_0(s_2)$, 其中 $\alpha = s_3 < s_2 < 1$; 若 $\varphi_0(\lambda) \in [t_2, 1)$, 记 $l = 3$.

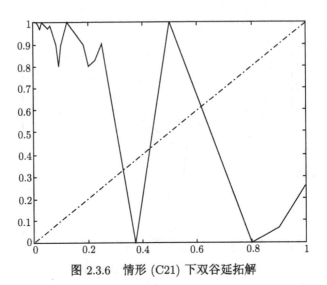

图 2.3.6 情形 (C21) 下双谷延拓解

(iii) $\varphi_0 : [\alpha, 1] \to [0, \lambda]$ 是严格递减函数.

(iv) $\varphi_0(x) = \lambda x$ 在区间 $[\alpha, 1]$ 上有唯一解 $x = 1$.

记 $t_0 := \lambda, t_3 := \alpha, f_{3-i} := \varphi_0|_{[t_i, t_{i+1}]}, i = 1, 2; f_0 := \varphi_0|_{[\alpha, 1]}$. 对于 $l=1$, 定义

$$\varphi_1(x) = \begin{cases} f_2^{-1}(\lambda\varphi_0(\lambda^{-1}x)), & x \in [\lambda s_1, \lambda], \\ f_1^{-1}(\lambda\varphi_0(\lambda^{-1}x)), & x \in [\lambda s_2, \lambda s_1], \\ f_0^{-1}(\lambda\varphi_0(\lambda^{-1}x)), & x \in [\lambda\alpha, \lambda s_2]. \end{cases}$$

对于 $l = 2$, 定义

$$\varphi_1(x) = \begin{cases} f_1^{-1}(\lambda\varphi_0(\lambda^{-1}x)), & x \in [\lambda s_2, \lambda], \\ f_0^{-1}(\lambda\varphi_0(\lambda^{-1}x)), & x \in [\lambda^2, \lambda s_2]. \end{cases}$$

对于 $l = 3$, 定义 $\varphi_1(x) = f_0^{-1}(\lambda\varphi_0(\lambda^{-1}x)), x \in [\lambda^2, \lambda]$. 对任意 $n \geqslant 3$, 再递推定义

$$\varphi_n(x) = f_0^{-1}(\lambda\varphi_{n-1}(\lambda^{-1}x)), \quad x \in [\lambda^{n+1}, \lambda^n].$$

则双谷延拓解由下式给出:

$$\varphi(x) = \begin{cases} \varphi_n(x), & x \in [\lambda^{n+1}, \lambda^n], \\ 1, & x = 0. \end{cases}$$

例 2.3.7 取 $\lambda = 1/4, \alpha = 4/5, t_1 = 3/8, t_2 = 1/2, \varphi_0(\lambda) = 3/5; \varphi_0^2(\lambda) = \lambda^2$, $l = 2, s_2 = 4/5, \varphi_0(t_1) = 0, \varphi_0(\alpha) = 0, \varphi_0(1) = \lambda$; 取初始函数 φ_0 为逐段线性的函数, 得到双谷延拓解, 如图 2.3.7 所示.

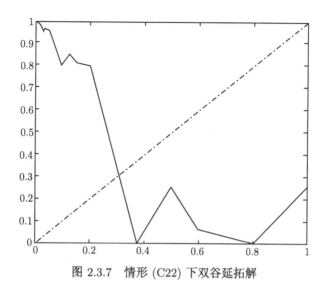

图 2.3.7 情形 (C22) 下双谷延拓解

2.3.3 第二类 Feigenbaum 方程与 Feigenbaum 方程连续解的关系

根据杨路、张景中的结论, 当 $\varphi(\lambda) < \alpha$ 时, 第二类 Feigenbaum 方程的解和 Feigenbaum 方程偶解可以相互转化. 于是, 第二类 Feigenbaum 方程的单谷解可以转化为 Feigenbaum 方程的单峰偶解; 在情形 (C12) 和 (C22) 下, 第二类 Feigenbaum 方程的双谷延拓解也可以转化为 Feigenbaum 方程的多峰偶解. 当然, 也可以直接按照逐段定义法, 构造 Feigenbaum 方程的各种类型连续解.

参 考 文 献

[1] Feigenbaum M J. Quantitative universality for a class of non-linear transformations. Statist. Phys., 1978, 19: 25-52.

[2] Feigenbaum M J. The universal metric properties of nonlinear transformations. Statist. Phys., 1979, 21: 669-706.

[3] Coullet P, Tresser C. Itération d'endomorphismes de renormalization. Phys. Colloq., 1978, 39: 5-25.

[4] Campanino M, Epstein H. On the existence of Feigenbaum's fixed point. Comm. Math. Phys., 1981, 79: 261-302.

[5] Eckmann J P, Wittwer P. A complete proof of the Feigenbaum conjectures. Statist. Phys., 1987, 46: 455-475.

[6] Epstein H. Fixed points of composition operators II. Nonlinearity, 1989, 2(2): 305-310.

[7] Epstein H. Fixed Point of the Period-Doubling Operator. Lausanne: Lecture Notes, 1992.

[8]　McCarthy P J. The general exact bijective continuous solution of Feigenbaum's functional equation. Comm. Math. Phys., 1983, 91: 431-443.

[9]　杨路, 张景中. 第二类 Feigenbuam 函数方程. 中国科学, 1985, 12(28): 1061-1069.

[10]　Groeneveld J. On constructing complete solution classes of the Cvitanović-Feigenbaum equation. Phys., 1986, 138: 137-166.

[11]　唐元生. Feigenbuam 函数方程的单峰偶解. 青岛大学学报, 1994, 7: 29-35.

[12]　席鸿建, 孙太祥. 第二类 Feigenbaum 函数方程的平顶单谷扩充连续解, 数学杂志, 1997, 17: 134-138.

[13]　Berg L. A piecewise linear solution of Feigenbaum's equation. Aequationes Math., 2008, 76: 197-199.

[14]　司建国, 张敏. 第二类 Feigenbaum 函数方程凸解的构造. 中国科学: A 辑数学, 2009, 39(1): 49-70.

[15]　廖公夫. 第二类 Feigenbuam 函数方程的单谷扩充连续解. 数学年刊, 1988, 9(6): 649-654.

[16]　Robinson C. Dynamical Systems. 2nd ed. Boca Raton: CRC Press, 1999: 71-72.

[17]　孙太祥. 关于第二类 Feigenbaum 函数方程两类解的构造. 广西科学, 1997, 4(2): 85-86.

2.4　FKS 函数方程

为了刻画圆映射的拟周期到混沌的路径, Feigenbaum 等[1] 提出了下面的函数方程

$$
\begin{cases}
g(g(\varepsilon^2 x)) = -\varepsilon g(x), \\
g(0) = 1,
\end{cases}
\tag{2.4.1}
$$

其中 $\varepsilon \in (0,1)$, $g : [-1,1] \to [-1,1]$ 是未知函数. 后来该方程被称作 Feigenbaum-Kadanoff-Shenker 方程 (简称 FKS 方程)[2,3]. 类似杨路和张景中提出的第二类 Feigenbaum 方程, 我们提出了第二类 FKS 方程

$$
\begin{cases}
f(f(\varepsilon^2 x)) = \varepsilon f(x), \\
f(0) = 1,
\end{cases}
\tag{2.4.2}
$$

其中 $\varepsilon \in (0,1)$ 是参数, $f : [0,1] \to [0,1]$ 是未知函数, Briggs 等[2] 讨论了 FKS 方程的解析解和奇异解. 连续函数 $f : [0,1] \to [0,1]$ 称为方程 (2.4.2) 的单谷解, 如果在区间上存在 $\alpha \in (0,1)$ 使得 f 在 $[0,\alpha]$ 上严格递减, f 在 $[\alpha,1]$ 上严格递增. 类似前面 Feigenbaum 方程, 第二类 FKS 方程的单谷解与 FKS 方程的单峰偶解可以相互转化.

本节研究了方程 (2.4.2) 的单谷解和单谷延拓解的性质; 利用逐段定义法, 给出了这两类通解的构造方法.

2.4.1　单谷解的性质

设 f 是方程 (2.4.2) 的连续解, 则有如下性质.

性质 1　$f(1) = \varepsilon$, $f^2(\varepsilon^2) = \varepsilon^2$, $f(\varepsilon^2) \neq \alpha$.

性质 2　设 α 是 f 的最小值点, $f(\alpha) = 0$ 且 $\alpha > \varepsilon^2$.

证　对于性质 1, 将 $x = 0$ 代入方程得 $f(1) = \varepsilon$. 再将 $x = 1$ 代入方程得 $f^2(\varepsilon^2) = \varepsilon^2$.

假设 $f(\varepsilon^2) = \alpha$, 则 $\varepsilon^2 = \varepsilon f(1) = f(f(\varepsilon^2)) = f(\alpha) = 0$, 矛盾.

对于性质 2, 将 $x = \alpha$ 代入方程得

$$f(\alpha) = \varepsilon^{-1} f(f(\varepsilon^2 \alpha)) \geqslant \varepsilon^{-1} f(\alpha),$$

因此 $f(\alpha) = 0$. 若 $\alpha \leqslant \varepsilon^2$, 则 $\varepsilon f(\alpha/\varepsilon^2) = f(f(\alpha)) = f(0) = 1$. 于是 $f(\alpha/\varepsilon^2) = 1/\varepsilon > 1$, 这导出矛盾. 故 $\alpha > \varepsilon^2$. 证毕.

设 f 是方程 (2.4.2) 的单谷解, 则有如下性质.

性质 3　设 α 是 f 的唯一最小值点, 对于 $x \in (0, \varepsilon^2)$, $f(x) = \alpha$ 当且仅当 $x = \varepsilon^2 \alpha$.

性质 4　$\varepsilon^2 \alpha < f(\varepsilon^2) < \alpha$.

性质 5　$f(x) = \varepsilon x$ 在 $[\alpha, 1]$ 上有唯一解 $x = 1$.

性质 6　$\varepsilon^2 \leqslant f(\varepsilon^2)$.

证　对于性质 3, $f(x) = \alpha \Leftrightarrow f(f(x)) = 0 \Leftrightarrow \varepsilon^{-1} f(x/\varepsilon^2) = 0 \Leftrightarrow x/\varepsilon^2 = \alpha \Leftrightarrow x = \varepsilon^2 \alpha$.

对于性质 4, 假设 $f(\varepsilon^2) \geqslant \alpha$. 则 $f([\varepsilon^4, \varepsilon^2]) \subset [\alpha, 1]$. 记 $q := f|_{[\alpha, 1]}$, 则对于 $x \in [\alpha \varepsilon^2, \varepsilon^2]$, 有 $q(f(x)) = \varepsilon f(x/\varepsilon^2)$. 于是 $f(x) = q^{-1}(\varepsilon f(x/\varepsilon^2))$. 由于 q 是严格递增的, 因此 $f|_{[\alpha \varepsilon^2, \varepsilon^2]}$ 是严格递增的, 这与单谷解的定义矛盾, 因此 $f(\varepsilon^2) < \alpha$.

由于 $\varepsilon^2 \alpha < \varepsilon^2 < \alpha$, 所以 $f(\varepsilon^2 \alpha) = \alpha > \varepsilon^2 = f(f(\varepsilon^2))$. 于是 $f(\varepsilon^2 \alpha) > f(f(\varepsilon^2))$. 记 $p := f|_{[0, \alpha]}$. 因为 $f(\varepsilon^2) < \alpha$, 所以 $f(\varepsilon^2 \alpha) = p(\varepsilon^2 \alpha) > p(f(\varepsilon^2))$. 故 $f(\varepsilon^2) > \varepsilon^2 \alpha$.

对于性质 5, 显然 $x = 1$ 是 $f(x) = \varepsilon x$ 的解. 假设 $x = \xi \in [\alpha, 1)$ 也是方程 $f(x) = \varepsilon x$ 的解. 由于 $f(\varepsilon^2 \alpha) = \alpha < \xi < 1 = f(0)$, 根据 f 的连续性, 存在 $\zeta \in (0, \varepsilon^2 \alpha)$ 使得 $f(\zeta) = \xi$. 于是

$$f(f(\varepsilon^2 \zeta)) = \varepsilon f(\zeta) = \varepsilon \xi = f(\xi).$$

由于 f 是单谷的, 于是 $f(\varepsilon^2 \zeta) > f(\varepsilon^2 \alpha) = \alpha$, 进而 $f(\varepsilon^2 \zeta) = \xi$. 归纳得, 对于任意的 $n \geqslant 0$, 有 $f(\varepsilon^{2n} \zeta) = \xi$. 令 $n \to \infty$ 得 $f(0) = \xi$, 即 $\xi = 1$.

对于性质 6, 利用反证法. 设 $a = f(\varepsilon^2)$, $f(\varepsilon^2) = a < \varepsilon^2$, 根据性质 1, 有

$$f(a/\varepsilon^2) = \varepsilon^{-1} f^2(a) = \varepsilon^{-1} f(\varepsilon^2) = a/\varepsilon,$$

即 $f(x) = \varepsilon x$ 在 $[\alpha, 1]$ 上还有另外一解 $x = a/\varepsilon^2 \neq 1$. 这与性质 5 矛盾. 证毕.

2.4.2　单谷解的构造

根据前面的性质 4 和性质 6: $\varepsilon^2 \leqslant f(\varepsilon^2) < \alpha$.

定理 2.4.1　任取实数 a 和 α 使得 $\varepsilon^2 \leqslant a < \alpha$, 任取严格递减的连续函数 $p : [\varepsilon^2, \alpha] \to [0, a]$ 和严格递增的连续函数 $q : [\alpha, 1] \to [0, \varepsilon]$ 使得

(i) $p(\varepsilon^2) = a$, $p(a) = \varepsilon^2$, $p(\alpha) = q(\alpha) = 0$, $q(1) = \varepsilon$;

(ii) $q(x) = \varepsilon x$ 在 $[\alpha, 1]$ 上有唯一解 $x = 1$.

定义如下:

$$\varphi_0(x) = \begin{cases} p(x), & x \in [\varepsilon^2, \alpha], \\ q(x), & x \in [\alpha, 1]. \end{cases}$$

$$\varphi_1(x) = \begin{cases} p^{-1}(\varepsilon q(x/\varepsilon^2)), & x \in [\varepsilon^2\alpha, \varepsilon^2], \\ q^{-1}(\varepsilon p(x/\varepsilon^2)), & x \in [\varepsilon^4, \varepsilon^2\alpha]. \end{cases} \tag{2.4.3}$$

对于 $n \geqslant 1$, 递推定义

$$\varphi_n(x) = q^{-1}(\varepsilon\varphi_{n-1}(x/\varepsilon^2)), \quad x \in [\varepsilon^{2n+2}, \varepsilon^{2n}]. \tag{2.4.4}$$

则单谷通解由下式给出

$$\varphi(x) = \begin{cases} \varphi_n(x), & x \in [\varepsilon^{2n+2}, \varepsilon^{2n}], \\ 1, & x = 0. \end{cases}$$

证　不难验证, 对于 $n = 1, 2, \cdots, \varphi_n$ 是良定义的, 且在 $[\varepsilon^{2n+2}, \varepsilon^{2n}]$ 是连续的. 实际上,

$$\varphi_1(\varepsilon^2 - 0) = p^{-1}(\varepsilon\varphi_0(1 - 0)) = p^{-1}(\varepsilon^2) = \varphi_0(\varepsilon^2),$$

根据归纳法,

$$\varphi_n(\varepsilon^{2n} - 0) = \varphi_{n-1}(\varepsilon^{2n} + 0), \quad n = 1, 2, \cdots,$$

因此 φ 在区间 $(0, 1]$ 上是连续的. 由于 q 是严格递减且有界, 因此当 x 趋于 0 时, φ 的极限存在, 设极限为 ξ, 则 $\xi = q^{-1}(\varepsilon\xi)$. 根据 (ii), $\xi = 1$. 因此 φ 在 $x = 0$ 处连续. 反之, 若 φ_n 是方程单谷解在 $[\varepsilon^{2n+2}, \varepsilon^{2n}]$ 上的限制, 则 φ_0 必满足条件 (i) 和 (ii), 以及 (2.4.3), (2.4.4). 证毕.

2.4.3　单谷延拓解的性质与构造

引理 2.4.1　设 f 是方程 (2.4.2) 的连续解, α 是 f 的唯一最小值点, 则

$$f([0, \varepsilon^2\alpha]) = [\alpha, 1], \quad f([\alpha, 1]) = [0, \varepsilon].$$

证 若 $x \in [0, \varepsilon^2]$ 使 $f(x) = \alpha$, 则 $f(x/\varepsilon^2) = \varepsilon^{-1}f(f(x)) = \varepsilon^{-1}f(\alpha) = 0$, 于是 $x = \varepsilon^2\alpha$. 由 f 的连续性和唯一性, 知 $f([0, \varepsilon^2\alpha]) = [\alpha, 1]$. 设 f 在 $[\alpha, 1]$ 上的最大值点是 ξ, 则在 $[\alpha, 1]$ 上必存在 x_1 使 $f(x_1) = \xi$. 从而

$$f(\xi) = f(f(x_1)) = \varepsilon f\left(\frac{x_1}{\varepsilon^2}\right) \leqslant \varepsilon,$$

所以 $f([\alpha, 1]) = [0, \varepsilon]$. 证毕.

连续函数 $f : [0, 1] \to [0, 1]$ 称为方程 (2.4.2) 的单谷延拓解, 如果在区间 $[0, 1]$ 上存在 $\alpha \in (\varepsilon^2, 1)$ 使得 f 在 $[\varepsilon^2, \alpha]$ 上严格递减, f 在 $[\alpha, 1]$ 上严格递增.

引理 2.4.2 设 f 是方程 (2.4.2) 的延拓单谷解, α 是 f 在区间 $[\varepsilon^2, 1]$ 上的最小值点, 则

(i) α 是 f 的唯一最小值点且 $f(\alpha) = 0$;

(ii) 对于 $x \in (0, \lambda)$, $f(x) = \alpha$ 当且仅当 $x = \varepsilon^2\alpha$;

(iii) $f(x) = \varepsilon x$ 在 $[\alpha, 1]$ 上有唯一解 $x = 1$.

证 对于 (i), 由前面的性质 2 知, $f(\alpha) = 0$ 且 $\alpha > \varepsilon^2$. 根据单谷延拓解的定义, α 是 f 的唯一最小值点.

对于 (ii), 由于 $f(x) = \alpha \Leftrightarrow f(f(x)) = 0 \Leftrightarrow \varepsilon^{-1}f(x/\varepsilon^2) = 0 \Leftrightarrow x/\varepsilon^2 = \alpha \Leftrightarrow x = \varepsilon^2\alpha$, 因此 (ii) 成立.

对于 (iii), 显然 $x = 1$ 是 $f(x) = \varepsilon x$ 的解. 假设 $x = \xi \in [\alpha, 1)$ 也是方程 $f(x) = \varepsilon x$ 的解. 由于 $f(\varepsilon^2\alpha) = \alpha < \xi < 1 = f(0)$, 根据 f 的连续性, 存在 $\zeta \in (0, \varepsilon^2\alpha)$ 使得 $f(\zeta) = \xi$. 于是

$$f(f(\varepsilon^2\zeta)) = \varepsilon f(\zeta) = \varepsilon\xi = f(\xi).$$

由于 f 是单谷的, 于是 $f(\varepsilon^2\zeta) > f(\varepsilon^2\alpha) = \alpha$, 进而 $f(\varepsilon^2\zeta) = \xi$. 利用归纳法, 对于任意的 $n \geqslant 0$, 有 $f(\varepsilon^{2n}\zeta) = \xi$. 令 $n \to \infty$, 得 $f(0) = \xi$, 即 $\xi = 1$. 证毕.

引理 2.4.3 设 f 是方程 (2.4.2) 的延拓单谷解, 且 $f(\varepsilon^2) > \alpha$, 则对任意的 $n \geqslant 1$, $f|_{[\varepsilon^{2n}\alpha, \varepsilon^{2n}]}$ 为严格增加的, $f|_{[\varepsilon^{2n+1}\alpha, \varepsilon^{2n}]}$ 为严格减少的, 因此 f 有无穷多个极值点.

证 只需要证明 $n = 1$ 的情形, 其余可由归纳法推导.

由 $f(\varepsilon^2) > \alpha$, 引理 2.4.1 和 f 的连续性, 以及最小值点的唯一性, 可知

$$f([\varepsilon^4, \varepsilon^2]) \subset [\alpha, 1],$$

令 $q = f|_{[\alpha, 1]}$, 当 $x \in [\varepsilon^2\alpha, \varepsilon^2]$ 时, $q(f(x)) = \varepsilon f(x/\varepsilon^2)$, 即 $f(x) = q^{-1}(\varepsilon q(x/\varepsilon^2))$. 由于 $x/\varepsilon^2 \in [\alpha, 1]$ 以及 q, q^{-1} 都是严格递增的, 故 $f|_{[\varepsilon^2\alpha, \varepsilon^2]}$ 是严格递增的. 类似可以证明 $f|_{[\varepsilon^4, \varepsilon^2\alpha]}$ 是严格递减的. 证毕.

引理 2.4.4 设 f 是方程 (2.4.2) 的延拓单谷解, 且 $\varepsilon^2 < f(\varepsilon^2) < \alpha$, 则 $f|_{[0,\varepsilon^2]}$ 为严格递减的, 因此 f 是单谷的.

证 利用归纳法可推导. 对于每个 $n \geqslant 1$, $f|_{[\varepsilon^{2n+1},\varepsilon^{2n}]}$ 是严格递减的, 当 $n = 1$ 时, 根据引理 2.4.1, $f([0, \varepsilon^2\alpha]) = [\alpha, 1]$, 对任意 $x \in [\varepsilon^2\alpha, \varepsilon^2]$, $x/\varepsilon^2 \in [\alpha, 1]$, 根据引理 2.4.1, 有

$$f(f(x)) = \varepsilon f(x/\varepsilon^2) \leqslant \varepsilon^2 < \alpha.$$

根据引理 2.4.1, 于是 $f(x) \notin [0, \varepsilon^2\alpha]$, 故有 $f(x) > \varepsilon^2\alpha$. 若存在某一点 $x_1 \in [\varepsilon^2\alpha, \varepsilon^2]$ 使 $f(x_1) = \varepsilon^2$, 则

$$f(\varepsilon^2) = f(f(x_1)) = \varepsilon f\left(\frac{x_1}{\varepsilon^2}\right) \leqslant \varepsilon^2 < f(\varepsilon^2),$$

矛盾, 因此对于任意的 $x \in [\varepsilon^2\alpha, \varepsilon^2]$, $f(x) > \varepsilon^2$, 根据假设 $f(\varepsilon^2) < \alpha$ 和引理 2.4.2(ii) 的唯一性, $f([\varepsilon^2\alpha, \varepsilon^2]) \subset [\varepsilon^2, \alpha]$. 其余的证明与引理 2.4.3 类似. 证毕.

依据前面的单谷解性质 4 和性质 6: $\varepsilon^2 \leqslant f(\varepsilon^2) < \alpha$, 以及性质 1: $f(\varepsilon^2) \neq \alpha$, 只需考虑这样的情形 $f(\varepsilon^2) > \alpha$. 研究该情形下单谷延拓解的构造.

定理 2.4.2 任取实数 $a \in (\varepsilon^2, 1)$ 和 $\alpha \in (\varepsilon^2, a)$, 任取定义在 $[\varepsilon^2, 1]$ 上的初始函数 φ_0 使得

(i) $\varphi_0(1) = \varepsilon$, $\varphi_0(\alpha) = 0$, $\varphi_0(\varepsilon^2) = a$ 且 $\varphi_0(a) = \varepsilon^2$;

(ii) φ_0 在 $[\varepsilon^2, \alpha]$ 上严格递减, 在 $[\alpha, 1]$ 上严格递增;

(iii) $\varphi_0(x) = \varepsilon x$ 在 $[\alpha, 1]$ 上有唯一解 $x = 1$,

则方程 (2.4.2) 有唯一的单谷延拓连续解 f 满足 $f|_{[\varepsilon^2,1]} = \varphi_0$, 且 f 有无穷多个极值点. 反之, 若 φ_0 是方程 (2.4.2) 的某单谷延拓连续解在 $[\varepsilon^2, 1]$ 上的限制, 则 φ_0 必满足条件 (i), (ii), (iii).

证 定理中后一部分结论在前面的引理和性质中证明, 这里只证明前一部分.

设 $\lambda = \varepsilon^2$, $p = \varphi_0|_{[\lambda,\alpha]}$, $q = \varphi_0|_{[\alpha,1]}$, $I_n = [\lambda^{n+1}, \lambda^n]$, $n = 0, 1, 2, \cdots$. 根据条件, 有 $\lambda < \varphi_0(\lambda) < 1$ 且 $\varphi_0(\lambda) > \alpha$.

令 $\varphi(x) = \varphi_0(x)$, $x \in I_0$. 则 φ_0 已有定义并且连续. 对任意 $n \geqslant 1$, 可定义

$$\varphi_n = q^{-1}(\varepsilon\varphi_{n-1}(x/\lambda)), \quad x \in I_n.$$

因为 q 严格增加, 故逆映射 q^{-1} 存在. 于是 φ_n 有意义而且连续. 令

$$\varphi(x) = \begin{cases} 1, & x = 0, \\ \varphi_n(x), & x \in I_n, \end{cases}$$

为说明 φ 有意义, 我们证明对每个 $n \geqslant 1$, φ_n 与 φ_{n-1} 在 $I_n \cap I_{n-1} = \{\lambda^n\}$ 处取相同值. 利用归纳法证明, 当 $n = 1$ 时, $\varphi_1(\lambda) = q^{-1}(\varepsilon\varphi_0(\lambda/\lambda)) = q^{-1}(\varepsilon^2) = \varphi_0(\lambda)$, 后一等式由 $\varphi_0^2(\lambda) = \varepsilon^2$ 得出.

当 $n = k$ 时, 假设有 $\varphi_k(\lambda^k) = \varphi_{k-1}(\lambda^k)$. 当 $n = k+1$ 时, 有

$$\varphi_{k+1}(\lambda^{k+1}) = q(\varepsilon\varphi_{k-1}(\lambda^{k+1}/\lambda)) = q(\varepsilon\varphi_k(\lambda^k)) = q(\varepsilon\varphi_{k-1}(\lambda^k))$$
$$= q(\varepsilon\varphi_{k-1}(\lambda^{k+1}/\lambda)) = \varphi_k(\lambda^{k+1}).$$

于是 φ 有意义. 而且满足方程 (2.4.2).

下证 φ 连续. 只需要证明 φ 在 $x = 0$ 点连续. 考查 $\{\varphi_n(\lambda^n\alpha)\}$, 归纳得到它是 $[\alpha, 1]$ 上的严格增加且有界的数列. 故可设

$$\lim_{n \to \infty} \varphi_n(\lambda^n\alpha) = \eta.$$

有 $\eta \in [\alpha, 1]$. 于是有 $\varphi_0(\varphi_n(\lambda^n\alpha)) = \lambda\varphi_{n-1}(\lambda^{n-1}\alpha)$. 令 $n \to \infty$, 即得 $\varphi_0(\eta) = \lambda\eta$. 注意到 $\varphi_n(x)$ 在 $\lambda^n\alpha$ 处取到最小值以及

$$\varphi_1(\lambda\alpha) < \varphi_2(\lambda^2\alpha) < \cdots < \varphi_n(\lambda^n\alpha) < \cdots,$$

由条件 (iii), $\eta = 1 = \varphi(0+)$. 这就保证了 φ 在 $x = 0$ 点连续. 证毕.

参 考 文 献

[1] Feigenbaum M J, Kadanoff L P, ShenkerS J. Quasiperiodicity in dissipative systems: A renormalization group analysis. Physica D, 1982, (5): 370-386.

[2] Briggs K M, Dixon T W, Szekeres G. Analytic Solutions of the Cvitanović-Feigenbaum and Feigenbaum-Kadanoff-Shenker Equations. International Journal of Bifurcation and Chaos, 1998, 8: 347-357.

[3] Shi Y G. Differentiable solutions of the Feigenbaum-Kadanoff-Shenker equation. Discrete & Continuous Dynamical Systems series B, 2020, 25(12): 4575-4583.

第3章 实数的表示

数的表示或展开式有很多种. 例如, 原始的结绳计数法, 唱票时常用的 "正" 字计数法等. 在日常生活中应用最广泛的是十进制. 而在计算机中二进制的应用较为常见. 对于数, 具体采用哪种表示方法, 主要由实际的情况和使用是否方便确定. 所有这些整数进位计数制, 是人为定义的带进位的计数方法.

给定区间 $[0,1)$ 的有限生成划分 $A_0, A_1, \cdots, A_n$, 定义 $f(x) = i$ 如果 $x \in A_i$ 且映射 $T : [0,1) \to [0,1)$, 我们可以观察到点 x 的轨道并定义序列 $a_n = f(T^{n-1}x)$. 我们感兴趣的是对于所有 x, 序列 a_n 能够唯一确定 x 的情况. 如果 T 是逐段光滑扩张映射, 则属于唯一确定的情况. 许多利用有限个符号的实数表示系统, 可由符号动力系统来刻画.

例如, 取 $T(x) = 10x$, $f(x) = \lfloor x \rfloor$, 设 $A_0, A_1, \cdots, A_9$ 是由式子 $A_k = \{f(x) = k\}$ 定义的区间, 则得到十进制.

当取 $T : (0,1] \to (0,1]$ 且 $T(x) = 1/x \,(\mathrm{mod}\ 1)$ 时, $f(x) = \lfloor 1/x \rfloor$, 对于 $x \in (0,1]$, 我们可以写成

$$
x = \frac{1}{\dfrac{1}{x}} = \frac{1}{f(x) + T(x)} = \frac{1}{a_1 + T(x)} = \frac{1}{a_1 + \dfrac{1}{\dfrac{1}{T(x)}}} = \frac{1}{a_1 + \dfrac{1}{f(T(x)) + T(T(x))}}
$$

$$
= \frac{1}{a_1 + \dfrac{1}{a_2 + T^2(x)}} = \frac{1}{a_1 + \dfrac{1}{a_2 + \dfrac{1}{a_3 + \dfrac{1}{\ddots}}}}.
$$

这里 $a_n = f(T^{n-1}x)$, 于是得到了经典的连分式展开式.

数能用多种方式表示. 在多数情况下, 数的表示可以看作符号动力系统中的一种结构[1]. 本章介绍了利用几类遍历映射进行迭代的实数表示, 同时给出几种经典实数表示系统, 这些系统均用迭代和编码呈现, 具有级数展开式的形式. 利用动力系统的理论, 可为这些表示或展开式提供简单的算法生成过程、数字的统计信息和收敛速度等.

3.1 非整数展开

本节依次介绍 q-展开、β-展开和 $-\beta$-展开. 由于底数或基数可以为非整数, 统称这类实数的展开为非整数展开.

如下的展开

$$(d_i)_q := \sum_{i=1}^{\infty} \frac{d_i}{q^i} = x$$

是以基 $q > 1$ 的 0-1 展开. 序列 $(d_i) = d_1 d_2 \cdots$ 称为实数 x 的 q-**展开**. 实际上, 这样的展开只在 $x \in I_q = [0, 1/(q-1)]$ 时存在. 如果 $q > 2$, 那么每个展开式是唯一的, 然而不是每个 $x \in I_q$ 都有这样的展开. 如果 $q \in (1, 2]$, 那么每个 $x \in I_q$ 至少有一个这样的展开式. 例如, 二进制展开, 除了有理数有两个展开 (有限和无限循环), 所有的数都有唯一的展开. 因此我们假设 $q \in (1, 2]$.

对实数 $\beta > 1$, β 变换 $T_\beta : [0, 1) \to [0, 1)$ 定义为

$$T_\beta(x) = \beta x - \lfloor \beta x \rfloor = \{\beta x\} = \beta x \,(\mathrm{mod}\, 1).$$

Rényi[2] 第一个使用它表示基 β 的实数, 并推广了整数基的展开. 对于 $\beta > 1$, $x \in [0, 1)$ 的 β-**展开**是

$$x = \frac{\lfloor \beta x \rfloor}{\beta} + \frac{\lfloor \beta T_\beta(x) \rfloor}{\beta^2} + \frac{\lfloor \beta T_\beta^2(x) \rfloor}{\beta^3} + \cdots.$$

x 的 β-展开简记为 $x = (d_1 d_2 \cdots)_\beta$, 其中 $d_i = \lfloor \beta T_\beta^{i-1}(x) \rfloor$, $i = 1, 2, \cdots$. Rényi[2] 证明了 β-变换是遍历的. 当 β 为整数 q 时, 就是 q 进制展开; 当 β 为非整数时, 得到了一类具有特殊性质的新展开.

Góra[3] 和 Faller[4] 最近研究了 $-\beta$-变换 (负 β 变换)

$$T_{-\beta} : (0, 1] \to (0, 1], \quad x \mapsto -\beta x + \lfloor \beta x \rfloor + 1.$$

注意, $T_{-\beta}(x) = -\beta x - \lfloor -\beta x \rfloor$ 除去了有限多个点, 因此 $T_{-\beta}$ 是对 β-变换的一个自然修改版本, 同时避免了 $x \mapsto -\beta x - \lfloor -\beta x \rfloor$ 在零点的不连续性. 对 $x \in (0, 1]$, 设 $d_{-\beta}(x) = d_{-\beta,1}(x) d_{-\beta,2}(x) \cdots$, 其中

$$d_{-\beta,1}(x) = \lfloor \beta x \rfloor + 1, \quad d_{-\beta,n}(x) = d_{-\beta,1}(T_{-\beta}^{n-1}(x)), \quad n \geqslant 1.$$

故对 x 的 $-\beta$-**展开**是

$$x = \sum_{k=1}^{\infty} \frac{d_{-\beta,k}(x)}{(-\beta)^k} = \frac{d_{-\beta,1}(x)}{\beta} - \frac{d_{-\beta,2}(x)}{\beta^2} + \frac{d_{-\beta,3}(x)}{\beta^3} - \frac{d_{-\beta,4}(x)}{\beta^4} + \cdots.$$

Ito 和 Sadahiro[5] 在区间 $[-\beta/(\beta+1), 1/(\beta+1)]$ 上考虑了 $-\beta$-变换, 定义如下

$$x \mapsto -\beta x - \left\lfloor \frac{\beta}{\beta+1} - \beta x \right\rfloor.$$

这个变换实际上通过函数 $\varphi(x) = 1/(\beta+1) - x$ 共轭于 $T_{-\beta}$.

参 考 文 献

[1] Paradís J, Viader P, Bibiloni L. Riesz-Nágy singular functions revisited. J. Math. Anal. Appl., 2006, 329(1): 592-602.

[2] Rényi A. Representations for real numbers and their ergodic properties. Acta. Math. Acad. Sci. Hungar, 1957, 8: 477-493.

[3] Góra P. Invariant densities for generalized beta-maps. Ergod. Th. & Dynam. Sys., 2007, 27(5): 1583-1598.

[4] Faller B. Contribution to the ergodic theory of piecewise monotone continuous maps. PhD Thesis, École Polytechnique Fédérale de Lausanne, 2008.

[5] Ito S, Sadahiro T. Beta-expansions with negative bases. Integers, 2009, 9: 239-259.

3.2   整 数 展 开

本节依次介绍 Engel 级数展开、Sylvester 级数展开和 Pierce 级数展开. 由于底数或基数均为整数, 统称这类实数的展开为整数展开.

在 $(0,1)$ 上的每个实数都可以表示为 Engel 级数[1]

$$x = \frac{1}{q_1} + \frac{1}{q_1 q_2} + \cdots + \frac{1}{q_1 q_2 \cdots q_n} + \cdots,$$

其中 q_n 定义如下: 用变换 $T(x) = x \left\lfloor \frac{1}{x} \right\rfloor - 1$, 递归定义两个序列

$$r_0(x) = x, \quad r_{n+1}(x) = T(r_n), \quad q_{n+1}(x) = \left\lfloor \frac{1}{r_n} \right\rfloor.$$

Erdös, Rényi 和 Szüsz[2] 证明了关于这种表示的强大数定理和中心极限定理. 即对于几乎所有的 x, $\lim\limits_{n \to \infty} \sqrt[n]{q_n(x)} = \mathrm{e}$; 当 $n \to \infty$ 时, $\dfrac{\ln q_n(x) - n}{\sqrt{n}}$ 趋于正态分布.

对于实数 $x \in (0,1)$ 的 Sylvester 级数[2] 为

$$x = \frac{1}{q_1} + \frac{1}{q_2} + \cdots + \frac{1}{q_n} + \cdots,$$

其中 q_n 定义如下: 用变换 $T(x) = x - \dfrac{1}{\left\lfloor \dfrac{1}{x} \right\rfloor}$, 递归定义两个序列

$$r_0(x) = x, \quad r_{n+1}(x) = T(r_n), \quad q_{n+1}(x) = \left\lfloor \frac{1}{r_n} \right\rfloor.$$

任何实数 $x \in (0,1)$ 都可以用如下的 Pierce 级数[3,4] 唯一地写出:

$$x = \frac{1}{a_1} - \frac{1}{a_1 a_2} + \frac{1}{a_1 a_2 a_3} - \cdots,$$

其中 $\{a_n\}$ 是一个严格递增的正整数序列且展开式可能终止, 也可能不终止. 我们用变换 $T(x) = 1 - x \left\lfloor \dfrac{1}{x} \right\rfloor$, 递归定义两个序列

$$r_0(x) = x, \quad r_{n+1}(x) = T(r_n), \quad a_{n+1}(x) = \left\lfloor \frac{1}{r_n} \right\rfloor.$$

Pierce[3] 用这个表示寻找多项式方程的代数根, 这样实数表示的收敛速度很快. Shallit[5] 用 Pierce 展开给出了一个确定闰年的方法.

参 考 文 献

[1] Rényi A. A new approach to the theory of Engel's series. Ann. Univ. Sci. Budapest. Eötvös Sect. Math., 1962, 5: 25-32.

[2] Erdös P, Rényi A, Szüsz P. On Engel's and Sylvester's series. Ann. Univ. Sci. Budapest. Eötvös Sect. Math., 1958, 1: 7-32.

[3] Pierce T A. On an algorithm and its use in approximating roots of algebraic equations. Amer. Math. Monthly, 1929, 36: 523-525.

[4] Shallit J O. Metric theory of Pierce expansions. Fibonacci Quarterly, 1986, 24: 22-40.

[5] Shallit J O. Pierce expansions and rules for the determination of leap years. Fibonacci Quarterly, 1994, 32: 416-423.

3.3 非对称 Bernoulli 变换的实数展开

利用遍历映射的迭代, 可以对实数进行有效的级数展开. 特别地, 我们考虑一类逐段单调的区间映射 —— 非对称的 Bernoulli 变换 $B_a : [0,1] \to [0,1]$, 参数 $a \in (0,1)$,

$$B_a(x) = \begin{cases} \dfrac{x}{a}, & 0 \leqslant x \leqslant a, \\ \dfrac{x-a}{1-a}, & a < x \leqslant 1. \end{cases}$$

这个映射有两个不动点 0 和 1. 对于给定的参数 $a \in (0,1)$, 考虑区间 $[0,1)$ 的划分 $[0,1) = [0,a) \cup [a,1)$, 对于任意的实数 $x \in [0,1)$, 规定 $x_1 = x$,

$$x_2 = B_a(x_1) = \begin{cases} \dfrac{x}{a}, & 0 \leqslant x \leqslant a, \\ \dfrac{x-a}{1-a}, & a < x \leqslant 1, \end{cases}$$

则 $x_2 \in [0,1)$. 不断迭代这个过程得到一个数列 $\{x_i\}$, 其中 $x_1 = x$,

$$x_{i+1} = B_a(x_i).$$

定义 $\varepsilon_i = 0$, 如果 $x_i < a$; 定义 $\varepsilon_i = 1$, 如果 $x_i \geqslant a$. 反解 x 得到

$$\begin{aligned} x = x_1 &= \begin{cases} ax_2, & 0 \leqslant x \leqslant a, \\ a + (1-a)x_2, & a < x \leqslant 1 \end{cases} = \varepsilon_1 a + a^{1-\varepsilon_1}(1-a)^{\varepsilon_1} x_2 \\ &= \varepsilon_1 a + a^{1-\varepsilon_1}(1-a)^{\varepsilon_1}(\varepsilon_2 a + a^{1-\varepsilon_2}(1-a)^{\varepsilon_2} x_3) \\ &= \varepsilon_1 a + \varepsilon_2 a^{2-\varepsilon_1}(1-a)^{\varepsilon_1} + a^{2-\varepsilon_1-\varepsilon_2}(1-a)^{\varepsilon_1+\varepsilon_2} x_3 \\ &= \cdots \\ &= \sum_{i=1}^{\infty} \varepsilon_i a^i \left(\frac{1-a}{a}\right)^{\varepsilon_1+\varepsilon_2+\cdots+\varepsilon_{i-1}}. \end{aligned}$$

不难发现, x 可以表示为 a 和 $1-a$ 的幂的表达式

$$x = \sum_{i=1}^{\infty} \varepsilon_i a^i \left(\frac{1-a}{a}\right)^{\varepsilon_1+\varepsilon_2+\cdots+\varepsilon_{i-1}}.$$

这样每个实数 $x \in [0,1)$ 都可以通过 0-1 字符串 $\{\varepsilon_i\}_{i \in \mathbb{N}}$ 来表示, 简记为 $x = [\varepsilon_1, \varepsilon_2, \varepsilon_3, \cdots]$. 称这样的实数表示为 B_a 展开. 可以看出 $x = 0$ 的 B_a 展开为 $0 = [0,0,0,\cdots]$; 而 $x = 1$ 的 B_a 展开可以规定为 $1 = [1,1,1,\cdots]$. 如果实数 $x \in [0,1)$ 存在有限的 B_a 展开 $x = [\varepsilon_1, \cdots, \varepsilon_n]$, 这里 $\varepsilon_n = 1$, 那么 x 也有无限的与之等价的 B_a 展开 $x = [\varepsilon_1, \cdots, \varepsilon_n - 1, 1, 1, 1, \cdots]$, 即将 $\varepsilon_n = 1$ 改成 $\varepsilon_n = 0$, 之后的符号 $\varepsilon_{n+j} = 1$, $j = 1,2,\cdots$. 这是因为

$$1 = \sum_{i=1}^{\infty} a^i \left(\frac{1-a}{a}\right)^{i-1}.$$

映射 B_a 在 $[0,1)$ 上平凡地保 Lebesgue 测度, 且是遍历的[1,2], 任意一个 0-1 序列对应 $[0,1]$ 上的一个实数. 结果, 对于几乎处处 $x \in [0,1]$, 轨道 $\{T^{n-1}x\}$ 是均匀分布的. 于是对于几乎处处 $x \in [0,1]$, 我们有

$$\lim_{n \to \infty} \frac{\varepsilon_1(x) + \varepsilon_2(x) + \cdots + \varepsilon_n(x)}{n} = 1 - a.$$

对于 B_a 展开, 定义柱集

$$C(\varepsilon_1, \varepsilon_2, \cdots, \varepsilon_k) = \{[a_1, a_2, \cdots] : a_i = \varepsilon_i, 1 \leqslant i \leqslant k\}.$$

这些集都是闭区间, 端点分别为 $[\varepsilon_1, \cdots, \varepsilon_k]$ 和 $[\varepsilon_1, \cdots, \varepsilon_k, 1, 1, \cdots]$. 这样的柱集的长度为

$$|C(\varepsilon_1, \varepsilon_2, \cdots, \varepsilon_k)| = a^k \left(\frac{1-a}{a}\right)^{\varepsilon_1 + \varepsilon_2 + \cdots + \varepsilon_k}.$$

根据后面的结果, 类似地, 可以考虑这种展开的收敛速度.

3.4 Lüroth 级数的展开

本节将介绍一种整数展开——Lüroth 级数的实数展开. 本节考虑了 Lüroth 展开基本区间的长度、数字的分布规律、收敛率等度量性质, 同时证明了对应的 Lüroth 映射是保 Lebesgue 测度的、遍历的. 根据遍历定理, 给出了这种展开收敛速度的较好估计.

3.4.1 Lüroth 级数

1883 年, Lüroth[1] 引入并研究了以下级数展开式, 它可以看作十进制展开式的推广, 参见文献 [11,12]. 令 $x \in (0,1]$, 那么

$$x = \frac{1}{a_1} + \frac{1}{a_1(a_1-1)a_2} + \cdots + \frac{1}{a_1(a_1-1)\cdots a_{n-1}(a_{n-1}-1)a_n} + \cdots,$$

其中 $a_n \geqslant 2, n \geqslant 1$. Lüroth 证明了每个无理数具有唯一的这样的无穷展开, 而每个有理数, 有有限或无穷周期展开. 这种关于 x 的级数展开称为 x 的 **Lüroth 级数**. 利用这种方式, 对于每个 $(0,1]$ 上的实数, 存在唯一的序列 $\{a_1, a_2, \cdots, a_n, \cdots\}$, $a_n \geqslant 2$, $a_n \in \mathbb{N}$, $n = 1, 2, 3, \cdots$ 与之对应.

从动力系统的观点来看, 上面的级数展开可由算子 $T_L : [0,1] \to [0,1]$ 生成, 这里

$$T_L x = \left\lfloor \frac{1}{x} \right\rfloor \left(\left\lfloor \frac{1}{x} \right\rfloor + 1\right) x - \left\lfloor \frac{1}{x} \right\rfloor, \quad x \neq 0, \quad T(0) := 0,$$

见图 3.4.1, 其中 $\lfloor \xi \rfloor$ 表示不超过 ξ 的最大整数. 对于每个正整数 n, T_L 是从 $\left(\frac{1}{n+1}, \frac{1}{n}\right)$ 到 $(0,1]$ 上的双射. 因此上面式子可改写为

$$T_L(x) = \begin{cases} n(n+1)x - n, & x \in \left(\frac{1}{n+1}, \frac{1}{n}\right], \\ 0, & x = 0. \end{cases}$$

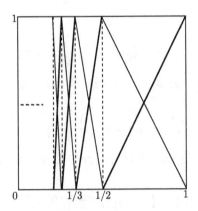

$$\text{图 3.4.1}\quad T_L : [0,1] \to [0,1] \text{ 和 } S_A : [0,1] \to [0,1]$$

对 $x \in (0,1]$, 定义

$$a_1(x) := \lfloor 1/x \rfloor + 1, \quad x \neq 0, \quad a_1(0) := \infty,$$

于是 $T_L(x) = a_1(a_1 - 1)x - (a_1 - 1)$. 而且, 对于 $x \in \left(\dfrac{1}{n}, \dfrac{1}{n-1} \right]$, $n \geqslant 2$, $a_1(x) = n$; 再定义 $a_n(x) = a_1(T^{n-1}x)$, 那么

$$x = \frac{1}{a_1} + \frac{1}{a_1(a_1 - 1)} T_L x = \frac{1}{a_1} + \frac{1}{a_1(a_1 - 1)a_2} + \cdots + \frac{T_L^n x}{a_1(a_1 - 1) \cdots a_n(a_n - 1)}.$$

令

$$\frac{p_n}{q_n} = \frac{1}{a_1} + \sum_{k=1}^{n-1} \frac{1}{a_1(a_1 - 1) \cdots a_k(a_k - 1)a_{k+1}}, \quad n \geqslant 1,$$

其中 $q_1 := a_1$, $q_n = a_1(a_1 - 1) \cdots a_{n-1}(a_{n-1} - 1)a_n, n \geqslant 2$. 称 $\dfrac{p_n}{q_n}$ 为 x 的 n 阶 Lüroth 逼近. 根据上式, 有

$$x - \frac{p_n}{q_n} = \frac{T_L^n x}{q_n(a_n - 1)}, \quad n \geqslant 1.$$

由 $a_n \geqslant 2$ 和 $0 \leqslant T_L^n x \leqslant 1$ 知

$$\left| x - \frac{p_n}{q_n} \right| = \left| \frac{T_L^n x}{q_n(a_n - 1)} \right| \leqslant \frac{1}{2^n} \to 0, \quad n \to \infty.$$

因此 Lüroth 级数收敛到 x. 我们记

$$x = (a_1, a_2, \cdots, a_n, \cdots) \quad \text{和} \quad \frac{p_n}{q_n} = (a_1, a_2, \cdots, a_n).$$

对于任意的 $x \in (0,1]$ 进行 Lüroth 级数展开. MATLAB 程序如下:

```
%%%%%%%%%%%%%%%%%%%%%%%%%%%%%%%%%%%%%%%%%%%%%%%%%
function w=main()
x1=log(2); w=luroth(x1,20)
function w=luroth(x,k)
w=zeros(1,k); w(1)=floor(1/x)+1;
for i=1:k
    w(i+1)=floor(1/(T(x,i)))+1;
end
end
function y=T(x,n)
if n==1
y=floor(1/x)*(floor(1/x)+1)*x-floor(1/x);
elseif n>=2
    y=T(T(x,n-1),1);
end
end
end
%%%%%%%%%%%%%%%%%%%%%%%%%%%%%%%%%%%%%%%%%%%%%%%%%
```

例如,

$$1/2 = (3, \dot{2}); \quad 1/3 = (4, \dot{2}); \quad 1/4 = (5, \dot{2}); \quad 1/5 = (6, \dot{2}); \quad 1/6 = (7, \dot{2});$$

$$1 - \mathrm{e}^{-1} = (2, 4, 6, 8, 10, 12, 14, 16, 19, 2, 2, 2, 2, 3, 2, 2, 3, 7, 2, 40, 2, \cdots);$$

$$\ln 2 = (2, 3, 4, 2, 2, 4, 31, 2, 2, 2, 2, 2, 3, 6, 2, 2, 2, 14, 4, 2, 5, \cdots);$$

$$\frac{1}{\sqrt{2}} = (2, 3, 3, 2, 2, 2, 4, 2, 23, 3, 54, 146, 3, 3, 3, 12, 4, 6, 2, 7, 3, \cdots).$$

3.4.2 基本区间长度和数字分布规律

对于任意的 $x \in (0, 1]$, 根据算子 T_L 对应于 $(a_1, a_2, a_3, \cdots)$. 容易验证, 点 $T_L x$ 对应于 $(a_2, a_3, a_4, \cdots)$. 从 Lüroth 级数看, T_L 是一个移位算子. 令 $I_n(k_1, k_2, \cdots, k_n)$ 表示集合 $\{x | a_1(x) = k_1, a_2(x) = k_1, \cdots, a_n(x) = k_1\}$, 称之为 n 阶的基本区间, 简记为 I_n. 区间 $(0, 1]$ 可以看出是 0 阶的基本区间, 记为 I_0. 在区间 $I_n(k_1, k_2, \cdots, k_n)$ 上, T_L^n 是线性函数, 斜率为 $\prod_{i=1}^{n}(k_i - 1)k_i$, 将区间 I_n 映满区间 $(0, 1]$.

n 阶的基本区间 I_n 是 $(0, 1]$ 上的区间 $(A_n, B_n]$, 其中

$$A_n = \frac{1}{k_1} + \frac{1}{k_1(k_1-1)k_2} + \cdots + \frac{1}{k_1(k_1-1)k_2(k_2-1)\cdots k_{n-1}(k_{n-1}-1)k_n}$$

和

$$B_n = A_n + \frac{1}{k_1(k_1-1)k_2(k_2-1)\cdots k_{n-1}(k_{n-1}-1)k_n(k_n-1)}.$$

用 P 表示 $\mathbb{R}$ 上的 Lebesgue 测度. 于是

$$P(I_n) = \prod_{i=1}^{n} P(\{x \in (0,1] : a_i(x) = k_i\}) = (s_1 s_2 \cdots s_n)^{-1},$$

这里 $s_i = k_i(k_i - 1)$. 由于对于任意的 k, 都有

$$\sum_{a_1=2}^{\infty} \cdots \sum_{a_k=2}^{\infty} \frac{1}{a_1(a_1-1)\cdots a_k(a_k-1)} = 1.$$

于是数字 $a_1(x), a_2(x), \cdots, a_n(x)$ 是相互独立的随机变量, 而且同分布, 其概率分布[2,3] 如下:

$$P(a_n = k) = \frac{1}{k(k-1)}, \quad k \geqslant 2.$$

3.4.3　Lüroth 级数的收敛率

我们将证明: 关于 Lebesgue 测度, T_L 是保测度的, 且是遍历的. 从 T 的遍历性和 Birkhoff 遍历性定理, 得到了许多类似于关于连分数的结果, 关于连分数的经典结果可参见文献 [4—9].

定理 3.4.1　T_L 关于测度 μ 是保测度的.

证　对于任意区间 $(a,b) \subset (0,1]$, 根据 T_L 逐段线性、逐段单调递增的性质, 对于任意的 $n = 2, 3, \cdots$, 有

$$T\left(\frac{1}{n} + \frac{a}{n(n-1)}\right) = a, \quad T\left(\frac{1}{n} + \frac{b}{n(n-1)}\right) = b,$$

这样 $T^{-1}(a,b) = \bigcup_{n=2}^{\infty} \left(\frac{1}{n} + \frac{a}{n(n-1)}, \frac{1}{n} + \frac{b}{n(n-1)}\right)$, 因此

$$\mu(T^{-1}(a,b)) = \sum_{n=2}^{\infty} \frac{b-a}{n(n-1)} = b - a = \mu(a,b).$$

故而 T_L 关于测度 μ 是保测度的. 证毕.

定义 3.4.1　设 X 是一个非空集, F 是在 X 上的 σ-代数, μ 是一个在 (X,F) 上的概率测度, $T : X \to X$ 是变换或映射. 如果对于每个 μ-可测集 A, 满足 $T^{-1}A = A$ 有 $\mu(A) = 0$ 或 1, 则动力系统 (X, F, μ, T) 是遍历的.

定理 3.4.2 (遍历性)　动力系统 $((0,1], F, \mu, T_L)$ 是遍历的.

证　对于任意的两个 μ-可测集 A 和 B, 根据 μ 的 σ-可加性, 有

$$\mu(A \cap B) = \mu(A)\mu(B),$$

取 $A = B$, 于是 $\mu(A) = \mu^2(A)$, 因此 $\mu(A) = 0$ 或 1.

引理 3.4.1 (Birkhoff 遍历定理[8]63) 令 $f : (0,1] \to \mathbb{R}$ 是可测函数, 那么对于几乎每个 $x \in (0,1]$ 都有

$$\lim_{n \to \infty} \frac{1}{n} \sum_{k=1}^{n} f \circ T_L^k(x) = \int f \mathrm{d}\mu.$$

定理 3.4.3 (收敛速度)

$$\lim_{n \to \infty} \frac{1}{n} \ln (a_1 a_2 \cdots a_n) = c, \text{ a.e.,} \quad \text{其中 } c = \sum_{k=1}^{\infty} \frac{\ln(k)}{k(k+1)} \approx 1.257746887,$$

$$\lim_{n \to \infty} \frac{1}{n} \ln \left(x - \frac{p_n}{q_n} \right) = -d, \text{ a.e.,} \quad \text{其中 } d = \sum_{k=2}^{\infty} \frac{\ln(k(k-1))}{k(k-1)} \approx 2.046277453.$$

这里 a.e. 表示关于 Lebesgue 测度下几乎处处.

证 如前, 设 $\frac{p_n}{q_n}$ 为 x 的 n 阶 Lüroth 逼近. 对于任意的正整数 k, 由 $a_k \geqslant 2$, 则

$$x - \frac{p_n}{q_n} > \frac{1}{a_1 (a_1 - 1) \cdots a_{n+1} (a_{n+1} - 1)} \left(\frac{1}{2} + \frac{1}{4} + \cdots \right)$$

$$= \frac{1}{a_1 (a_1 - 1) \cdots a_{n+1} (a_{n+1} - 1)}.$$

另一方面,

$$x - \frac{p_n}{q_n} = \frac{1}{a_1 (a_1 - 1) \cdots a_n (a_n - 1)} T_L^n x \leqslant \frac{1}{a_1 (a_1 - 1) \cdots a_n (a_n - 1)}.$$

于是

$$-\frac{1}{n} \sum_{k=1}^{n+1} \ln(a_k(a_k - 1)) \leqslant \frac{1}{n} \log \left(x - \frac{p_n}{q_n} \right) \leqslant -\frac{1}{n} \sum_{k=1}^{n} \ln(a_k(a_k - 1)).$$

两边取极限, 根据极限的迫敛性和 Birkhoff 遍历定理, 得

$$\lim_{n \to \infty} \frac{1}{n} \ln \left(x - \frac{p_n}{q_n} \right) = -\lim_{n \to \infty} \frac{1}{n} \sum_{k=1}^{n} \ln(a_k(a_k - 1))$$

$$= -\int \ln(a_k(a_k - 1)) \mathrm{d}P(a_k)$$

$$= -\sum_{k=1}^{\infty} \frac{\ln(k(k-1))}{k(k-1)}$$
$$= -d, \text{ a.e.}$$

类似地，

$$\lim_{n\to\infty} \frac{1}{n} \ln(a_1 a_2 \cdots a_n) = \lim_{n\to\infty} \frac{1}{n} \sum_{k=1}^{n} \ln a_k = \int \ln a_k \mathrm{d}P(a_k) = -\sum_{k=1}^{\infty} \frac{\ln k}{k(k-1)} = c, \text{ a.e.}$$

3.4.4 交替 Lüroth 级数

最近, Kalpazidou 和 Knopfmacher 在文献 [10] 中引入并研究了所谓的交替 Lüroth 级数. 对于每个 $x \in (0,1]$, 有

$$x = \frac{1}{a_1-1} - \frac{1}{a_1(a_1-1)(a_2-1)} + \cdots + \frac{(-1)^{n+1}}{a_1(a_1-1)\cdots a_{n-1}(a_{n-1}-1)(a_n-1)} + \cdots,$$

其中 $a_n \geqslant 2, n \geqslant 1$. 动态交替级数展开由算子 $S_A : [0,1] \to [0,1]$ 定义

$$S_A x := 1 + \left\lfloor \frac{1}{x} \right\rfloor - \left\lfloor \frac{1}{x} \right\rfloor \left(\left\lfloor \frac{1}{x} \right\rfloor + 1 \right) x, \quad x \neq 0,$$

且 $S_A 0 := 0$, 例如 $S_A x = 1 - T_L x$ (图 3.4.1).

参 考 文 献

[1] Lüroth J. Ueber eine eindeutige Entwickelung von Zahlen in eine unendliche Reihe. Math. Ann., 1883, 21: 411-423.

[2] Jager H, de Vroedt C. Lüroth series and their ergodic properties. Indag. Math., 1968, 31: 31-42.

[3] Galambos J. Representations of Real Numbers by Infinite Series. Lecture Notes in Math., vol. 502. Berlin, Heidelberg, New York: Springer-Verlag, 1976.

[4] Hardy G H, Wright E M. An Introduction to the Theory of Numbers. 6th ed. Oxford: Oxford University Press, 2008.

[5] Riesz F. Sur la théorie ergodique. Comm. Math. Helv., 1944, 17: 221-239.

[6] Levy P. Remarques sur un theoreme de M. Emile Borel. Comptes Rendus, 1947, 225: 918-919.

[7] Khintchine Ya A. Continued fractions. 2nd ed. Moscow-Leningrad: Gosudarstv Izdat Tehn-Theor. Lit., 1949 (in Russian).

[8] Dajani K, Krannikamp C. Ergodic Theory of Numbers. Washington: Mathematical Association of America, 2002.

[9] Einsiedler M, Ward T. Ergodic Theory with A View Towards Number Theory. Graduate Texts in Mathematics, 259. London: Springer-Verlag, 2011.

[10] Kalpazidou S, Knopfmacher A, Knopfmacher J. Lüroth-type alternating series representations for real numbers. Acta. Arith., 1990, 55: 311-322.

[11] Dajani K, Kraaikamp C. On approximation by Lüroth series. J. Théor. Nombres Bordx., 1996, 8: 331-346.

[12] Barrionuevo J, Burton R M, Dajani K, et al. Ergodic properties of generalized Lüroth series. Acta Arith., 1996, 74: 311-327.

第4章 区间映射的共轭

动力系统中的许多主题涉及共轭问题, 如结构稳定性、线性化、正规形、遍历理论. 本章考虑区间映射的共轭问题, 较为系统地介绍该方面的研究进展和结果.

4.1 节介绍 (半) 共轭的定义, 给出一些例子和共轭关系的基本性质, 在单调递增和单调递减情形下, 利用逐段定义法, 构造了所有的共轭函数, 并且给出共轭 C^1 可微的条件.

4.2 节介绍 (弱) 多峰映射的定义; 给出弱多峰映射共轭的充分条件; 利用不动点定理的方法, 给出共轭逼近的方法和共轭的 Hölder 连续性.

4.3 节介绍线性 Markov 映射和扩张 Markov 映射的定义; 给出这类映射拓扑共轭的一个非常简单判据; 给出 Markov 映射与 Sarkovskii 序的关系.

4.4 节介绍马蹄映射的定义, 考虑不同类型的马蹄映射的半共轭问题; 利用 Matkowski 不动点定理, 证明不同马蹄映射的半共轭存在性; 研究 z 型映射到帐篷映射的半共轭; 利用符号动力系统和编码的方法, 给出两个非单调且无处可微的半共轭的精确表达式.

4.5 节考虑了共轭方程组的问题或迭代函数系统, 给出共轭方程组连续解存在的条件; 使用不动点定理证明共轭方程组解的存在性、唯一性和连续性; 还分别给出共轭方程组存在同胚解、奇异解、无处可微连续解的充分条件, 并且展示了具体的例子.

4.1 单调函数的共轭

给定两个自映射 f 和 g, 若共轭方程 $\varphi \circ f = g \circ \varphi$ 存在同胚 (满射的连续) 解 φ, 则称 f 和 g **拓扑 (半) 共轭**, 简称 f(半) 共轭于 g, 称 φ 是从 f 到 g 的一个拓扑 (半) 共轭, 简称 (半) 共轭. 若 φ 和 φ^{-1} 均是光滑 (C^k) 映射, 则称 f 光滑 (C^k)-共轭于 g. 在动力系统中有许多内容涉及 (半) 共轭, 如结构稳定性、线性化、正规形、Schröder 方程、迭代群、迭代函数系统和两尺度的差分方程等, 参见文献 [1—3].

研究 (半) 共轭有两个目的: 其一, 将形式复杂的系统 (半) 共轭于简单、容易分析的系统, 从而了解原系统的动力学性质, 如判断系统是否混沌、是否拓扑传递等; 其二, 利用共轭关系对某个函数空间进行分类, 从而在动力学意义上了解整个函数空间的性质和结构.

关于 (半) 共轭, 通常考虑以下三个问题: ① 如何判断两个映射存在 (半) 共轭关系? 进一步, 如何构造它们之间所有 (半) 共轭? ② 半共轭在什么条件下会变成共轭? ③ 对具有某种光滑性的两个映射, 如何刻画它们之间 (半) 共轭的光滑性及 (半) 共轭所保持的性质?

本节先介绍共轭和半共轭的定义, 给出一些例子; 然后, 给出共轭的基本性质; 最后, 给出单调函数共轭的构造与可微性的条件.

4.1.1 共轭关系

下面给出共轭关系正式的定义.

令 $f: X \to X$ 和 $g: Y \to Y$ 是两个映射. 映射 $\varphi: Y \to X$ 称为映射 f 到映射 g 的**拓扑半共轭**(简称为半共轭), 如果 φ 满足以下条件:

(i) φ 是连续的;

(ii) φ 是满射;

(iii) $f \circ \varphi = \varphi \circ g$.

如果 φ 满足 $f \circ \varphi = \varphi \circ g$ 且 φ 是同胚, 映射 $\varphi: Y \to X$ 称为映射 f 到映射 g 的**拓扑共轭**(简称为共轭), 记为 $f \sim g$.

例如, $f: [0, \infty) \to [0, \infty)$, $f(x) = x$ 和 $g: \mathbb{R} \to \mathbb{R}$, $g(x) = -x$. 定义 $\varphi: \mathbb{R} \to [0, \infty)$, $\varphi(x) = |x|$, 然后它满足关系 $f \circ \varphi = \varphi \circ g$. 映射 φ 是连续的满射, 注意 φ 不是单射. 因此 φ 是 f 到 g 的半共轭.

在共轭方程 $f \circ \varphi = \varphi \circ g$ 中, 我们必须在 f 和 g 之间找到一个同胚映射 φ. 但是没有系统的方法来寻找这样的同胚映射.

例 4.1.1 设映射 $f: \mathbb{R} \to \mathbb{R}$ 和 $g: \mathbb{R} \to \mathbb{R}$, $f(x) = 8x$ 和 $g(x) = 2x$. 令映射 $\varphi: \mathbb{R} \to \mathbb{R}$ 是共轭函数, 满足 $f \circ \varphi = \varphi \circ g$. 这意味着 $\varphi(2x) = 8\varphi(x)$, 因此函数 $\varphi(x) = x^{\log_2 8} = x^3$ 满足这个关系. 映射 $\varphi(x) = x^3$ 是 $\mathbb{R} \to \mathbb{R}$ 的同胚. 根据后面的定理 4.1.1, 这样的同胚存在无穷多个, 我们可以用逐段定义构造这样的所有同胚.

例 4.1.2 考虑 $f, g: [0, \infty) \to [0, \infty)$, 其中 $f(x) = x/2$, $g(x) = x/4$, 这两个映射通过 $\varphi(x) = \sqrt{x}: [0, \infty) \to [0, \infty)$ 共轭. 但是同胚映射 $\varphi(x) = \sqrt{x}$ 在 $x = 0$ 不可微.

例 4.1.3 考虑 Logistic 映射 $f(x) = 4x(1-x), x \in [0, 1]$, 帐篷映射 $T: [0, 1] \to [0, 1]$ 表示为

$$T(x) = \begin{cases} 2x, & x \leqslant 1/2, \\ 2(1-x), & x > 1/2. \end{cases}$$

映射 $\varphi: [0, 1] \to [0, 1]$, 其表达式是 $\varphi(x) = (1 - \cos \pi x)/2 = \sin^2\left(\frac{\pi}{2}x\right)$, 是帐篷映射到 Logistic 映射的共轭, 满足 $\varphi(T(x)) = f(\varphi(x))$. 根据后面 4.2 节文献 [6] 的结论, 这样的同胚存在唯一, 我们可以用迭代函数序列或符号动力系统的方法来逼近

这样的同胚.

4.1.2　共轭/半共轭的性质

共轭关系是动力系统中最重要的关系之一. 如果两个映射共轭, 那么它们具有相同的动力学性质, 如拓扑传递、周期性、混沌等. 共轭关系是映射之间的等价关系, 通过寻求映射之间的共轭性质, 将更好地反映拓扑结构. 然而, 在不同映射上并不总是能建立共轭关系, 或许只是半共轭关系. 半共轭关系是比共轭关系更弱的一种关系. 虽然它有一定的局限性, 但是半共轭在很多情况下会保留大部分的性质.

性质 1　设 X,Y 为拓扑空间, $f: X \to X$, $g: Y \to Y$, $h: Z \to Z$ 分别是 X, Y, Z 上的自同胚. 则它们具有如下性质.

(1) 自反性: $f \sim f$;

(2) 对称性: $f \sim g \Rightarrow g \sim f$;

(3) 传递性: $f \sim h, h \sim g \Rightarrow f \sim g$.

证　(1) 令 Id 为 X 上的恒等映射, 则 Id 是 f 拓扑共轭于自身的共轭函数.

(2) 设 h_1 是从 f 到 g 的拓扑共轭, 则 $h_1 \circ f = g \circ h_1$, 有

$$h_1 \circ f = g \circ h_1 \Rightarrow g = h_1 \circ f \circ h_1^{-1} \Rightarrow h_1^{-1} \circ g = f \circ h_1^{-1},$$

也就是, h_1^{-1} 是从 g 到 f 的拓扑共轭.

(3) 设 φ_1 是从 f 到 h 的拓扑共轭, φ_2 是从 h 到 g 的拓扑共轭, 则

$$\varphi_1 \circ f = h \circ \varphi_1, \quad \varphi_2 \circ h = g \circ \varphi_2,$$

由 $\varphi_2 \circ h = g \circ \varphi_2 \Rightarrow h = \varphi_2^{-1} \circ g \circ \varphi_2$, 可得

$$\varphi_1 \circ f = h \circ \varphi_1 = \varphi_2^{-1} \circ g \circ \varphi_2 \circ \varphi_1 \Rightarrow \varphi_2 \circ \varphi_1 \circ f = g \circ \varphi_2 \circ \varphi_1$$

$$\Rightarrow (\varphi_2 \circ \varphi_1) \circ f = g \circ (\varphi_2 \circ \varphi_1),$$

即 $\varphi_2 \circ \varphi_1$ 是 f 到 g 的拓扑共轭. 证毕.

性质 2　如果 $f: X \to X$ 与 $g: Y \to Y$ 拓扑共轭, 那么对于任意的 $n \in \mathbb{N}$, $f^n: X \to X$ 与 $g^n: Y \to Y$ 拓扑共轭.

证　因为 $f: X \to X$ 与 $g: Y \to Y$ 拓扑共轭, 则存在一个同胚 $h: Y \to X$, 满足 $h \circ f = g \circ h$, 又 $h \circ f \circ h^{-1} = g$, 因此对任意的 $n \in \mathbb{N}$, 有

$$
\begin{aligned}
g^n &= g \circ g \circ \cdots \circ g \\
&= (h \circ f \circ h^{-1}) \circ (h \circ f \circ h^{-1}) \circ \cdots \circ (h \circ f \circ h^{-1}) \\
&= h \circ f \circ (h^{-1} \circ h) \circ f \circ (h^{-1} \circ h) \circ f \circ \cdots \circ f \circ (h^{-1} \circ h) \circ f \circ h^{-1} \\
&= h \circ f^n \circ h^{-1}.
\end{aligned}
$$

于是 $h \circ f^n = g^n \circ h$. 于是映射 $f^n : X \to X$ 通过映射 $h : Y \to X$ 拓扑共轭于映射 $g^n : Y \to Y$. 证毕.

性质 3 设 $f : X \to X$ 通过 $h : Y \to X$ 与 $g : Y \to Y$ 半共轭. 如果 $y \in Y$ 是 g 的周期为 n 的周期点, 那么 $h(y)$ 是 f 的周期为 m 的周期点, 其中 $m \mid n$.

证 如果 y 是 g 的周期为 n 的周期点, 那么由 $g^n(y) = y$ 可以得到

$$
\begin{aligned}
h \circ g^n &= (h \circ g) \circ g^{n-1} = (f \circ h) \circ g^{n-1} \\
&= f \circ (h \circ g^{n-1}) = f \circ ((h \circ g) \circ g^{n-2}) \\
&= f \circ ((f \circ h) \circ g^{n-2}) \\
&= f^2 \circ (h \circ g^{n-2}) = \cdots = f^n \circ h.
\end{aligned}
$$

因此, $f^n(h(y)) = h(g^n(y)) = h(y)$. 这意味着 $h(y)$ 是 f 的一个周期性点. 如果 $h(y)$ 是 g 的周期为 m 的周期点, 然后通过除法算法存在整数 $q(r > 0)$ 和 r, 满足 $n = mq + r, 0 \leqslant r < m$. 因此

$$
h(y) = f^n(h(y)) = f^{mq+r} h(y) = f^r \{ f^{mq}(h(y)) \} = f^r(h(y)).
$$

这导致矛盾, 除非 $r = 0$, 即有 $n = mq$, 所以 $m \mid n$. 证毕.

由此得到下面的性质.

性质 4 如果 $f : X \to X$ 通过 $h : Y \to X$ 与 $g : Y \to Y$ 共轭, 那么 $y \in Y$ 是 g 的周期为 n 的周期点当且仅当 $h(y)$ 是 f 的周期为 n 的周期点.

性质 5 设 $f : X \to X$ 通过保向的同胚 $h : Y \to X$ 与 $g : Y \to Y$ 共轭. 若 x_0 是 f 的吸引 (排斥) 不动点, 则 $h(x_0)$ 是 g 的吸引 (排斥) 不动点. 设 $f : X \to X$ 通过反向的同胚 $h : Y \to X$ 与 $g : Y \to Y$ 共轭. 若 x_0 是 f 的排斥 (吸引) 不动点, 则 $h(x_0)$ 是 g 的吸引 (排斥) 不动点.

4.1.3 共轭的构造方法——逐段定义法

给定两个函数 $f : I \to I$ 与 $g : I \to I$, 考虑共轭方程

$$
\varphi(f(x)) = g(\varphi(x)).
$$

进一步假设 f 和 g 是从 $(-\infty, \infty)$ 映上 $(-\infty, \infty)$ 的严格递增并且没有不动点的连续函数, 从文献 [5] 得到有关方程 $\varphi(f(x)) = g(\varphi(x))$ 解的如下结果.

定理 4.1.1 设 f 和 g 是从 $(-\infty, \infty)$ 到 $(-\infty, \infty)$ 的严格递增并且没有不动点的连续映射. 不妨设 $g(0) > 0$, 取任意点 x_0, 任取严格递增的初始函数 φ_0, 定义

在 $x_0 \leqslant x \leqslant f(x_0)$ 上, 且满足 $\varphi_0(f(x_0)) = g(\varphi_0(x_0))$. 递归定义

$$\varphi(x) = \begin{cases} \varphi_0(x), & x_0 \leqslant x \leqslant f(x_0), \\ g^n \circ \varphi_0 \circ f^{-n}, & f^n(x_0) \leqslant x \leqslant f^{n+1}(x_0), \ n \geqslant 1, \\ g^{-n} \circ \varphi_0 \circ f^n, & f^{-n-1}(x_0) \leqslant x \leqslant f^{-n}(x_0), \ n \geqslant 0. \end{cases}$$

那么

（Ⅰ）$\varphi(x)$ 在 $(-\infty, \infty)$ 上满足 $\varphi(f(x)) = g(\varphi(x))$;

（Ⅱ）$\varphi(x)$ 是严格递增的连续函数;

（Ⅲ）$\varphi(x)$ 有像 $(-\infty, \infty)$.

对于共轭方程 $\varphi(f(x)) = g(\varphi(x))$, 下面考虑 $f : I \to I$ 是给定的严格递减的连续映射, $g : I \to I$ 是给定的连续函数.

先假设 f 和 g 均是严格递减的连续对合函数.

定理 4.1.2　设 $f : I \to I$ 和 $g : I \to I$ 均是严格递减的连续对合函数, 即 $f^2 = g^2 = \mathrm{Id}$. 记 x^*, y^* 分别为 f 和 g 的唯一不动点. 对于任意一个定义在 $(-\infty, x^*] \cap I$ 上的连续函数 φ_0, 满足 $\varphi(f(x)) = g(\varphi(x))$ 的通解为

$$\varphi(x) = \begin{cases} \varphi_0(x), & x \in (-\infty, x^*], \\ g \circ \varphi_0 \circ f^{-1}(x), & x \in [x^*, +\infty). \end{cases}$$

证　一方面, 上面的式子 $\varphi(x)$ 是函数方程 $\varphi(f(x)) = g(\varphi(x))$ 的解. 实际上, 对于任意的 $x \in (-\infty, x^*] \cap I$, 有 $f(x) \in [x^*, +\infty) \cap I$, 得到

$$\varphi(f(x)) = g \circ \varphi_0 \circ f^{-1}(f(x)) = g(\varphi(x)).$$

同理, 对于任意的 $x \in [x^*, +\infty) \cap I$, 有 $f(x) \in (-\infty, x^*] \cap I$. 根据 $f^2 = g^2(x) = \mathrm{Id}$, 得到

$$g(\varphi(x)) = g \circ g \circ \varphi_0 \circ f^{-1}(x) = \varphi_0 \circ f^{-1}(x) = \varphi_0 \circ f^{-1}(x) = \varphi(f(x)).$$

另外, 函数方程 $\varphi(f(x)) = g(\varphi(x))$ 的每个解都可以由这种方式得到. 设 $\varphi_0(x)$ 在区间 $(-\infty, x^*] \cap I$ 上满足方程, 那么上面的通解关系成立. 证毕.

一般情况下, 我们可以给出在 f 的所有的周期点上的 φ 值. 令 $P_k(f)$ 表示 f 周期为 k 的所有周期点的集合, $P(f)$ 表示 f 所有周期点的集合.

引理 4.1.1　设 f 和 g 均是从 $(-\infty, \infty)$ 到 $(-\infty, \infty)$ 的连续函数. $P(f)$ 和 $P(g)$ 均为非空集. 定义 $\alpha_1(x)$ 是从 $P_1(f)$ 到 $P_1(g)$ 的任意一个映射; 设 k 和 j 是正整数使得 j 整除 k. 若 $P_k(f) \backslash P_1(f)$ 为非空集, 定义 $\alpha_2(x)$ 是从 $P_k(f) \backslash P_1(f)$ 到 $P_j(g)$ 的任意一个映射. 那么函数方程 $\varphi(f(x)) = g(\varphi(x))$ 的解在周期点上满足

$$\varphi(x) = \begin{cases} \alpha_1(x), & x \in P_1(f), \\ \alpha_2(x), & x \in P_k(f) \backslash P_1(f). \end{cases}$$

证 对于任意的 $x \in P_1(f)$, 有

$$\varphi(f(x)) = \varphi(x) = g(\varphi(x)),$$

故 $\varphi(x)$ 是 g 的不动点, 即 $\varphi(x) \in P_1(g)$.

对于任意的 $x \in P_k(f), k > 1$, 有 $f(x) \in P_k(f)$,

$$\varphi(f(x)) = \varphi(f^{k+1}(x)) = g^k(\varphi(f(x))),$$

故 $\varphi(f(x))$ 是 g 的周期点, 且周期整除 k, 即 $\varphi(x)$ 由上式定义. 证毕.

然后, 我们考虑 f 为非对合函数, 并且 $P_1(f) \cup P_2(f)$ 是可数集的情况.

定理 4.1.3[4] 设 $f : I \to I$ 和 $g : I \to I$ 均是严格递减函数. 设 $P_1(f) \cup P_2(f)$ 为可数集. 在平面上, 任意取初始点 (x_0, y_0) 使得 $x_0 \in (p, q)$, 其中 p, q 是 f 的两个相连的周期点, 即在区间 (p, q) 之内没有 f 的周期点. 任意选取 $\varphi_0(x)$ 为一个区间 $[x_0, f^2(x_0)]$ 或 $[f^2(x_0), x_0]$ 上通过 (x_0, y_0) 和 $(f^2(x_0), g^2(y_0))$ 两点的连续函数, 那么函数方程 $\varphi(f(x)) = g(\varphi(x))$ 在 (p, q) 上有无穷多个连续解, 通解由下面式子给出:

$$\varphi(x) = \begin{cases} \varphi_0(x), & x \in [x_0, f^2(x_0)) \text{ 或 } (f^2(x_0), x_0], \\ g^n \circ \varphi_0 \circ f^{-n}(x), & x \in [f^n(x_0), f^{n+2}(x_0)) \text{ 或 } (f^{n+2}(x_0), f^n(x_0)], \end{cases}$$

其中 $n = 0, \pm 1, \pm 2, \cdots$. 其他的区间, 其两个端点是 f 的相连的周期点, 可以通过选择其他初始函数类似实现. 在 f 周期点上的 φ 值通过引理 4.1.1 来确定.

证 首先证明上式中的 $\varphi(x)$ 是良定义的. 实际上, 任意两个 $J_i, J_j, i \neq j$ 是相互不交的区间, 其中

$$[p, q] = \bigcup_{i=-\infty}^{+\infty} J_{2i}, \quad [f(q), f(p)] = \bigcup_{i=-\infty}^{+\infty} J_{2i+1},$$

其中 J_k 代表区间 $[f^k(x_0), f^{k+2}(x_0))$ 或 $(f^{k+2}(x_0), f^k(x_0)]$.

一方面, 定义的 $\varphi(x)$ 是函数方程 $\varphi(f(x)) = g(\varphi(x))$ 的解. 实际上, 不妨假设 $x_0 < x_2$, 记 $J_i = [x_i, x_{i+2}]$. 对于任意的 $x \in J_k$, 有 $f(x) \in J_{k+1}$, 得到

$$\varphi(f(x)) = g^{n+1} \circ \varphi_0 \circ f^{-n-1}(f(x)) = g \circ g^n \circ \varphi_0 \circ f^{-n}(x) = g(\varphi(x)).$$

另一方面, 函数方程 $\varphi(f(x)) = g(\varphi(x))$ 的每个解都可以由这种方式得到. 设 $\varphi_0(x)$ 在区间 J_0 上满足方程, 那么上述通解关系显然成立.

最后, 证明 $\varphi(x)$ 的连续性. 因为 $\varphi_0(x)$ 是在区间 $[x_0, f^2(x_0)]$ 或者 $[f^2(x_0), x_0]$ 上连续的, 所以 $\varphi(x)$ 在任意的开区间 $(f^k(x_0), f^{k+2}(x_0))$ 或者 $(f^{k+2}(x_0), f^k(x_0))$ 上

都是连续的. 于是只需证明 $\varphi(x)$ 在每个连接点 $f^n(x_0)$ 处连续. 不失一般性, 假设 $x_0 < f^2(x_0)$, 先证明 $n = 2$ 的情形. 从 $\varphi(x)$ 的定义得到

$$
\begin{aligned}
\lim_{h \to 0^+} \varphi(f^2(x_0) + h) &= \lim_{h \to 0^+} g^2 \circ \varphi_0 \circ f^{-2}(f^2(x_0) + h) \\
&= g^2 \circ \varphi_0 \circ f^{-2}(f^2(x_0)) \\
&= \varphi(f^2(x_0)),
\end{aligned}
$$

$$
\begin{aligned}
\lim_{h \to 0^+} \varphi(f^2(x_0) - h) &= \lim_{h \to 0^+} \varphi_0(f^2(x_0) - h) \\
&= \varphi_0(f^2(x_0)) \\
&= \varphi(f^2(x_0)).
\end{aligned}
$$

根据归纳假设, 设 $\varphi(x)$ 在点 $f^{2n}(x_0)$ 处连续, 要证明它在连接点 $f^{2n+2}(x_0)$ 处也连续. 为方便起见, 用 φ_n 表示 $g^n \circ \varphi_0 \circ f^{-n}$. 于是在区间 $[f^{2n}(x_0), f^{2n+2}(x_0))$ 上, $\varphi = \varphi_{2n}$. 因此

$$
\begin{aligned}
\lim_{h \to 0^+} \varphi(f^{2n+2}(x_0) + h) &= \lim_{h \to 0^+} g^2 \circ \varphi_{2n} \circ f^{-2}(f^{2n+2}(x_0) + h) \\
&= g^2 \circ \varphi_{2n} \circ f^{-2}(f^{2n+2}(x_0)) \\
&= \varphi(f^{2n+2}(x_0)), \\
\lim_{h \to 0^+} \varphi(f^{2n+2}(x_0) - h) &= \lim_{h \to 0^+} \varphi_{2n}(f^{2n+2}(x_0) - h) \\
&= \varphi_{2n}(f^{2n+2}(x_0)) \\
&= \varphi(f^{2n+2}(x_0)).
\end{aligned}
$$

由此可见, $\varphi(x)$ 在连接点 $f^{2n+2}(x_0)$ 处连续. 根据数学归纳法, $\varphi(x)$ 在所有的上标是偶数的点 $f^{2n}(x_0)$ 处都是连续的. 因此, $\varphi(x)$ 在区间 (p, q) 上连续. 同理可证明, $\varphi(x)$ 在所有的上标是奇数的点 $f^{2n+1}(x_0)$ 处也都是连续的, $\varphi(x)$ 在区间 $(f(q), f(p))$ 上也都是连续的. 证毕.

同理, 以下的结果是对定理 4.1.1 的推广.

定理 4.1.4　设 $f: I \to I$ 是区间上严格递增的连续函数, $g: I \to I$ 是连续函数. 设 $P_1(f) \cup P_2(f)$ 为可数集. 在平面上, 任意取初始点 (x_0, y_0) 使得 $x_0 \in (p, q)$, 其中 p, q 是 f 的两个相连的周期点, 即在区间 (p, q) 之内没有 f 的周期点. 任意选取 $\varphi_0(x)$ 为区间 $[x_0, f(x_0)]$ 或 $[f(x_0), x_0]$ 上通过 (x_0, y_0) 和 $(f(x_0), g(y_0))$ 两点的连续函数, 那么函数方程 $\varphi(f(x)) = g(\varphi(x))$ 在 (p, q) 上有无穷多个连续解, 通解由下式给出:

$$
\varphi(x) = \begin{cases}
\varphi_0(x), & x \in [x_0, f(x_0)) \text{ 或 } (f(x_0), x_0], \\
g^n \circ \varphi_0 \circ f^{-n}(x), & x \in [f^n(x_0), f^{n+1}(x_0)) \text{ 或 } (f^{n+1}(x_0), f^n(x_0)],
\end{cases}
$$

其中 $n = 0, \pm 1, \pm 2, \cdots$. 其他的区间, 其两个端点是 f 的相连的周期点, 可以通过选择其他初始函数类似实现. 在 f 周期点上的 φ 值通过引理 4.1.1 来确定.

一个自然的问题是, 上面定理中的所有解在整个区间 I 上是否连续? 答案是否定的. 事实上, 平面上的这些点 (p_f, p_g), 当 p_f 是 f 的发散的周期点, p_g 是 g 的吸引周期点时, 构造的解不连续; 当 p_f 和 p_g 均是 f 和 g 的吸引周期点时, 构造的解是连续的. 因此我们只能说整个区域内 $\varphi(f(x)) = g(\varphi(x))$ 的解是逐段连续的.

4.1.4 可微性条件

对于方程 $\varphi(f(x)) = g(\varphi(x))$ 的解, 如果增加一些条件, 得到更好的光滑解是可能的. 我们的方法是通过调整初始函数, 特别是初始区间端点的值. 为方便起见, 令 $x_n = f^n(x_0), y_n = g^n(y_0), n = 0, \pm 1, \pm 2, \cdots$.

定理 4.1.5[5] 定理 4.1.1 增加 $\varphi(x)$ 在区间 $[p, q]$ 或者 $[f(q), f(p)]$ 上的连续可微的结论, 只需要增加下面的假设

（Ⅰ）f, g 均有连续的导数;

（Ⅱ）$\varphi(x)$ 满足下面的三个条件

$$\varphi_0(x_0) = y_0,$$
$$\varphi_0(x_1) = y_1,$$
$$\varphi_0'(x_1) = \frac{g'(y_0)\varphi_0'(x_0)}{f'(x_0)}.$$

对于严格递减的连续函数 f, 类似得到下面结论.

定理 4.1.6 定理 4.1.3 增加 $\varphi(x)$ 在区间 $[p, q]$ 或者 $[f(q), f(p)]$ 上的连续可微的结论, 只需要增加下面的假设

（Ⅰ）f, g 均有连续的导数;

（Ⅱ）$\varphi(x)$ 满足下面的三个条件

$$\varphi_0(x_0) = y_0,$$
$$\varphi_0(x_2) = y_2,$$
$$\varphi_0'(x_2) = g'(y_0)g'(y_1)\varphi_0'(x_0)\frac{1}{f'(x_0)f'(x_1)}.$$

证 φ 从初始函数 φ_0 延拓到开区间

$$(p, q) = \left(\lim_{n \to -\infty} x_{2n}, \lim_{n \to +\infty} x_{2n}\right)$$

上. 为了证明连续可微性, 首先要证明 φ 在连接点 x_{2n} 上连续可微. 我们将利用归纳法证明. 根据假设条件, 容易得到 φ 在区间 $[x_0, x_4)$ 上连续可微, 即 φ 在连接点

x_2 上连续可微. 假设 φ 在连接点 x_{2n} 处连续可微. 根据归纳法, 我们需要证明 φ 在连接点 x_{2n+2} 处也连续可微.

首先利用公式 $\varphi = g^2 \circ \varphi_{2n} \circ f^{-2}$ 在区间 $[x_{2n}, x_{2n+2})$ 上计算 $\varphi'(x_{2n+2})$ 的值, 其中 $\varphi_{2n} = g^{2n} \circ \varphi_0 \circ f^{-2n}$.

$$\varphi'(x_{2n+2}) = g'(g(\varphi_n(f^{-2}(x_{2n+2}))))\varphi'_{2n}(f^{-2}(x_{2n+2}))(f^{-2})'(x_{2n+2})$$

$$= g'(y_{2n+1})g'(y_{2n})\varphi'_{2n}(x_{2n})\frac{1}{f'(x_{2n+2})f'(x_{2n})}.$$

然后利用公式 $\varphi = g^2 \circ \varphi_{2n+2} \circ f^{-2}$ 在区间 $[x_{2n+2}, x_{2n+4})$ 上计算 $\varphi'(x_{2n+2})$ 的值, 根据区间 $[x_{2n}, x_{2n+2}]$ 上有 $\varphi_{2n}(x) = \varphi(x)$, φ 在区间 $[x_{2n}, x_{2n+2})$ 上连续可微, 可以得到

$$\varphi'(x_{2n+2}) = g'(g(\varphi_{2n+2}(f^{-2}(x_{2n+2}))))\varphi'_{2n+2}(f^{-2}(x_{2n+2}))(f^{-2})'(x_{2n+2})$$

$$= g'(g(\varphi_{2n+2}(x_{2n})))\varphi'_{2n+2}(x_{2n})\frac{1}{f'(x_{2n+1})f'(x_{2n})}$$

$$= g'(y_{2n+1})g'(y_{2n})\varphi'(x_{2n})\frac{1}{f'(x_{2n+1})f'(x_{2n})}.$$

于是可以得到 φ 在连接点 x_{2n+2} 处连续可微. 由归纳法可知道, φ 在所有的偶数连接点 x_{2n} 处都是连续可微的. 同理可以证明 φ 在所有的奇数连接点 x_{2n+1} 也是连续可微的. 证毕.

4.1.5 实例

最后, 上述定理和结论可以通过 MATLAB 软件来实现. 下面分别给出两个例子, 其中一个是给出函数方程 $\varphi(f(x)) = g(\varphi(x))$ 的非单调连续解, 另一个是给出连续可微解.

例 4.1.4 考虑 $f(x) = -x/2 + 3/4, g(x) = x/3 + 1/3$. 如图 4.1.1 所示, 选择一个线性函数 $\varphi_0(x)$ 作为初始函数, 于是由通解公式, 就可以得到共轭方程 $\varphi(f(x)) = g(\varphi(x))$ 的一个非单调连续解.

例 4.1.5 考虑 $f(x) = -x/4, g(x) = -x/2$. 选择一个初始点 $(x_0, y_0) = (16, 12)$, 则 $(x_2, y_2) = (1, 3)$, 选择一个二次函数作为初始函数 $\varphi_0(x) = \lambda_2 x^2 + \lambda_1 x + \lambda_0$, 从定理 4.1.6 的条件 (II) 得到

$$\lambda_2 = -\frac{3}{125}, \quad \lambda_1 = \frac{126}{125}, \quad \lambda_0 = \frac{252}{125}.$$

由通解公式, 可以得到方程 $\varphi(f(x)) = g(\varphi(x))$ 的一个连续可微解. 如图 4.1.2 所示.

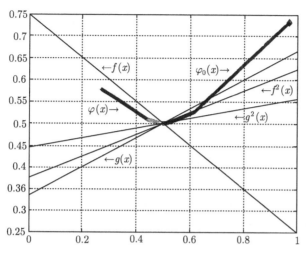

图 4.1.1　非单调连续解

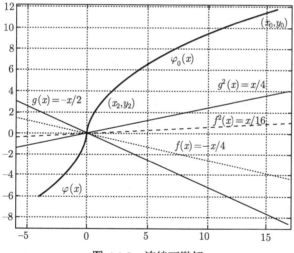

图 4.1.2　连续可微解

注　当 $a > 0, c > 0$ 并且 $c \neq 1$ 时, 函数方程 $\varphi(ax) = c\varphi(x) + d$ 有一般解[6]

$$\varphi(x) = \Theta_{\ln a}(\ln x) x^{\frac{\ln c}{\ln a}} + d/(1-c), \quad x \in I,$$

并且当 $c > 0$ 且 $c \neq 1$ 时, 方程 $\varphi(x+b) = c\varphi(x) + d$ 有一般解

$$\varphi(x) = \Theta_b(x) x^{x/b} + d/(1-c), \quad x \in I,$$

其中 $\Theta_T(x) = \Theta_T(x+T)$ 是一个以 T 为周期的任意周期函数. 然而, 很难找到如下推广形式的通解:

$$\varphi(ax+b) = c\varphi(x) + d.$$

实际上, 我们给出的是这类方程在 $a = 1, c \neq 0, 1$ 时的通解.

参 考 文 献

[1] Kuczma M, Choczewski B, Ger R. Iterative Functional Equations. Cambridge: Cambridge University Press, 1990.

[2] Kuczma M. Functional Equations in a Single Variable. Monograph in Mathematics, vol. T. 46. Warszawa: PWN, 1968.

[3] Layek G C. An Introduction to Dynamical Systems and Chaos. New York: Springer, 2015: 481-493.

[4] Shi Y G. Non-monotonic solutions and continuously differentiable solutions of conjugacy equations. Applied Mathematics and Computation, 2009, 215: 2399-2404.

[5] Laitochová J. On conjugacy equations for iterative functional equations. Int. J. Pure Appl. Math., 2006, 26: 423-433.

[6] Polyanin A D, Manzhirov A V. Handbook of Integral Equations: Exact Solutions (Supplement. Some Functional Equations). Moscow: Faktorial, 1998.

4.2   多峰映射的共轭

本节将介绍一类弱多峰映射的共轭问题[1]. 这类映射是一类逐段单调, 且可能含有平台的区间映射. 为方便, 不妨假设 I 表示闭区间 $[0,1]$, n 则表示一个正整数.

关于求解共轭方程

$$\varphi \circ f = g \circ \varphi,$$

本节最核心的思想如下: 定义某种意义的 "逆映射" g^{-1}, 于是得到算子 $\Gamma \alpha = g^{-1} \circ \alpha \circ f$, 它的不动点 φ, 如果存在, 则有等式 $\varphi \circ f = g \circ \varphi$ 成立. 这种思想也可在文献 [2—5] 中找到.

定义 4.2.1   一个区间映射 $f : I \to I$ 称为**弱多峰**的, 如果它是连续的, 且存在点列 $0 = a_0 \leqslant b_0 < a_1 \leqslant b_1 < \cdots < a_{l+1} \leqslant b_{l+1} = 1$ 使得 $f|_{[b_i, a_{i+1}]}$ 严格单调, 而且 $f|_{[a_i, b_i]}$ 是常值函数. 假设集合 $\{a_0 = 0, b_0, a_1, b_1, \cdots, a_{l+1}, b_{l+1} = 1\}$ 被选取得尽可能小. 令 $J_i = [a_i, b_i]$, 称这些区间 J_i 为平坦区间.

对于所有指标 i, 都有 $a_i = b_i$, 下面这类映射称为 l-**峰映射**. 这类映射是一种特殊的弱多峰映射, 也称为**多峰映射**.

定义 4.2.2   一个区间映射 $f : I \to I$ 称为 l-峰映射, 如果它是连续的, 且存在点列 $0 = c_0 < c_1 < \cdots < c_l < c_{l+1} = 1$ 使得 $f|_{[c_i, c_{i+1}]}$ 是严格单调的. 假设集合 $\{c_i | i = 0, 1, \cdots, l+1\}$ 被选取得尽可能小. 我们把这样的点 $c_1, c_2, \cdots, c_l$ 称为**折点**. 特别地, 当 $l = 1$ 时, 称映射 f 为**单峰映射**.

4.2.1 弱多峰映射的拓扑 (半) 共轭

下面的定理给出了两个弱多峰映射共轭的条件, 向前轨道的稠密性本质上要求这些映射是逐段扩张的.

定理 4.2.1 假设 $f, g : I \to I$ 是两个弱的多峰映射, 分别带有平坦区间 $J_i = [a_i, b_i]$, $0 \in J_0, J_1, J_2, \cdots, J_{l+1}, 1 \in J_{l+1}$ 和 $\tilde{J}_i = \left[\tilde{a}_i, \tilde{b}_i\right]$, $0 \in \tilde{J}_0, \tilde{J}_1, \tilde{J}_2, \cdots, \tilde{J}_{l+1}, 1 \in \tilde{J}_{l+1}$.

假设映射

$$h : \bigcup_{i=0}^{l+1} \bigcup_{n \geqslant 0} f^n(J_i) \to \bigcup_{i=0}^{l+1} \bigcup_{n \geqslant 0} g^n(\tilde{J}_i)$$

满足以下条件:

(1) $h\left(f^n(J_i)\right) = g^n(\tilde{J}_i)$ $(n \geqslant 1, 1 \leqslant i \leqslant l+1)$;

(2) h 是一个保序同胚 (即是 $x < y \Rightarrow h(x) < h(y)$).

如果 $\bigcup_{i=0}^{l+1} \bigcup_{n \in \mathbb{Z}} f^n(J_i)$ 和 $\bigcup_{i=0}^{l+1} \bigcup_{n \in \mathbb{Z}} g^n(\tilde{J}_i)$ 在区间 I 上都是稠密的, 那么 f 和 g 是拓扑共轭的, 即, 存在一个同胚映射 $\varphi : I \to I$ 使得 $\varphi \circ f = g \circ \varphi$, 且在 $\bigcup_{i=0}^{l+1} \bigcup_{n \in \mathbb{Z}} f^n(J_i)$ 上 $\varphi = h$.

证 利用不动点定理证明上面结论. 考虑如下完备的度量空间

$$M = \left\{ \alpha : I \to I \; \middle| \; 在 \bigcup_{i=0}^{l+1} \bigcup_{n \geqslant 0} f^n(J_i) 上 \alpha = h, \alpha 不减 \right\},$$

赋予范数 $\|\alpha - \beta\| = \sup_{x \in I} |\alpha(x) - \beta(x)|$, 因此 $M \neq \varnothing$.

令 $I_i = (b_i, a_{i+1})$, $\tilde{I}_i = \left(\tilde{b}_i, \tilde{a}_{i+1}\right)$, $g_i = g|_{\mathrm{Cl}(\tilde{I}_i)}$, $i = 0, 1, 2, 3, \cdots, l$. 定义 M 上的算子 Γ 为

$$\Gamma(\alpha)(x) = \begin{cases} g_i^{-1}\left(\alpha(f(x))\right), & x \in I_i, i = 0, 1, \cdots, l, \\ h(x), & x \in \bigcup_{i=0}^{l+1} J_i. \end{cases}$$

不难验证 Γ 是良定义的.

下面证明算子 Γ 是自映射, 即 $\Gamma M \subset M$.

首先证明在 $\bigcup_{i=0}^{l+1} \bigcup_{n \geqslant 0} f^n(J_i)$ 上 $\Gamma(\alpha) = h$ 成立. 令 $n = 0$, 在 $\bigcup_{i=0}^{l+1} J_i$ 上有 $\Gamma(\alpha) = h$. 令 $n > 0$. 如果 $f^n(J_i) \in J_j$, 那么 $\Gamma(\alpha)\left(f^n(J_i)\right) = h\left(f^n(J_i)\right)$. 如果 $f^n(J_i) \in I_j$, 那么由于 $h\left(f^n(J_i)\right) \in h(I_j)$, 可以得到 $g^n(\tilde{J}_i) \in \tilde{I}_j$, 因此

$$\Gamma(\alpha)\left(f^n(J_i)\right) = g_j^{-1}\left(\alpha\left(f^{n+1}(J_i)\right)\right) = g_j^{-1}\left(g_j\left(g^n(\tilde{J}_i)\right)\right) = h\left(f^n(J_i)\right).$$

因此 $\Gamma(\alpha) = h$ 在 $\bigcup_{i=0}^{l+1} \bigcup_{n \geqslant 0} f^n(J_i)$ 上成立.

为了证明 $\Gamma(\alpha)$ 是不减的, 假设 $x < y$, 若 $x, y \in J_i$, 则 $h(x) < h(y)$. 故

$$\Gamma(\alpha)(x) < \Gamma(\alpha)(y).$$

设 $x, y \in I_i$. 若 f 在区间 I_i 上递增, 而 g 在 $\tilde{I}_i$ 上递增, 故 g_i^{-1} 也是递增的. 于是 $\Gamma(\alpha)(x) \leqslant \Gamma(\alpha)(y)$. 类似地, 若 f 在区间 I_i 上递减, 则 $\Gamma(\alpha)(x) \leqslant \Gamma(\alpha)(y)$. 因为 $\Gamma(\alpha)(I_i) \subset \mathrm{Cl}\left(\tilde{I}_j\right)$, 且 $\Gamma(\alpha)(J_j) \subset \tilde{J}_j$, 如果当 $i < j$ 时, $x \in I_i$, $y \in J_j$, 或者当 $j \leqslant i$ 时, $x \in J_j$, $y \in I_i$, 那么有 $\Gamma(\alpha)(x) \leqslant \Gamma(\alpha)(y)$.

因此, 得到 $M \supset \Gamma(M) \supset \Gamma^2(M) \supset \cdots$. 为方便, 用 ∂X 来表示 X 的边界.

令 $\alpha \in M$. 映射 $\Gamma^n(\alpha)$ 的限制

$$\Gamma^n(\alpha): \bigcup_{i=0}^{l+1} \bigcup_{k \geqslant -n} f^n(J_i) \to \bigcup_{i=0}^{l+1} \bigcup_{k \geqslant -n} g^k(\tilde{J}_i)$$

是一个保序同胚, 且

$$\Gamma^n(\alpha)\left(f^k(J_i)\right) = g^k(\tilde{J}_i), \quad k \geqslant -n, \quad i = 0, 1, \cdots, l+1.$$

实际上, 对 n 进行归纳. 如果 $n = 0$, 可以直接根据 $\Gamma(\alpha)$ 的定义得到. 假设对于 $n-1$ 上述陈述成立.

因为 $\Gamma^n(M) \subset \Gamma^{n-1}(M)$, 所以我们注意到 $\Gamma^n(\alpha)$ 的限定是一个保序同胚, 且满足条件 $\Gamma^n(\alpha)\left(f^k(J_i)\right) = g^k(\tilde{J}_i), k \geqslant -n+1$. 首先证明对于所有的 i, 都有 $\Gamma^n(\alpha)\left(f^{-n}(J_i)\right) \subset g^{-n}(\tilde{J}_i)$ 成立. 令 $x \in f^{-n}(J_i)$. 假设对于某些 $j, x \in J_j$. 我们声明: 如果 $f^{-n}(J_i) \cap J_j \neq \varnothing$, 那么 $f^{-n}(J_i) \supset J_j$. 实际上, 假设存在 $x \in f^{-n}(J_i) \cap J_j$. 由于 f 在 J_j 上是常数, 对于任意的 $y \in J_j$, 都有 $f^n(x) = f^n(y)$. 根据这个结论以及 $f^n(x) \in J_i$, 可以知道 $f^n(J_j) \in J_i$. 因此有 $J_j \subset f^{-n}(J_j)$.

因为 $f^n(J_j) \in J_i$, 有

$$g^n(\tilde{J}_j) = h(f^n(J_j)) \in h(J_i) = \tilde{J}_i.$$

这就表明 $\tilde{J}_j \subset g^{-n}(\tilde{J}_i)$. 因此 $\Gamma^n(\alpha)(x) = h(x) \in \tilde{J}_j \subset g^{-n}(\tilde{J}_i)$. 如果对于某个 j, $x \in I_j$, 通过归纳得到

$$\Gamma^n(\alpha)(x) = g_j^{-1}\left(\Gamma^{n-1}(\alpha)f(x)\right) \in g^{-1}\left(\left(\Gamma^{n-1}(\alpha)\right)\left(f^{-n+1}(J_i)\right)\right) = g^{-n}(\tilde{J}_i).$$

我们证明映射 $\Gamma^n(\alpha)$ 的限制是映上的. 因为 $\Gamma^n(\alpha) \in \Gamma^{n-1}(M)$, 对于 $y \in \bigcup_{i=0}^{l+1} \bigcup_{k \geqslant -n+1} g^k(\tilde{J}_i)$, 存在 $x \in \bigcup_{i=0}^{l+1} \bigcup_{k \geqslant -n+1} f^k(J_i)$ 使得 $\Gamma^n(\alpha)(x) = y$. 所以令 $y \in \bigcup_{i=0}^{l+1} g^{-n}(\tilde{J}_i)$. 如果 $y \in \tilde{J}_i$, 那么以上结论显然成立. 假设 $y \in \tilde{I}_i, g^n(y) \in \tilde{J}_j$. 根

据归纳以及 $g(y) \in g^{-n+1}(\tilde{J}_j)$ 可以知道一定存在 $\xi \in f^{-n+1}(J_j)$ 使得 $T^{n-1}(\xi) = g(y)$. 因此存在 $x \in I_i$ 使得 $f(x) = \xi$. 由此得到 $x \in f^{-1}(\xi) \subset f^{-n}(J_j)$. 因此

$$\Gamma^n(\alpha)(x) = g_i^{-1}\left(\Gamma^{n-1}(\alpha)f(x)\right) \in g_i^{-1}\left(\left(\Gamma^{n-1}(\alpha)\right)(\xi)\right) = y.$$

下面证明 $\Gamma^n(\alpha)$ 的限制是一对一的. 若对任意的 $x, y \in \bigcup_{i=0}^{l+1}\bigcup_{k \geqslant -n} f^k(J_i)$, $x < y$ 都有 $\Gamma^n(\alpha)(x) = \Gamma^n(\alpha)(y)$. 如果 $x \in I_i$, $y \in I_j$ 可得 $i = j$, 又因为 $g_i^{-1}(\Gamma^{n-1}(\alpha)(f(x))) = g_i^{-1}(\Gamma^{n-1}(\alpha)(f(y)))$, 可知 $\Gamma^n(\alpha)(f(x)) = \Gamma^{n-1}(\alpha)(f(y))$. 通过归纳, 等式 $f(x) = f(y)$. 因此 $x = y$. 如果 $x \in I_i, y \in I_j$. 因为 $g_i^{-1}(\Gamma^{n-1}(\alpha)(f(x))) = h(y)$ 和 $x < y$, 因此 $j = i+1$ 和 $y = \min J_{i+1}$. 因此 $h(y) = \min \tilde{J}_{i+1}$, 进而

$$\Gamma^{n-1}(\alpha)(f(x)) = g_i(\min \tilde{J}_{i+1}) = g(\tilde{J}_{i+1}).$$

通过归纳证明, $f(x) = f(J_{i+1})$. 因此 $x \in J_{i+1}$, 这与假设矛盾.

若 $x \in J_i$, $y \in I_j$, 证明类似. 若 $x, y \in \bigcup_{i=0}^{l+1} J_i$, 则 $h(x) = h(y)$. 于是 $x = y$.

$\Gamma^n(\alpha)$ 在区间 I 上是非递减的. 这意味着 $\Gamma^n(\alpha)$ 的限制是保序的.

最后, 我们将证明映射 $\Gamma^n(\alpha)$ 在 $\bigcup_{i=0}^{l+1}\bigcup_{k \geqslant -n} f^k(J_i)$ 上是连续的. 通过归纳可知在区间 $I_i \cap \left(\bigcup_{i=0}^{l+1} f^{-n}(J_i)\right)$ 上, 对于 $0 \leqslant i \leqslant l$, $\Gamma^n(\alpha) = g_i^{-1}(\Gamma^{n-1}(\alpha)(f(x)))$ 是连续的. $\Gamma^n(\alpha)$ 在所有区间 J_i 上都是连续的. 我们证明 $\Gamma^n(\alpha)$ 在 ∂J 上连续. 设 $c = \min J_i$, 可得

$$\lim_{x \downarrow c} \Gamma^n(\alpha)(x) = h(c),$$

$$\lim_{x \uparrow c} \Gamma^n(\alpha)(x) = \lim_{x \uparrow c} g_{i-1}^{-1}\left(\Gamma^{n-1}(\alpha)(f(x))\right)$$
$$= g_{i-1}^{-1}\left(\Gamma^{n-1}(\alpha)(f(c))\right) = g_{i-1}^{-1}\left(g(\tilde{J}_i)\right) = h(c).$$

当 $c = \max J_i$ 时, 同理可证.

下面证明, 对于任意的 $\alpha \in M$, 都存在 $\varphi \in M$ 使得 $\lim_{n \to \infty} \|\Gamma^n(\alpha) - \varphi\| = 0$. 令 $\varepsilon > 0$, $B_\varepsilon(x) = (x - \varepsilon, x + \varepsilon)$. 因为 $\bigcup_{i=0}^{l+1}\bigcup_{n \in \mathbb{Z}} g^n(\tilde{J}_i)$ 在区间 I 上稠密. 对于任意的 $\varepsilon > 0$, 存在整数 $N > 0$ 使得 $\left\{B_\varepsilon(x) \mid x \in \bigcup_{i=0}^l\bigcup_{k \geqslant -n} g^k(\tilde{J}_i)\right\}$ 是区间 I 的覆盖. 根据前面证明的结果, 对于任意的 $x \in I$, $m, n \geqslant N$, 存在 $y \in \bigcup_{i=0}^l\bigcup_{k \geqslant -N} f^k(J_i)$ 使得

$$\Gamma^n(\alpha)(x) \in B_\varepsilon\left(\Gamma^m(\alpha)(y)\right) \quad \text{和} \quad \Gamma^n(\alpha)(x) \in B_\varepsilon\left(\Gamma^n(\alpha)(y)\right).$$

于是有

$$|\Gamma^m(\alpha)(x) - \Gamma^n(\alpha)(x)| \leqslant |\Gamma^m(\alpha)(x) - \Gamma^m(\alpha)(y)| + |\Gamma^m(\alpha)(y) - \Gamma^n(\alpha)(y)|$$
$$+ |\Gamma^n(\alpha)(y) - \Gamma^n(\alpha)(x)| \leqslant 3\varepsilon.$$

所以,

$$\|\Gamma^m(\alpha) - \Gamma^n(\alpha)\| = \sup_{x \in I} |\Gamma^m(\alpha)(x) - \Gamma^n(\alpha)(x)| \leqslant 3\varepsilon,$$

从而, 数列 $\{\Gamma^n(\alpha)\}_{n=0}^{\infty}$ 是区间 M 内的柯西列, 这意味着数列 $\{\Gamma^n(\alpha)\}_{n=0}^{\infty}$ 在区间 M 内有一个极限 φ.

根据前面的结论, 极限 φ 是一个从 $\bigcup_{i=0}^{l} \bigcup_{n \in \mathbb{Z}} f^n(J_i)$ 到 $\bigcup_{i=0}^{l+1} \bigcup_{n \in \mathbb{Z}} g^n(\tilde{J}_i)$ 的保序同胚. 因此, $\varphi: I \to I$ 是满足 $\Gamma\varphi = \varphi$ 的同胚. 证毕.

关于 l-峰映射, 有如下的推论.

推论 4.2.1　假设 $f, g: I \to I$ 是分别具有折点 $0 = c_0 < c_1 < \cdots < c_l < c_{l+1} = 1$ 和 $0 = \tilde{c}_0 < \tilde{c}_1 < \cdots < \tilde{c}_l < \tilde{c}_{l+1} = 1$ 的 l-峰映射. 假设映射

$$h: \bigcup_{i=0}^{l+1} \bigcup_{n \geqslant 0} f^n(c_i) \to \bigcup_{i=0}^{l+1} \bigcup_{n \geqslant 0} g^n(\tilde{c}_i)$$

定义为 $h(f^n(c_i)) = g^n(\tilde{c}_i)$, 是一个保序双射. 若

$$\bigcup_{i=0}^{l+1} \bigcup_{n \in \mathbb{Z}} f^n(c_i) \quad \text{和} \quad \bigcup_{i=0}^{l+1} \bigcup_{n \in \mathbb{Z}} g^n(\tilde{c}_i)$$

在 I 上都是稠密的, 那么 f 和 g 是拓扑共轭.

如果上面两个结论中的映射 h 仅仅假设为保序连续满射, 那么 f 和 g 就是半共轭.

4.2.2　共轭的 Hölder 连续性

定理 4.2.2　除了定理 4.1.1 中的假设条件外, 进一步假设 $\bigcup_{i=0}^{l+1} \bigcup_{n>0} f^n(J_i)$ 和 $\bigcup_{i=0}^{l+1} \bigcup_{n>0} g^n(\tilde{J}_i)$ 都是有限集, 而且映射 h 在 $J_i\,(i=0,1,\cdots,l+1)$ 上是 Hölder 连续的. 令

$$I_i = (b_i, a_{i+1}), \quad \tilde{I}_i = (\tilde{b}_i, \tilde{a}_{i+1}), \quad g_i = g\big|_{\mathrm{Cl}(\tilde{I}_i)}, \quad i = 0, 1, \cdots, l.$$

此外, 假设对于每个 $i=0,1,\cdots,l$, 都存在 $K_i>0$, 使得对于任意的 $x,y \in g_i(\mathrm{Cl}(\tilde{I}_i))$,

$$|g_i^{-1}(x) - g_i^{-1}(y)| \leqslant K_i^{-1}|x-y|;$$

对于任意的 $x,y \in \mathrm{Cl}(I_i)$ 存在 $\sigma \in (0,1]$ 使得

$$|f(x) - f(y)| \leqslant K_i^{1/\sigma}|x-y|.$$

那么定理 4.2.1 中的共轭函数 φ 是 Hölder 连续的.

关于半共轭, 也可以得到类似的结论.

证 完备度量空间 M 和算子 Γ 如前定义. 考虑 M 的子集

$$H_A = \left\{ \alpha \in M \left| \sup_{0 \leqslant i \leqslant l} \sup_{\substack{x,y \in \mathrm{Cl}\,(I_i) \\ x \neq y}} \frac{|\alpha(x) - \alpha(y)|}{|x - y|^{\sigma}} \leqslant A \right. \right\}, \quad A > 0.$$

因为 $\bigcup_{i=0}^{l} \bigcup_{n>0} f^n(J_i)$ 和 $\bigcup_{i=0}^{l} \bigcup_{n>0} g^n(\tilde{J}_i)$ 都是有限集, 可以选择一个充分大的正数 A 和一个充分小的正数 σ 使得 $H_A \neq \varnothing$. 显然, H_A 是 M 的闭子集. 因此 H_A 是完备的. 令 $\alpha \in H_A$, $x, y \in \mathrm{Cl}\,(I_i)$. 于是

$$\begin{aligned}
|\Gamma(\alpha)(x) - \Gamma(\alpha)(y)| &= \left| g_i^{-1}(\alpha(f(x))) - g_i^{-1}(\alpha(f(y))) \right| \\
&\leqslant K_i^{-1} |\alpha(f(x)) - \alpha(f(y))| \\
&\leqslant A K_i^{-1} |f(x) - f(y)|^{\sigma} \\
&\leqslant A |x - y|^{\sigma}.
\end{aligned}$$

所以 $\Gamma(H_A) \subset H_A$. 这样 φ 在每一个闭区间 $\mathrm{C1}\,(I_i)$ 和 J_i 上是 Hölder 连续的. 于是在定理 4.2.1 的证明中的 φ 在区间 I 上是 Hölder 连续的. 证毕.

4.2.3 拓扑 (半) 共轭的例子

例 4.2.1 在 $[0,1]$ 上定义梯形函数 t_a 为

$$t_a(x) = \begin{cases} x/a, & x \in [0, a], \\ 1, & x \in [a, 1-a], \\ (1-x)/a, & x \in [1-a, 1]. \end{cases}$$

Schweizer 和 Sklar[6] 证明了: 对于任意 $a, b \in \left(0, \dfrac{1}{2}\right)$, t_a 和 t_b 是拓扑共轭的. 特别地, 等腰梯形映射 $t_{2/9}$ 与 $t_{3/8}$ 共轭, 共轭函数满足 $\varphi\left[\dfrac{2}{9}, \dfrac{7}{9}\right] = \left[\dfrac{3}{8}, \dfrac{4}{8}\right]$ 任意的同胚, 如图 4.2.1, 满足 $\varphi\left[\dfrac{2}{9}, \dfrac{7}{9}\right] = \left[\dfrac{3}{8}, \dfrac{4}{8}\right]$ 选取线性函数. MATLAB 程序如下:

```
%%%%%%%%%%%%%%%%%%%%%%%%%%%%%%%%%%%%%%%%%%%%%%%
function trap()
clc,clear,global a b;
a=2/9; b=3/8;
sc1=num2str(a);sc2=num2str(b); str1=strcat('a=',sc1,',','b=',sc2);
str1=strcat('a=',sc1,',','b=',sc2);
x=linspace(0,1,400);
for n=12
```

```
 y=phi(x,n);
h1=plot(x,x,':', x,f(x),'--',x,g(x),'-.',x,y,'-','LineWidth',3,...
                  'MarkerEdgeColor','k',...
                  'MarkerFaceColor','g',...
                  'MarkerSize',10);
title(str1, 'FontSize',20,'Color',[0 0 1])
axis([0,1,0,1]), grid off,
end


legend([h1(1),h1(2),h1(3),h1(4)],'x','f(x)','g(x)','\phi(x)');


function y=f(x)
y=(x/a).*(x>=0&x<a)+...
   1.*(x>=a&x<=(1-a))+...
  (1-x)/a.*(x>1-a&x<=1);
 end


function y=g(x)
y=(x/b).*(x>=0&x<b)+...
   1.*(x>=b&x<=(1-b))+...
  (1-x)/b.*(x>1-b&x<=1);
end
%%%%%%%%%%the inverse of g1%%%%%%%%%%
function y=t1(x)
y=(b*x).*(x>=0&x<=1);
end
%%%%%%%%%%the inverse of g2%%%%%%%%%%
function y=t2(x)
y=1-b*x.*(x>=0&x<=1);
end
  %%%%%%%%%%the operate%%%%%
function y=phi(x,n)
if n==1
   y=(b/a.*x).*(x>=0&x<a)+...
      ((1-2*b)/(1-2*a)*(x-a)+b).*(x>=a&x<=1-a)+...
```

```
        (b/a.*(x-1)+1).*(x>1-a&x<=1);
else
    y=t1(phi(f(x),n-1)).*(x>=0&x<a)+...
        ((1-2*b)/(1-2*a)*(x-a)+b).*(x>=a&x<=1-a)+...
        t2(phi(f(x),n-1)).*(x>1-a&x<=1);
end
end
end
%%%%%%%%%%%%%%%%%%%%%%%%%%%%%%%%%%%%%%%%%
```

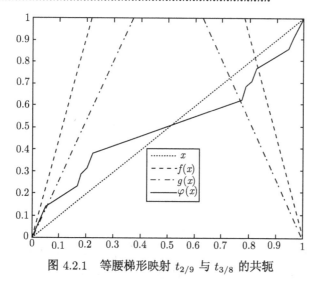

图 4.2.1　等腰梯形映射 $t_{2/9}$ 与 $t_{3/8}$ 的共轭

例 4.2.2　定义 $[0,1]$ 上的梯形映射 G_a 为

$$G_a = \begin{cases} 2x, & 0 \leqslant x \leqslant a, \\ 2a, & a \leqslant x \leqslant 1-a, \\ 2(1-x), & 1-a \leqslant x \leqslant 1, \end{cases}$$

其中 $0 < a < 1/2$. 不难验证 $[a, 1-a]$ 的后退轨迹在区间 I 上是稠密的. 对于任意 $a, b \in (1/3, 2/5)$, G_a 和 G_b 都是拓扑共轭的. 实际上, 令 $J = [a, 1-a]$. 有

$$G_a(J) = 2a, \quad G_a^2(J) = 2(1-2a) \in J.$$

故 J 内所有的点都以 2 为最终周期. 设 $\tilde{J} = [b, 1-b]$. 同理可得 $G_b^2(\tilde{J}) \in \tilde{J}$. 由定理 4.2.1 可知 G_a 和 G_b 是拓扑共轭的. 如图 4.2.2 所示. 更多梯形的情形, 参见文献 [7].

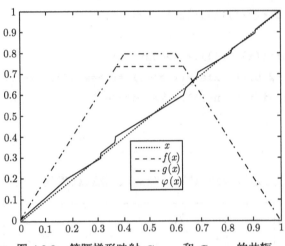

图 4.2.2　等腰梯形映射 $G_{11/30}$ 和 $G_{12/30}$ 的共轭

例 4.2.3　在 $[0,1]$ 上定义映射 $f, g : I \to I$ 为

$$f(x) = t_{1/3} = \begin{cases} 3x, & 0 \leqslant x < 1/3, \\ 1, & 1/3 \leqslant x < 2/3, \\ 3(1-x), & 2/3 \leqslant x < 1 \end{cases}$$

和

$$g(x) = t_{1/2} = \begin{cases} 2x, & 0 \leqslant x \leqslant 1/2, \\ 2(1-x), & 1/2 < x \leqslant 1. \end{cases}$$

Segawa 和 Ishitani[1] 证明了 Cantor 函数是 f 和 g 之间的半共轭. 根据定理 4.2.2, Cantor 函数具有 Hölder 指数为 $\sigma = \ln 2 / \ln 3$. 如图 4.2.3 所示. 前面的

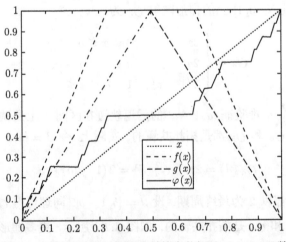

图 4.2.3　梯形映射与帐篷映射的半共轭是 Cantor 函数

MATLAB 程序只修改第三行即可.

```
%%%%%%%%%%
function trap()
clc,clear,global a b;
a=2/9; b=3/8;
%%%%%%%%%%
```

4.2.4 非单调情形的总结

对于逐段单调连续映射之间的共轭问题, 在逐段扩张的情形, 证明存在唯一性, 我们必须借助不动点定理的方法; 对于共轭的构造, 可以用逼近的方法或者符号动力系统编码的方法, 例如, 文献 [8,9]. 然而, 对于某一类非单调的映射, 虽然没有扩展的属性, 但存在所谓的基本域. 张景中和杨路提出的延拓方法, 是处理这类映射共轭问题的最佳方式, 例如, 参见文献 [10] 及其里面的文献. 这篇论文给出了非单调高度 $\geqslant 1$ 的逐段单调连续映射拓扑共轭的充分必要条件以及共轭的构造.

参 考 文 献

[1] Segawa H, Ishitani H. On the existence of a conjugacy between weakly multimodal maps. Tokyo J. Math., 2006, 21(2): 511-521.

[2] Ciepliński K, Zdun M C. On uniqueness of conjugacy of continuous and piecewise monotone functions. Fixed Point Theory Appl., 2009: 230414.

[3] Kawan C. On expanding maps and topological conjugacy. J. Differ. Equ. Appl., 2007, 13: 803-820.

[4] Byers B. Monotonic semiconjugacies onto expanding maps of the interval. Proc. Amer. Math. Soc., 1983, 89: 371-374.

[5] Ou D S, Palmer K J. A constructive proof of the existence of a semi-conjugacy for a one dimensional map. Discrete Contin. Dyn. Syst. Ser. B, 2012, 17: 977-992.

[6] Schweizer B, Sklar A. Continuous functions that conjugate trapezoid functions. Aequationes Math., 1985, 28: 300-304.

[7] Shi Y G. Conjugacy between trapezoid maps. Journal of Nonlinear Science and Applications, 2016, 9(3): 819-826.

[8] Shi Y G, Tang Y. On conjugacies between asymmetric Bernoulli shifts. J. Math. Anal. Appl., 2016, 434(1): 209-221.

[9] Shi Y G, Wang Z. Topological conjugacy between skew tent maps. Internat. J. Bifur. Chaos, 2015, 25(9): 1550118 (9 pages).

[10] Leśniak Z, Shi Y G. Topological conjugacy of piecewise monotonic functions of non-monotonicity height $\geqslant 1$. J. Math. Anal. Appl., 2015, 423(2): 1792-1803.

4.3 Markov 映射的拓扑共轭

本节将给出两类特殊 Markov 映射的拓扑共轭判据.

定义 4.3.1 紧区间上的连续自映射 f 称为线性 Markov 映射, 如果它是逐段线性的, 且由所有 $f^k(x)$ 组成的集合 P 是有限集, 其中 $k \geqslant 0$ 和 x 是线性段的端点.

与 f 有关的映射 $f^* : P^* \to P^*$, 其中 P^* 是 f 的不变子集 P 的特定的指标集. 如果 $P^* = \{1, \cdots, N\}$, 则 $^*f : P^* \to P^*$ 表示与 f^* 的逆映射, 定义 $^*f(i) = N + 1 - f^*(N + 1 - i)$. 如图 4.3.1 所示.

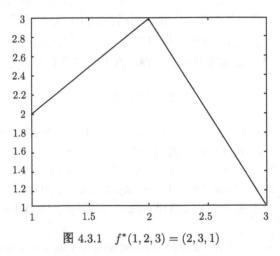

图 4.3.1 $f^*(1, 2, 3) = (2, 3, 1)$

因为 f^* 仅仅依赖于 f 在有限集合 P 上的作用. 反过来, 在至少有两个实数的有限集合 (不必映满) 到自身的映射 φ, 通过 "连接点" 确定了线性 Markov 映射 f: $f|_P = \varphi$, 且 f 在 P 相邻点之间是线性的. 我们用 $\varphi(x_1, \cdots, x_n) = (y_1, \cdots, y_n)$ 表示 $P = \{x_1 < \cdots < x_n\}$, 并且 $\varphi(x_i) = y_i$. 以这种方式得到的区间映射已作为各类型的动力学模型. Štefan[1] 证明了 Sarkovsii 序是严格的, 他构造的这种映射具有这样的形式. 例如, 如果 $\varphi(1, 2, 3, 4, 5) = (3, 5, 4, 2, 1)$, 那么由 φ 所决定的线性 Markov 映射, 拥有除了周期为 3 外的所有的周期点, 一个逐段单调区间映射有周期为 2^n $(n = 0, 1, 2, \cdots)$ 的点, 但是没有其他周期的周期点, 可作为这种形式的映射的极限而得到[2]. 这些映射也来自区间光滑映射的研究, 如 Stein 和 Ulam[3] 已证明: 由 $\varphi(0, 1/2, 1) = (0, 1, 0)$ 确定的线性 Markov 映射, 即是标准帐篷映射 $T(x) = \min\{2x, 2 - 2x\} = 1 - |2 - x|$, 通过函数 $h(x) = \dfrac{2}{\pi} \arcsin(\sqrt{x})$ 拓扑共轭于在区间 $[0, 1]$ 上的二次映射 $x \mapsto 4x(1 - x)$.

本节将介绍一个非常简洁的线性 Markov 映射拓扑共轭的判据[4-6]: 线性 Markov 映射 f 和 g 是拓扑共轭当且仅当 $f^* = g^*$ 或 $f^* =^* g$.

这样 $f^* = g^*$ 或者 $f^* = {}^*g$ 作为保序或逆序共轭的依据.

4.3.1 扩张 Markov 映射的拓扑共轭

为了证明上面判据, 首先考虑另一类特殊的 Markov 映射.

定义 4.3.2 一个逐段单调连续的映射 f 称为扩张 Markov 映射, 如果满足下面两个条件:

(i) 由所有 $f^k(x)$ 组成的集合 P 是有限集, 其中 $k \geqslant 0$ 和 x 是在每个单调区间的端点; (Markov 性)

(ii) 存在常数 $c > 1$, 使得对同一单调区间上任意两点的 x 和 y 满足

$$|f(x) - f(x)| \geqslant c|x - y|. \text{ (扩张性)}$$

如果 f 是扩张 Markov 映射和 $P = \{x_1 < \cdots < x_N\}$. 令 $P^* = \{1, \cdots, N\}$, 定义 $f^*: P^* \to P^*$ 如下: 若 $f(x_i) = x_j$, 则 $f^*(i) = j$.

令 f 和 g 均是扩张 Markov 映射. 类似前面所述, $P = \{x_1 < \cdots < x_N\}$ 是由所有 $f^k(x)$ 组成的集合, 其中 $k \geqslant 0$ 和 x 是每个单调区间的端点. $P^* = \{1, \cdots, N\}$, 定义 $f^*: P^* \to P^*$ 如下: 若 $f(x_i) = x_j$, 则 $f^*(i) = j$. 类似地, 令 $Q = \{y_1 < \cdots < y_M\}$ 和 $g^*: Q^* \to Q^*$ 与 g 相对应.

定理 4.3.1 扩张 Markov 映射 f 和 g 是保序拓扑共轭当且仅当 $f^* = g^*$.

证 利用反证法, 容易证明如果扩张 Markov 映射 f 和 g 是保序拓扑共轭, 那么 $f^* = g^*$.

现设 $f^* = g^*$, 我们构造一个如下的保序共轭. 当 $0 \leqslant n \leqslant \infty$ 时, 令 $P_n = \bigcup_{k=0}^{n} f^{-k}(P)$ 和 $Q_n = \bigcup_{k=0}^{n} g^{-k}(Q)$. 又因 f 和 g 是扩张的, P_∞ 在 $[x_1, x_N]$ 上是稠密的, 且 Q_∞ 在 $[y_1, y_N]$ 上是稠密的. 当 $0 \leqslant n < \infty$ 时, 定义保序的映射 $h_n: P_n \to Q_n$ 使得 $h_n = h_{n+1}|_{P_n}$ 和 $g \circ h_n = h_n \circ (f|_{P_n})$. 如果 $x \in P_n$, 定义 $h_\infty: P_\infty \to Q_\infty$ 为 $h_\infty(x) = h_n(x)$. 于是 $h_\infty: P_\infty \to Q_\infty$ 是一个良定义的保序映射, 因此延拓到一个保序的同胚 h, 从 $\overline{P_\infty} = [x_1, x_N]$ 映满 $\overline{Q_\infty} = [y_1, y_N]$. 所以只要 $h_\infty \circ f|_{P_n} = g \circ h_\infty$ 就有 $h \circ f = g \circ h$.

这个构造是简单的. 通过 $h_0(x_i) = y_i$, 在 P_0 上定义 h_0. 我们容易发现 P_1 和 Q_1 有相同的点数. 用递增的方式, 记 $P_1 = \{z_i\}$ 和 $Q_1 = \{w_i\}$, 有 $f(z_i) = z_j$ 当且仅当 $g(w_i) = w_j$, $z_i \in P_0$ 当且仅当 $w_i \in Q_0$. 通过 $h_1(z_i) = w_i$ 在 P_1 上定义 h_1. 以此类推, 定义 h_j. 证毕.

扩张的属性仅用来使 $\cup f^{-n}(P)$ 稠密. 因此定理 4.3.1 成立主要是因为那些映射是扩张 Markov 映射.

4.3.2 线性 Markov 映射的拓扑共轭

针对线性 Markov 映射, 我们不能简单地重复上面定理的证明, 因为 $\cup f^{-n}(P)$ 不必是稠密的 (考虑恒等映射, 以及后面的例子可以看出). 对于这些映射, 我们构造一个不变集合 P, 包括有限个点和有限个闭区间, 以此替代 P.

令 f 是线性 Markov 映射. 由所有的 $f^k(x)$ 组成集合 P, 令 J 为非退化的闭区间, 其端点在集合 P 中. 如果对于某个 $n > 0$ 有 $f^n(x) = x, \forall x \in J$, 称 J 是周期的. 如果对任意的 $x, y \in J$ 有 $f(x) = f(y)$, 称 J 是水平的.

引理 4.3.1 (最大周期区间的端点周期) 如果 J 是最大的周期区间, 那么 J 的端点有相同的周期.

证 令 J 的两个端点 $x < y$. 假设 x, y 有不同的轨迹, 否则无须证明. 只需证明只要 $f^k(x) = x$ 就有 $f^k(y) = y$.

假设 $f^k(x) = x$ 但 $f^k(y) \neq y$, 则存在三种可能:

(a) $x < f^k(y) < y$;

(b) $y < f^k(y)$;

(c) $f^k(y) < x$.

若 (a) 成立, 则 $f^k(J)$ 是 J 的真子集, 因此 J 不能完全由周期点组成.

若 (b) 成立, 则 f^k 在 $f^k(J)$ 上单调, 有 $f^k(y) < f^{2k}(y)$. 以此类推, 对任意的 $i > 0$ 有 $y < f^{ik}(y)$, 则与 y 的周期性相矛盾.

若 (c) 成立. 如果 $f^{2k}(y) < x$, 那么用 $f^k(J)$ 替代 J, 类似 (a) 或 (b), 得到矛盾. 如果 $x < f^{2k}(y) < y$ 或者 $y < f^{2k}(y)$, 那么用 f^{2k} 替代 f^k, 类似 (a) 或 (b), 得到矛盾. 如果 $f^{2k}(y) = y$, 那么 $J \cup f^k(J)$ 是一个周期区间, 与 J 的最大性矛盾. 证毕.

引理 4.3.2 (恒等映射) 设 J 是端点是 f^n 的不动点, 且 f^n 在 J 上是严格单调递增的. 则 f^n 在 J 上是恒等映射, 且 J 是包含在最大的周期区间中.

证 因为 f^n 在 J 上是逐段线性的, 为了证明 f^n 在 J 上是恒等映射, 只需要证明 $f^n(x) = x$, x 是 f^n 在区间 J 上的线性段的任意一端点. 任意这样的点 x 必在 $\bigcup_{k=0}^{n-1} f^{-k}(P)$ 中. 于是 $f^n(x) \in P$ 以及 x 有有限的轨迹, 因为 f^n 是递增的, 所以 $f^n(x) = x$.

现在令 K 是包含在 J 中最大的闭区间, 使得 f^n 在 K 上是恒等映射. 根据上面的讨论, K 的端点在 P 中. 因此 K 一定是最大的周期区间. 证毕.

我们称最大的周期区间保向或者反向, 可根据端点是在不同的轨迹或者是相同的轨迹来进行决定. 下面的引理确定这两种情形.

引理 4.3.3 (周期区间保反向性) 设 J 是最大的周期区间, n 是 J 的端点的公共周期.

(1) 如果 J 是保向的, 那么区间 $J, f(J), \cdots, f^{n-1}(J)$ 两两不相交.

(2) 如果 J 是反向的, 当 n 是偶数时, 区间 $J, f(J), \cdots, f^{n/2-1}(J)$ 两两不相交, 在 J 里存在 $f^{n/2}$ 唯一的不动点 $\bar{x}$. 进一步, 如果 $J' = \{x \in J | x \leqslant \bar{x}\}$, 那么 $J' \cup f^{n/2}(J') = J$ 和区间 $J', f(J'), \cdots, f^{n-1}(J')$ 几乎两两不相交: $f^k(J') \cap f^{k+n/2}(J') = \{f^k(\bar{x})\}$, 其中 $0 \leqslant k \leqslant n/2 - 1$.

证 因为 $f^n(J) = J$, 如果区间 $J, f(J), \cdots, f^{n-1}(J)$ 不是两两不相交的, 那么存在某个 $k, 1 \leqslant k \leqslant n-1$ 使得 $J \cap f^k(J) \neq \varnothing$. 因为 $f^k(J)$ 是周期的, 所以 $J \cup f^k(J)$ 也是. 因此, 由 J 的最大性, $f^k(J) \subseteq J$, 则 $J = f^{kn}(J) \subseteq f^k(J) \subseteq J$, 可得 $f^k(J) = J$. 当 $k < n$ 时, J 的端点一定在 f^k 作用下相互交换, 因此 $k = n/2$ 和 J 是反向的. 此时, $f^{n/2}$ 有唯一的固定点 $\bar{x} \in J$. 因此 (2) 余下部分结果成立. 证毕.

令 $P' = \{x_1 < \cdots < x_N\}$ 是所有 $f^k(x)$ 组成的集合, 其中 $k \geqslant 0$, x 是以下情况之一: 单调段的一个端点, 最大周期区间的端点, 或者是最大水平区间的一个端点.
令
$$\boldsymbol{P} = P' \cup (\cup J),$$
这里的并是取所有最大周期区间和水平区间.

引理 4.3.4 (稠密性) $\bigcup_{n=0}^{\infty} f^{-n}(\boldsymbol{P})$ 是稠密的.

证   令 κ 表示所有闭区间, 其端点是 $\boldsymbol{P}$ 中相邻元素. 记 $\kappa = \kappa_0 \cup \kappa_1 \cup \kappa_2$, 其中

$$\kappa_0 = \{K | f(K) \text{ 是一个点}\},$$
$$\kappa_1 = \{K | f(K) \in \kappa\},$$
$$\kappa_2 = \{K | f(K) \text{ 是 } \kappa \text{ 中至少两元素的并}\}.$$

对任意的区间 $J, |J|$ 表示区间 J 的长度, 并令

$$c = \min \frac{|f(K)|}{|K'|},$$

这里的最小是取自所有对 (K, K') 组成, 其中 $K \in \kappa_2$, $K' \in \kappa$, 以及 $f(K) \supseteq K'$. 注意到 $c > 1$.

为了证明引理, 只需证明, 如果 J 是这样的闭区间, 对于任意的 $n \geqslant 0$, $f^n(J)$ 既无转折点, 也不与水平区间相交, 那么对某个 $n \geqslant 0$, $f^n(J)$ 包含于最大的周期区间之中. 设 J 是这样的最大的周期区间.

事实 1   对某个 $n \geqslant 0$, 要么 $f^n(J) \cap \boldsymbol{P} \neq \varnothing$, 要么 $f^n(J)$ 包含于一个最大的周期区间之中.

为证明以上事实, 假设对于每个 $n \geqslant 0$ 有 $f^n(J) \cap \boldsymbol{P} = \varnothing$. 对于每个 $n \geqslant 0$, 存在 $K_n \in \kappa_1 \cup \kappa_2$ 使得 $f^n(J) \subseteq K_n$. 若 $K_n \in \kappa_1$, 只要在 K_n 上 f 是线

性的, $|f^{n+1}(J)|/|f^n(J)| = |K_{n+1}|/|K_n|$, 即 $|f^{n+1}(J)|/|K_{n+1}| = |f^n(J)|/|K_n|$. 若 $K_n \in \kappa_2$, 则有 $|f^{n+1}(J)|/|K_{n+1}| > c|f^n(J)|/|K_n|$. 对于任意 $n \geqslant 0$, 由于 $f^n(J) \cap \boldsymbol{P} = \varnothing$, 因此对除开有限个 n 外, 即对所有的 $n \geqslant m$, $K_n \in \kappa_1$. 于是 $f(K_m) = K_{m+1}, f(K_{m+1}) = K_{m+2}$, 等等, 在这些区间的每一个区间上, f 是同胚的. 由此, 对某个 $i \geqslant 0, j > 0$, 有 $K_{m+i} = K_{m+i+j}$, 且 K_{m+i} 满足引理 4.3.2$(n = 2j)$ 的假设. 因此 K_{m+i} 和 $f^{m+i}(J)$ 均包括于最大的周期区间之中.

假设事实 1 的第一个结论是成立的 (否则这个证明已经完成). 我们可假设 J 的一个端点在 $\boldsymbol{P}$ 内. 用与事实 1 同样的方式, 我们有

事实 2   对某些 $n \geqslant 0$, 要么 $f^n(J)$ 包含 $\boldsymbol{P}$ 中的两个元素, 要么包含于一个最大周期的区间之中.

先假设 J 是 κ 中元素的并, 因此对于每一个 $n \geqslant 0$ 有 $f^n(J)$ 也是 κ 中元素的并. 由于只有有限多个不同的这样的并集, 就存在 $i \geqslant 0, j > 0$ 使得 $f^i(J) = f^{i+j}(J)$. 根据引理 4.3.2 有 $f^i(J)$ 包含于一个最大的周期区间之中. 证毕.

如上记 $P' = \{x_1 < \cdots < x_N\}$, 令 $P^* = \{1, \cdots, N\}$, 定义 $f^* : P^* \to P^*$ 如下: $f^*(i) = j$, 如果 $f(x_i) = x_j$.

定理 4.3.2   线性的 Markov 映射 f 和 g 拓扑共轭当且仅当 $f^* = g^*$ 或 $f^* = {}^*g$.

证   我们仅证明若 $f^* = g^*$, 则 f 和 g 拓扑共轭.

令 $\boldsymbol{P}$ 为与 f 相关的对象, 如前所述, $\boldsymbol{Q}$ 为与 g 相对应的对象. 证明的过程与证明定理 4.3.1 类似, $\boldsymbol{P}$ 和 $\boldsymbol{Q}$ 起的作用如同 P 和 Q. 因此, 利用引理 4.3.4, 只需要定义保序映射 $h_n : \boldsymbol{P}_n \to \boldsymbol{Q}_n, 0 \leqslant n < \infty$ 使得 $h_n = h_{n+1}|_{\boldsymbol{P}_n}, g \circ h_n = h_n \circ (f|_{\boldsymbol{P}_n})$.

在 P' 上定义 $h_0 : h_0(x_i) = y_i$.

一次延拓 h_0 到最大水平的区间, 这样的区间, 延拓方法如下. 如果 $J = [x_i, x_j]$ 是这样的区间, 则 $K = [y_i, y_j]$ 也是. 设 $h_0|_J$ 是任意同胚, 从 J 映满 K, $h_0(x_k) = y_k, i \leqslant k \leqslant j$.

延拓 h_0 到最大的周期区间比较复杂. 我们在这样的区间的轨道上延拓一次, 而且对保向和反向的区间, 延拓过程有点不同.

假设 $J = [x_i, x_j]$ 是一个保向的最大周期区间, n 为 x_i 和 x_j 的公共周期. 那么对于 $K = [y_i, y_j]$ 同样成立, 使 $h_0|_J$ 是满足 $h_0(x_k) = y_k, i \leqslant k \leqslant j$, 从 J 映满 K 的任意同胚. 由引理 4.3.3, 区间 $J, f(J), \cdots, f^{n-1}(J)$ 两两不相交, 且 f 限制在以上的任意一个区间上是一个同胚. (类似的陈述对 K 和 g 同样成立.) 令 $h_0|_{f(J)} = g \circ h_0 \circ (f|_J)^{-1}$, 因为 f 在 J 上保序当且仅当 g 在 K 上是保序的, 则 h_0 是保序的. 在 J 的轨道上继续这个过程. 由引理 4.3.2 可得, f^n 在 J 上是恒等映射, 所以在这条轨道上 h_0 是良定义的, 并且在此轨道上满足 $h_0 \circ f = g \circ h_0$.

假设 $J = [x_i, x_j]$ 是一个反向的最大的周期区间, n 为 x_i 和 x_j 的公共周期. 设

$\bar{x}$ 是在 J 中 $f^{n/2}$ 的唯一的不动点, $\bar{y}$ 是在 $K = [y_i, y_j]$ 中 $g^{n/2}$ 唯一的不动点. 设 $J' = [x_i, \bar{x}]$, 并令 $h_0|_{J'}$ 是 J' 映射到 $K' = [y_i, \bar{y}]$ 上的任意一个同胚映射, 当 $x_k \in P'$ 和 $x_i \leqslant x_k \leqslant \bar{x}$ 时, 有 $h_0(\bar{x}) = \bar{y}$ 和 $h_0(x_k) = y_k$. 区间 $J', f(J'), \cdots, f^{n-1}(J')$ 几乎两两不相交: 当 $0 \leqslant k \leqslant n/2 - 1$ 时, $f^k(J') \cap f^{k+n/2}(J') = \{f^k(\bar{x})\}$ 是仅有的非空交集, 所以 h_0 可以沿着在 J' 的轨道, 类似保向情形进行延拓. 因为 $\bigcup_{k=0}^{n-1} f^k(J') = \bigcup_{k=0}^{n/2-1} f^k(J)$, 我们就可以延拓 h_0 到 J 的轨道.

在最大周期区间的每个轨道类似进行这样的延拓, 在 $\boldsymbol{P}_0$ 上定义 h_0 使之满足所需性质.

为了避免记号混淆, 我们只构建 $h_1: \boldsymbol{P}_1 \to \boldsymbol{Q}_1$ 作为归纳步骤的下一步. 因为 $f^* = g^*$, 所以 $P' \cup f^{-1}(P')$ 和 $Q' \cup g^{-1}(Q')$ 具有相同数目的点. 按照递增的顺序, 记 $P' \cup f^{-1}(P') = \{z_i\}$, $Q' \cup g^{-1}(Q') = \{w_i\}$, 我们可得 $z_i \in P'$ 当且仅当 $w_i \in Q'$, $f(z_i) = z_j$ 当且仅当 $g(w_i) = w_j$. 此外,

$$\boldsymbol{P}_1 = \boldsymbol{P}_0 \cup f^{-1}(P') \cup (\cup J),$$

这里的并是取下列闭区间 J 的最大特性: $J^0 \cap \boldsymbol{P}_0 = \varnothing$ 和 $f(J)$ 是包括在 $\boldsymbol{P}_0$ 的构成要素中. 注意到任意这样的 J 的端点在 $f^{-1}(P')$ 中. (类似的结论对 $\boldsymbol{Q}_1$ 同样成立.)

在 $P' \cup f^{-1}(P')$ 上定义 h_1: $h_1(z_i) = w_i$.

延拓 h_1 到如上述的区间, 依次如下. 如果 $J = [z_i, z_j]$ 是这样的区间, 则 $K = [w_i, w_j]$ 也是, f 是 J 上同胚映射, 同样 g 也是 K 上同胚映射. 设 $h_1|_J = (g|_K)^{-1} \circ h_0 \circ f$. 类似地, 在每一个这样的 J 上进行延拓, 满足所求映射 h_1. 证毕.

令 f 是一个线性 Markov 映射, P 仍如上所述. 若 f 又是扩张 Markov 映射, 那么 f 的定义域没有周期的子区间或常值函数区间段, 同时 $\boldsymbol{P} = P'$, 是由所有的 $f^k(x)$ 组成的, 其中 $k \geqslant 0$ 和 x 是一个单调段上的一端点. 所以 P^* 和 f^* 是良定义的. 令 M 表示所有线性 Markov 映射和扩张 Markov 映射全体, 我们有: $f, g \in M$ 是拓扑共轭当且仅当 $f^* = g^*$ 或 $f^* = {}^*g$.

假设 $\varphi: P \to P$ 是至少有两个实数组成的有限集合上的一个自映射 (不一定是满映射). 由映射 φ 确定的线性 Markov 映射 f, 是通过 "连接点" 构成的, 即 $f|_P = \varphi$, 且 f 在 P 中相邻的两点之间是线性的. 我们得到如下结论.

推论 4.3.1 $f \in M$ 拓扑共轭于由 f^* 确定的线性 Markov 映射.

这样, 在每个共轭类, 我们有两个典型的代表 ${}^*f$ 和 f^*.

下面给出三个例子来总结. 读者注意到这样的例子, 即为保向的最大周期区间, 所有点有相同的周期; 然而在反向的最大周期区间上, 除了唯一的 "中" 点, 所有点有相同的周期.

(1) 由以下 φ 确定的线性 Markov 映射

(a) $\varphi(1,2,3,6,7) = (2,7,3,2,1)$;

(b) $\varphi(1,2,6,7,8) = (2,8,7,2,1)$;

(c) $\varphi(1,2,3,4,5,8,9) = (3,5,9,8,4,2,1)$

均是拓扑共轭, 其中 $f^*(1,2,3) = (2,3,1)$.

图 4.3.2~图 4.3.4 是拓扑共轭, 都具有图 4.3.1 的形式.

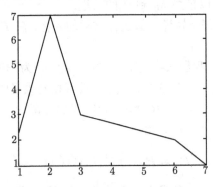

图 4.3.2　$\varphi(1,2,3,6,7) = (2,7,3,2,1)$

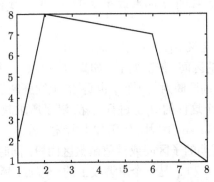

图 4.3.3　$\varphi(1,2,6,7,8) = (2,8,7,2,1)$

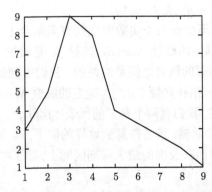

图 4.3.4　$\varphi(1,2,3,4,5,8,9) = (3,5,9,8,4,2,1)$

(2) 由以下 φ 确定的线性 Markov 映射

(a) $\varphi(1, 2, 3, 4, 5, 8, 9) = (4, 5, 8, 9, 3, 2, 1)$;

(b) $\varphi(1, 2, 7, 8, 10, 15, 17, 19, 20) = (8, 17, 19, 20, 19, 17, 7, 2, 1)$;

(c) $\varphi(1, 2, 4, 5, 7, 8, 9, 15, 16, 17, 18, 24, 29, 30) = (8, 17, 18, 24, 29, 30, 24, 18, 8, 7, 5, 4, 2, 1)$

均是拓扑共轭, 其中 $f^*(1, 2, 3, 4, 5, 6, 7) = (4, 5, 6, 7, 3, 2, 1)$.

(3) 由以下 φ 确定的线性 Markov 映射

(a) $\varphi(1, 3, 4, 5, 6, 8, 9, 12, 13, 15, 16, 20, 25, 27, 29, 30) = (8, 9, 12, 13, 15, 30, 29, 27, 25, 6, 1, 12, 5, 4, 3, 1)$;

(b) $\varphi(1, 3, 4, 5, 6, 8, 9, 12, 13, 15, 16, 20, 25, 27, 29, 30) = (8, 9, 12, 13, 15, 30, 29, 27, 25, 6, 1, 9, 5, 4, 3, 1)$;

(c) $\varphi(1, 3, 4, 5, 6, 8, 9, 12, 13, 15, 16, 20, 25, 27, 29, 30) = (8, 9, 12, 13, 29, 30, 29, 27, 25, 15, 1, 9, 5, 4, 3, 1)$

均是拓扑共轭, 其中 $f^*(1, 2, 3, 4, 5, 6, 7, 8, 9, 10, 11) = (4, 5, 6, 11, 10, 9, 1, 5, 3, 2, 1)$.

注意到 (2) 中最大周期区间是反向的. 然而 (3) 中最大周期区间是保向的. (3) 也展示了一个事实: 如果 x 是转折点以及 $f(x)$ 是在保向的最大周期区间的内部, 则 $f(x)$ 在内部移动到其他点, 只要该内部不与其他转折点的轨道相交, 就不会影响 f 的共轭类.

4.3.3 Markov 映射与 Sarkovskii 序

现在介绍更多的例子. 回顾 Sarkovskii 把所有的正整数按如下的次序重新排列:

$$3 \lhd 5 \lhd 7 \lhd \cdots \lhd 2 \cdot 3 \lhd 2 \cdot 5 \lhd \cdots \lhd 2^2 \cdot 3 \lhd 2^2 \cdot 5 \lhd \cdots \lhd 2^2 \lhd 2^1 \lhd 2^0.$$

Sarkovskii 证明如果 f 有周期为 n 的点, 则对于任意的 $k \rhd n$, 它也有周期为 k 的点. 对每个 n, Štefan 构造了这样的线性 Markov 映射 f_n, 有周期为 n 的点, 但是没有周期为 k 的点, 只要 $k \lhd n$. 这样的 f_n 是由映射 φ_n 决定的, 构造如下: $\varphi_1(1, 2) = (1, 2)$, 对于 $n > 1$ 的奇数,

$$\varphi_3(1, 2, 3) = (2, 3, 1),$$

$$\varphi_5(1, 2, 3, 4, 5) = (3, 5, 4, 2, 1),$$

$$\varphi_7(1, 2, 3, 4, 5, 6, 7) = (4, 7, 6, 5, 3, 2, 1),$$

明显的模式以此类推. 对偶数 n, "平方根的技巧" 被用来进行归纳: $\varphi_{2n} = \sqrt{\varphi_n}$, 这里的平方根如下定义: 如果 $\varphi : \{1, \cdots, k\} \to \{1, \cdots, k\}$, 有 $\sqrt{\varphi} : \{1, \cdots, 2k\} \to \{1, \cdots, 2k\}$, 该处有

$$\sqrt{\varphi}(i) = \begin{cases} \varphi(i) + k, & 1 \leqslant i \leqslant k, \\ i - k, & k+1 \leqslant i \leqslant 2k. \end{cases}$$

(记 $\left(\sqrt{\varphi}|_{\{1,\cdots,k\}}\right)^2 = \varphi.$)

例如, 根据 $\varphi_1(1,2) = (1,2)$, 我们可以得到 $\varphi_2(1,2,3,4) = (3,4,1,2)$. 这样由 φ_2 决定的线性 Markov 映射, 只有周期为 2, 1 的周期点, 无其他周期的点. 根据 φ_2, 我们可以得到 $\varphi_4(1,2,3,4,5,6,7,8) = (7,8,5,6,1,2,3,4)$. 这样由 φ_4 决定的线性 Markov 映射, 只有周期为 4, 2, 1 的周期点, 无其他周期的点. 如图 4.3.5 和图 4.3.6. 由 φ_4 决定的线性 Markov 映射没有连续的迭代根, 我们最近给出了这类映射具有无数个间断点的迭代根[7].

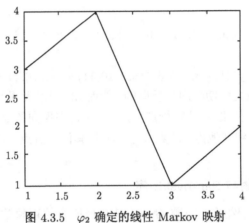

图 4.3.5 φ_2 确定的线性 Markov 映射

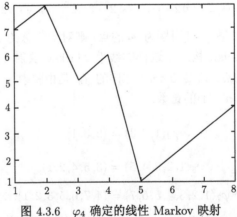

图 4.3.6 φ_4 确定的线性 Markov 映射

考虑由 $\varphi_6(1,2,3,4,5) = (3,5,3,1,3)$ 决定的线性 Markov 映射, 有周期为 6 的周期点, 但无奇数周期大于 1 的点, 如图 4.3.7 所示.

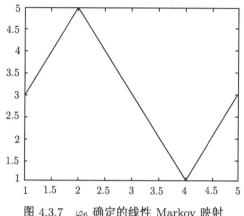

图 4.3.7 φ_6 确定的线性 Markov 映射

参 考 文 献

[1] Štefan P. A theorem of Sarkovskii on the existence of periodic orbits of continuous endomorphisms of the real line. Comm. Math. Phys., 1977, 54: 237-248.

[2] Nitecki Z. Topological dynamics on the interval//Ergodic Theory and Dynamical Systems Ⅱ. Boston: Birkhäuser, 1982.

[3] Stein, P, Ulam S. Non-linear transformation studies on electronic computers. Dissertationes Math. (Rozprawy Mat.), 1964, 39: 1-66.

[4] Block L, Coven E M. Topological conjugacy and transitivity for a class of piecewise monotone maps of the interval. Transactions of the American Mathematical Society, 1987, 300(1): 297-306.

[5] 孙太祥. 区间上广义扩张 Markov 自映射的拓扑共轭. 科学通报, 1994, 19: 1822.

[6] Fotiades N A, Boudourides M A. Topological conjugacies of piecewise monotone interval maps. IJMMS, 2001, 25: 119-127.

[7] Shi Y G, Chen L. Extension of iterative roots. Aequat. Math., 2015, 89: 485-495.

4.4 马蹄映射之间的半共轭

共轭问题是动力系统中的核心问题之一. Ulam 率先提出了逐段线性化的问题: 单位区间上的每个光滑映射是否共轭于某个合适的逐段线性的映射? 他强调, 若答案是肯定的, 则研究这类光滑映射可简化到折线映射的研究. 1966 年, Parry[1] 给出了经典结果: 连续的、传递的逐段单调 (有限段) 区间映射与常斜率映射共轭. 在无传递性的假设条件下, Milnor 和 Thurston[2] 利用所谓的 kneeding 理论, 证明了连续的、具有正拓扑熵的逐段单调区间映射是拓扑半共轭于常斜映射的. 从那时起,许多工作都致力于相同单调段的马蹄映射的共轭或半共轭问题, 这是一种连续的、逐段单调的区间映射. 定义如下.

定义 4.4.1　　一个连续函数 $f: I \to I$ 被称为 m-马蹄映射, 如果存在一个整数 $m > 1$ 和一个实序列 $(s_i)_{i=0}^m$ 使得 $a = s_0 < s_1 < \cdots < s_m = b, \forall i \in \{0, 1, \cdots, m-1\}$, $f|_{[s_i, s_{i+1}]}$ 是区间 $[s_i, s_{i+1}]$(称为 f 的单调段) 到 I 上的同胚.

如果两个马蹄映射 f 和 g 具有相同的单调段, 并且在其最左段有相同类型的单调性, 那么我们称 f 和 g 具有相同类型.

例如, 文献 [3—5] 研究的那些半共轭是单调的 (例如文献 [6]), 且并不唯一的 (参见文献 [7]). 最近, Ou 和 Palmer[8] 利用逐段线性的函数序列逼近这样的半共轭, 并给出了误差估计.

本节考虑不同类型的马蹄映射的共轭问题, 即 m-马蹄映射到 n-马蹄映射的半共轭, 其中 $m > n \geqslant 2$. 首先, 在其定义域内给出一个新的保向/反向划分. 然后通过 Matkowski 不动点定理, 证明了从 m-马蹄映射到 n-马蹄映射的半共轭存在, 接着, 构造函数序列逼近这些半共轭. 再给出了逐段线性 4-马蹄映射和逐段线性 3-马蹄映射之间半共轭的例子. 最后探讨了一类非混乱的 z 型映射, 研究了 z 型映射到帐篷映射的半共轭. 通过对区间的划分以及单峰映射的编码, 给出了两个非单调半共轭的精确表达式.

4.4.1　基本假设和研究方法

假设 (H)

(i) $f: I \to I$ 是一个 m-马蹄映射, 具有单调段 $[s_i, s_{i+1}], i \in \{0, 1, \cdots, m-1\}$, 而且如果 i 是偶数, $f(s_i) = a$, 否则, $f(s_i) = b$;

(ii) $g: J \to J$ 是一个 n-马蹄映射, 具有单调段 $[t_j, t_{j+1}], j \in \{0, 1, \cdots, n-1\}$, 而且如果 j 是偶数, $g(t_j) = c$, 否则, $g(t_j) = d$;

(iii) $m > n \geqslant 2$.

根据单调点的个数不同, 我们知道具有不同单调段的马蹄映射不是拓扑共轭的. 这一点也可根据熵[9] 来确定. 于是我们可以提出如下一个自然的问题: f 与 g 是拓扑半共轭吗? 最近, Block, Keesling, Ledis[10] 对这个问题给出了肯定的答案, 他们使用符号动力系统的方法来定义了这样的半共轭.

作为另外一种替代方法, 本节将使用 Matkowski 不动点原理来证明 f 到 g 的半共轭的存在性, 并且构造函数序列来逼近这些半共轭. 对于逐段线性 4-马蹄映射到 3-马蹄映射的例子, 我们得到 8 个不同半共轭, 这些半共轭是 Hölder 连续、无处可微的.

与 Block, Keesling, Ledis 的论文结果相比, 我们可以通过一些迭代函数序列更容易地绘制这些半共轭, 并且得到了半共轭的 Hölder 指数.

4.4.2 Matkowski 不动点原理与区间划分

我们首先回顾基本定理并介绍 Matkowski 不动点原理.

定义 4.4.2 设 (X, d) 是一个度量空间, 函数 $T : X \to X$ 被称为收缩, 如果 $\exists q \in [0, 1)$ 使得

$$d(T(x), T(y)) \leqslant q d(x, y), \quad x, y \in X, \ x \neq y.$$

定义 4.4.3 给定非递减函数 $\gamma : [0, +\infty] \to (0, +\infty)$, 对于 $t > 0$ 满足 $\lim\limits_{n \to \infty} \gamma^n(t) = 0$. 如果 X 上的自映射 T 满足

$$d(T(x), T(y)) = \gamma d(x, y), \quad x, y \in X, \ x \neq y,$$

我们称 T 是 γ-收缩的.

引理 4.4.1[11, 定理 1.2] 设 (X, d) 是一个完备的度量空间, $T : X \to X$ 为自映射. 如果 T 是 γ-收缩的, 则 T 是唯一的不动点.

定义 4.4.4 一个有限序列 $(t'_j)_{j=0}^n$ 称为区间 $[a, b]$ 上关于 m-马蹄映射 f 的一个保向划分, 如果满足

(1) $n < m$;

(2) $a = t'_0 < t'_1 < \cdots < t'_n = b$;

(3) 对于每个偶数 j, 有 $f(t'_j) = t'_0$, 对于每个奇数 j, 有 $f(t'_j) = t'_n$.

定义 4.4.5 一个有限序列 $(t'_j)_{j=0}^n$ 称为区间 $[a, b]$ 上关于 m-马蹄映射 f 的一个反向划分, 如果满足

(1) $n < m$;

(2) $a = t'_0 < t'_1 < \cdots < t'_n = b$;

(3) 对每个奇数 $n - j$, 有 $f(t'_j) = t'_0$, 如果每个偶数 $n - j$, 有 $f(t'_j) = t'_n$.

对于 m-马蹄映射的 f 划分 $(t'_j)_{j=0}^n$, 令

$$I_j := [t'_j, t'_{j+1}], \quad f_j := f|_{I_j}, \quad j = 0, 1, \cdots, n-1,$$

对于 n-马蹄映射 $g : J \to J$, 其 n 个单调段 $[t_j, t_{j+1}]$, 令

$$J_j := [t_j, t_{j+1}], \quad g_j := g|_{J_j}, \quad j = 0, 1, \cdots, n-1.$$

一个马蹄映射 g 被称为逐段扩张 (或逐段 γ-扩张), 如果对于每个 $j \in \{0, 1, \cdots, n-1\}$, g_j^{-1} 是严格收缩 (或对于 $\gamma : [0, +\infty] \to (0, +\infty)$ 有 γ-收缩) 的.

类似文献 [3], 容易证明如下两个引理.

引理 4.4.2 假设 (H) 成立, $\varphi : I \to J$ 是 $\varphi \circ f = g \circ \varphi$ 的解, 那么

$$\varphi[I_j] = J_j, \quad j = 0, 1, \cdots, n-1$$

当且仅当

$$\varphi(x) = g_j^{-1}(\varphi(f_j(x))), \quad x \in I_j.$$

引理 4.4.3　假设 (H) 成立, $\varphi : I \to J$ 是 $\varphi \circ f = g \circ \varphi$ 的解, 那么

$$\varphi[I_j] = J_{n-1-j}, \quad j = 0, 1, \cdots, n-1$$

当且仅当

$$\varphi(x) = g_{n-1-j}^{-1}(\varphi(f_j(x))), \quad \in I_j.$$

4.4.3　半共轭的存在性和 Hölder 连续性

现在, 可以表示出我们的主要结果.

定理 4.4.1　假设 (H) 成立且 g 是逐段 γ-扩张, 那么 f 与 g 是拓扑半共轭的, 且从 f 到 g 至少存在两个半共轭.

证　用 B 表示全部有界映射 $\phi : [a,b] \to [c,d]$ 的 Banach 空间, 赋予范数为

$$\|\phi\| = \sup_{x \in [a,b]} |\phi(x)|,$$

设 $(t_j')_{j=0}^n$ 是关于 f 的区间 $[a,b]$ 上的保向划分, 有

$$I_j := [t_j', t_{j+1}'], \quad f_j := f|_{I_j}, \quad j = 0, 1, \cdots, n-1,$$

$$J_j := [t_j, t_{j+1}], \quad g_j := g|_{J_j}, \quad j = 0, 1, \cdots, n-1.$$

定义一个算子 $T : B \to B$,

$$T(\phi)(x) = g_j^{-1}(\phi(f_j(x))), \quad x \in I_j.$$

现在, 固定 $\phi_1, \phi_2 \in B$, 且对于每一个 $j \in \{0, 1, \cdots, n-1\}$, g_j^{-1} 是 γ-收缩的, 而 γ 是递增的, 可以得到

$$\|T(\phi_1) - T(\phi_2)\| = \max_{j \in \{0,1,\cdots,n-1\}} \sup_{x \in I_j} |g_j^{-1}(\phi_1(f_j(x))) - g_j^{-1}(\phi_2(f_j(x)))|$$

$$\max_{j \in \{0,1,\cdots,n-1\}} \sup_{y \in I} |g_j^{-1}(\phi_1(y)) - g_j^{-1}(\phi_2(y))|$$

$$\leqslant \gamma \left(\sup_{y \in I} |\phi_1(y) - \phi_2(y)| \right)$$

$$= \gamma(d(\phi_1, \phi_2)),$$

从而 T 是 γ-收缩的. 根据引理 4.4.1, T 有唯一的不动点 $\phi \in B$.

用 S 表示所有连续映射 $\phi \in B$ 的集合, 满足 $\phi(t'_0) = t_0$ 和 $\phi(t'_1) = t_n$. 它是 B 的闭子集. 我们将证明 $T(\phi)|_{I_j}$ 和 $T(\phi)|_{I_{j+1}}$ 在 $x = t'_j$ 处的值相同.

$$g_j^{-1}(\phi(f_j(t'_j))) = \begin{cases} g_j^{-1}(\phi(t'_0)) = g_j^{-1}(t_0) = t_j, & \text{对于偶数 } j, \\ g_j^{-1}(\phi(t'_n)) = g_j^{-1}(t_n) = t_j, & \text{对于奇数 } j, \end{cases}$$

$$g_{j+1}^{-1}(\phi(f_j(t'_j))) = \begin{cases} g_{j+1}^{-1}(\phi(t'_0)) = g_{j+1}^{-1}(t_0) = t_j, & \text{对于偶数 } j, \\ g_{j+1}^{-1}(\phi(t'_n)) = g_{j+1}^{-1}(t_n) = t_j, & \text{对于奇数 } j. \end{cases}$$

则 $g_j^{-1}(\phi(f_j(t'_j))) = g_{j+1}^{-1}(\phi(f_j(t'_j)))$, $j = 0, 1, \cdots, n-2$, 因此 $T(\phi(x))$ 是连续的.

我们可以看到 $T(\phi)(t'_0) = g_0^{-1}(t_0) = t_0$ 和 $T(\phi)(t'_1) = g_1^{-1}(t_1) = t_n$. 因此 S 是 T-不变的, 由于是闭的, 集合 S 包含解 ϕ.

注意, 我们可以定义如下算子 $T' : B \to B$:

$$T(\phi)(x) = g_{n-1-j}^{-1}(\phi(f(x))), \quad x \in I_j.$$

对于 f 使用 $[a, b]$ 的反向划分, 下面的封闭子集上的算子 T' 可以得到类似的结论:

$$S' := \{\phi \in B \mid \phi \text{ 连续}, \ \phi(t'_n) = t_n, \phi(t'_{n-1}) = t_0\},$$

这样至少存在两个满足共轭方程的连续满射解. 因此 f 是 g 的拓扑半共轭, 且从 f 到 g 至少存在两个半共轭. 证毕.

定理 4.4.2　除了前面定理的假设, 进一步假设每个 $j = 0, 1, \cdots, n-1$, 存在 $K_j > 0$ 使

$$|g_j^{-1}(x) - g_j^{-1}(y)| \leqslant K_j^{-1}|x - y|, \quad \forall x, y \in g(J_j),$$

且存在一个实数 $\sigma \in (0, 1]$ 使得

$$|f(x) - f(y)| \leqslant K_j^{1/\sigma}|x - y|, \quad \forall x, y \in I_j$$

或

$$|f(x) - f(y)| \leqslant K_{n-1-j}^{1/\sigma}|x - y|, \quad \forall x, y \in I_j,$$

则前面定理中得到的两个半共轭是 Hölder 连续的.

证　完备度量空间 S 和算子 T 如前面定理证明. 考虑

$$H_L = \left\{ \phi \in S \ \middle| \ \sup_{0 \leqslant j \leqslant n} \sup_{\substack{x, y \in I_j, \\ x \neq y}} \frac{|\phi(x) - \phi(y)|}{|x - y|^\sigma} \leqslant L \right\}, \quad L > 0,$$

这是 S 的一个闭子集. 我们可以选出一个足够大的数 L 和一个足够小的数 σ, 使得 $H_L \neq \varnothing$. 显然, H_L 是 S 是的一个闭子集. 因此 H_L 是完备的. 设 $\phi \in H_L$ 且 $x, y \in I_j$, 从算子 T 的定义可知

$$|T(\phi)(x) - T(\phi)(y)| = |g_j^{-1}(\phi(f_j(x))) - g_j^{-1}(\phi(f_j(x)))|$$

$$\leqslant K_j^{-1}|\phi(f_j(x)) - \phi(f_j(y))|$$

$$\leqslant K_j^{-1}|f_j(x) - f_j(y)|^{\sigma}$$

$$\leqslant L|x - y|^{\sigma},$$

故我们有 $T(H_L) \subset H_L$. 因此 ϕ 在每一个闭区间 I_j 上都是 Hölder 连续的, 这表示 ϕ 在 I 上是 Hölder 连续的. 证毕.

4.4.4 数值的例子

设 $f : [0,1] \to [0,1]$ 是一个 4-马蹄映射, $g : [0,1] \to [0,1]$ 是一个 3-马蹄映射, 如图 4.4.1 所示.

$$f(x) := \begin{cases} 4x, & 0 \leqslant x \leqslant \frac{1}{4}, \\ -4x+2, & \frac{1}{4} < x \leqslant \frac{1}{2}, \\ 4x-2, & \frac{1}{2} < x \leqslant \frac{3}{4}, \\ -4x+4, & \frac{3}{4} < x \leqslant 1, \end{cases} \qquad g(x) := \begin{cases} 3x, & 0 \leqslant x \leqslant \frac{1}{3}, \\ -3x+2, & \frac{1}{3} < x \leqslant \frac{2}{3}, \\ 3x-2, & \frac{2}{3} < x \leqslant 1. \end{cases}$$

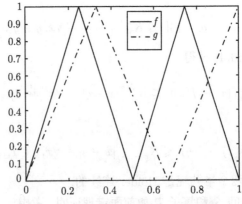

图 4.4.1 4-马蹄映射 f 和 3-马蹄映射 g

可以看出, 如果 f 是拓扑半共轭到 g, 那么 φ 将 f 的不动点映射到 g 的不动点. 根据 f, g 的不动点, 我们列出了关于 f 在区间 $[a,b]$ 的所有可能保向划分, 如

下所示:

$$(0, 1/6, 1/2, 2/3, 1), \quad (0, 1/3, 1/2, 2/3, 1), \quad (0, 1/5, 1/2, 4/5, 1), \quad (0, 3/10, 1/2, 4/5, 1).$$

为了得到 $\varphi \circ f = g \circ \varphi$ 的一个近似解, 根据前面定理中的算子, 构造迭代函数系统

$$\varphi_{n+1}(x) = g_j^{-1}(\varphi_n(f_j(x))), \quad x \in I_j.$$

选择初始函数

$$\varphi_0(x) := \begin{cases} 2x, & 0 \leqslant x \leqslant \dfrac{1}{2}, \\ 1, & \dfrac{1}{2} < x \leqslant 1. \end{cases}$$

对于这四个保向划分, 图 4.4.2 分别给出了相应的近似半共轭.

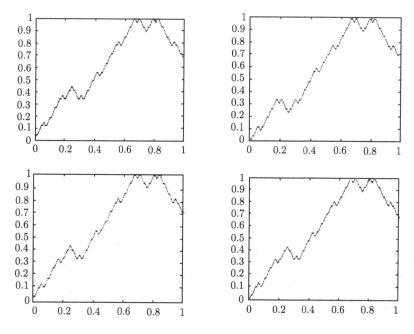

图 4.4.2   保向划分下的 4 个半共轭

同样, 我们可以列出关于 f 在区间 $[a, b]$ 的所有可能反转定向划分, 如下所示:

$$(0, 1/6, 1/2, 2/3, 1), \quad (0, 1/3, 1/2, 2/3, 1), \quad (0, 1/5, 1/2, 4/5, 1), \quad (0, 3/10, 1/2, 4/5, 1).$$

为了得到 $\varphi \circ f = g \circ \varphi$ 的近似解, 根据前面定理中的算子, 构造迭代函数系统

$$\varphi_{n+1}(x) = g_{n-1-j}^{-1}(\varphi_n(f_j(x))), \quad x \in I_j.$$

选择初始函数

$$\varphi_0(x) := \begin{cases} 1 - 2x, & 0 \leqslant x \leqslant \dfrac{1}{2}, \\ 1, & \dfrac{1}{2} < x \leqslant 1. \end{cases}$$

对于这四个反转定向划分, 图 4.4.3 分别给出了相应的近似半共轭.

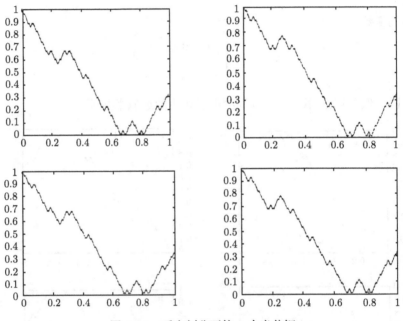

图 4.4.3   反向划分下的 4 个半共轭

可以看出, 这 8 个半共轭互不相同. 根据迭代函数系统, 具有类似 Kiesswetter 函数的证明[12], 这些半共轭是无处可微的. 在上面的例子中, 应用前面的定理, 可以看出这些 φ 是 Hölder 连续的, Hölder 指数为 $\ln 3 / \ln 4$. 事实上, 我们有 $K_i = 4, i = 0, 1, 2, 3$. 因为对于 $x, y \in [0, 1/4], [1/4, 1/2], [1/2, 3/4]$ 或 $[3/4, 1]$, 有

$$|f(x) - f(y)| \leqslant 4|x - y|.$$

另一方面, 可以看出 $3^{1/\sigma} = 4$, 因此 $\sigma = \ln 3 / \ln 4$.

4.4.5 z 型映射与帐篷映射的半共轭

作为进一步的扩展, 我们将研究如下带有一个单参数 $u \in [0, 1/2]$ 的映射 f_u: $[0, 1] \to [0, 1]$,

$$f_u := \begin{cases} 4(1-u)x + u, \\ -2x + \dfrac{3}{2}, \\ 2x - \dfrac{3}{2}, \end{cases}$$

如图 4.4.4 所示, 其中 $g : [0,1] \to [0,1]$, $g(x) = \min\{2x, 2-2x\}$. g 称为帐篷映射, f_u 称为 z 型映射. 根据 Block, Keesling, Ledis[10] 的结果, 得到: 如果连续自映射 $f : [0,1] \to [0,1]$ 是混乱的, 即存在 $[0,1]$ 上不相交的内部的两个闭子区间 I_1 和 I_2 使得 $I_1 \cup I_2 \subset (f(I_1) \cap f(I_2))$, 则 f 半共轭于帐篷映射. 他们利用符号动力系统的方法构造了非单调的半共轭, 但是没有确定半共轭的个数和精确表达式.

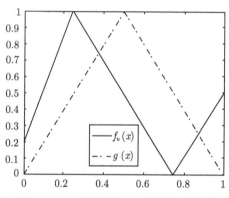

图 4.4.4 z 型映射 $f_{0.2}$ 和帐篷映射 g

根据文献 [10] 中定理 3.13 的证明, 可知 z 型映射不是混乱的, 因为不存在点 a, b, c 具有性质 $f_u(a) = a, f_u(b) = a, f_u(c) = b$ 且 c 在 a, b 之间. 本小节将证明: 对于任意 $u \in [0, 1/2]$, z 型映射 f_u 半共轭于帐篷映射 g. 通过对区间的划分以及映射的编码, 给出了两个非单调半共轭的精确表达式, 并且给出了其图像.

为了给出半共轭, 我们给出下面一些定义.

定义 4.4.6 关于映射 $f : [0,1] \to [0,1]$ 在 $[0,1]$ 区间上的**标记划分**是一个有序对 (C, ϕ) 使得

(i) C 是开区间 $(0,1)$ 的非空有限集;

(ii) ϕ 是一个函数, 其定义域是 $[0,1] \backslash C$ 连通子区间组成的集合, 值域是集合 $\{0,1\}$;

(iii) ϕ 在相连的连通子区间的值在 $0, 1$ 之间变换.

定义 4.4.7 点 $x \in [0,1]$ 关于映射 $F : [0,1] \to [0,1]$ 和 (C, ϕ) 的**迹**是一个 0-1 数列 $\{\varepsilon_n\}_{n \in \mathbb{N}}$ 使得 $F^n(x)$ 落在 $[0,1] \backslash C$ 某个连通子区间 J 上且 $\phi(J) = 1$, 则 $\varepsilon_n = 1$; 反之, $\varepsilon_n = 0$.

根据上面的定义, 如果 $F^n(x) \in C$, 则 $\varepsilon_n = 0$. 特别地, 当 F 是帐篷映射时, 点 $x \in [0,1]$ 关于帐篷映射和 $(\{1/2\}, \phi)$ 的迹就是帐篷映射的展开式, 有

$$x = \sum_{n=1}^{\infty} (-1)^{s_{n-1}} \frac{\varepsilon_n}{2^{n-1}},$$

这里 $s_{n-1} = \sum\limits_{j=1}^{n-1} \varepsilon_j$ 且 $s_0 = 0$,

$$\varepsilon_n = \begin{cases} 0, & g^n(x) \leqslant 1/2, \\ 1, & g^n(x) > 1/2. \end{cases}$$

引理 4.4.4　z 型映射 f_u 到帐篷映射的共轭函数 φ_u 是连续的满射当且仅当 $C = \{c_1, c_2\}$, 其中 $c_1 = \dfrac{1}{4}, c_2 = \dfrac{3}{4} \pm \dfrac{1-2u}{16(1-u)}$.

证　假设 (C, ϕ) 是关于 z 型映射 f_u 的标记划分. 根据文献 [2] 中的命题 3.10, 共轭函数 φ_u 是连续的满射当且仅当每个 $c \in C$ 的迹为 $\{0, 1, 0, 0, 0, \cdots\}$. 要使得迹的第三位开始均为 0, 根据映射 f_u 的性质, 当且仅当 $f_u^2(c)$ 为 f_u 的最右边不动点, 即 $f_u^2(c) = 1/2$. 求解得到

$$c_1 = \frac{1}{4}, \quad c_2 = \frac{3}{4} \pm \frac{1-2u}{16(1-u)}.$$

同时, 定义 $\phi([0, c_1)) = 1$, $\phi((c_1, c_2)) = 0$, $\phi((c_2, 1)) = 1$, 可以验证, 满足文献 [10] 中的命题 3.10 的条件. 证毕.

由此, 我们得到对于 $i = 1, 2$, 有 $\varphi_u(c_i) = 1/2$, $\varphi_u(f_u(c_i)) = 1$, $\varphi_u(f_u^2(c_i)) = 0$.
下面的定理给出了半共轭的精确表达式.

定理 4.4.3　假设 $(\{c_1, c_2\}, \phi)$ 是关于 z 型映射 f_u 的标记划分, 其中

$$c_1 = \frac{1}{4}, \quad c_2 = \frac{3}{4} \pm \frac{1-2u}{16(1-u)}, \quad \phi([0, c_1)) = 1, \quad \phi((c_1, c_2)) = 0, \quad \phi((c_2, 1)) = 1.$$

任取点 $x \in [0,1]$, 设 0-1 数列 $\{\varepsilon_n\}_{n \in \mathbb{N}}$ 是点 x 关于 z 型映射 f_u 和 (C, ϕ) 的迹. 则 $\varphi_u : [0,1] \to [0,1]$,

$$\varphi_u : \quad x \mapsto \sum_{n=1}^{\infty} (-1)^{\sum\limits_{j=1}^{n-1} \varepsilon_j} \frac{\varepsilon_n}{2^{n-1}}$$

是 z 型映射 f_u 到帐篷映射的一个半共轭.

证　首先证明 φ_u 满足共轭方程 $\varphi_u \circ f_u = g \circ \varphi_u$. 因为点 $y = f_u(x)$ 关于 z 型映射 f_u 和 (C, ϕ) 的迹为 $\{\varepsilon_2, \varepsilon_3, \cdots\}$, 于是

$$\varphi_u(f_u(x)) = \sum_{n=1}^{\infty} (-1)^{\sum\limits_{j=1}^{n-1} \varepsilon_{j+1}} \frac{\varepsilon_{n+1}}{2^{n-1}} = \sum_{n=2}^{\infty} (-1)^{\sum\limits_{j=2}^{n-1} \varepsilon_j} \frac{\varepsilon_n}{2^{n-2}}.$$

另一方面, 若 $\varphi_u(x) \leqslant 1/2$, 则 $\varepsilon_1 = 0$. 于是

$$\varphi_u(f_u(x)) = \sum_{n=1}^{\infty} (-1)^{\sum\limits_{j=1}^{n-1} \varepsilon_{j+1}} \frac{\varepsilon_{n+1}}{2^{n-1}} = \sum_{n=2}^{\infty} (-1)^{\sum\limits_{j=2}^{n-1} \varepsilon_j} \frac{\varepsilon_n}{2^{n-2}}.$$

若 $\varphi_u(x) > 1/2$, 则 $\varepsilon_1 = 1$. 于是

$$g(\varphi_u(x)) = -2(\varphi_u(x) - 1) = \sum_{n=2}^{\infty} (-1)^{\sum\limits_{j=2}^{n-1} \varepsilon_j} \frac{\varepsilon_n}{2^{n-2}} = \varphi_u(f_u(x)).$$

因此, 对于所有 $x \in [0,1]$, 都有 $\varphi_u(f_u(x)) = g(\varphi_u(x))$.

根据定义, φ_u 是区间 $[0,1]$ 上的连续的满射. 因此 φ_u 是 z 型映射 f_u 与帐篷映射的一个半共轭. 证毕.

对于参数 $u = 0.2$, 由于有两个标记划分, 因此得到两个不同的半共轭, 如图 4.4.5 所示. 对于参数 $u = 0, 0.05, 0.1, \cdots, 0.5$, 得到对应的共轭如图 4.4.6 所示.

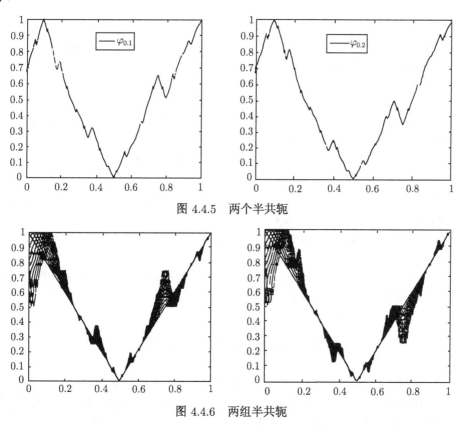

图 4.4.5 两个半共轭

图 4.4.6 两组半共轭

公开问题 对于参数 $u \in [0, 1/2]$, 我们得到了 z 型映射 f_u 与帐篷映射是拓扑

半共轭的. 关于参数 $u \in (1/2, 1]$, f_u 与帐篷映射是否拓扑半共轭? 如果是, 如何给出所有的半共轭? 进一步, 每个半共轭光滑性、可微性是怎么样的?

参 考 文 献

[1] Parry W. Symbolic dynamics and transformations of the unit interval. Trans. Amer. Math. Soc., 1966, 122: 368-378.

[2] Milnor J. Thurston W. On iterated maps of the interval//Alexander J C. Dynamical Systems (Proc. Special Year, Moiyland 1986—1987). Berlin: Springer-Verlag, 1988: 465-563.

[3] Ciepliński K, Zdun M C. On uniqueness of conjugacy of continuous and piecewise monotone functions. Fixed Point Theory Appl., 2009, 2009: 1-12.

[4] Kawan C. On expanding maps and topological conjugacy. J. Diiffer. Equ. Appl., 2007, 13: 803-820.

[5] Segawa H, Ishitani H. On the existence of a conjugacy between weakly multimodal maps. Tokyo J. Math., 2006, 21(2): 511-521.

[6] Byers B. Monotonic semiconjugacies onto expanding maps of the interval. Proc. Amer. Math. Soc., 1983, 89: 371-374.

[7] Alves J F, Ramos J S. One-dimensional semiconjugacy revisited. Internat. J. Bifur. Chaos, 2003, 13: 1657-1663.

[8] Ou D S, Palmer K J. A constructive proof of the existence of a semi-conjugacy for a one dimensional map. Discrete Contin. Dyn. Syst. Ser. B, 2012, 17(3): 977-992.

[9] Misiurewicz M, Szlenk W. Entropy of piecewise monotone mappings. Stud. Math., 1980, 67(1): 45-63.

[10] Block L, Keesling J, Ledis D. Semi-conjugacies and inverse limit spaces. J. Diiffer. Equ. Appl., 2012, 18(4): 627-645.

[11] Matkowski J. Integrable solutions of functional equations. Dissertationes Math., 1975, 127: 1-68.

[12] Spurrier K G. Continuous nowhere differentiable functions. Senion Thesis, The South Carolina Honors College, 2004.

4.5   迭代函数系统与共轭方程组

许多分形、无处可微连续函数, 奇异函数等特殊函数可由迭代函数系统产生. 另外, 逐段单调的区间映射共轭问题可以转化为解共轭方程组的问题. 而迭代函数系统则可看成共轭方程组的迭代求解差分方程组的形式. 首先, 本节给出共轭方程组连续解存在的条件; 其次, 通过使用不动点定理证明共轭方程组解的存在性、唯一性和连续性; 再次, 在复数域下, 用 Hausdorff 度量和定义的 Barnsley 算子给出解的性质, 并且得到各式各样的分形图案; 最后, 分别给出共轭方程组存在同胚解、奇异解、无处可微的连续解的充分条件, 并且给出具体的例子和相应的图形.

4.5.1 迭代函数系统

迭代函数方程有多种定义方式. 首先我们给出概率的定义形式[1].

定义 4.5.1 设 $\{f_i | 1 \leqslant i \leqslant m\}$ 是完备空间 (X, d) 上的 m 个自映射组成的有限集. $\{f_i | 1 \leqslant i \leqslant m\}$ 是离散概率分布, 即一组非负实数使得 $\sum\limits_{i=1}^{m} p_i = 1$, 且 $F: X \mapsto X$ 定义为概率 p_i 时 $F(x) = f_i(x)$. 动力系统 $((X, d), F)$ 称为一个迭代函数系统, 或简称 IFS.

设 (X, d) 是一个距离空间, 一个映射 $f: X \to X$ 称为压缩的, 如果存在一个常数 $q \in [0, 1)$ 使得对于在 X 上任意的点对 (x, y) 都满足

$$d(f(x), f(y)) \leqslant q d(x, y).$$

如果 f 在一个完备的度量空间上是压缩的, 则对于每个点 x, 迭代序列 $(f^n(x))$ 总是收敛的.

如果对于 IFS 中所有映射 f_i 都是压缩的, 那么系统有一个吸引子. 因此我们可以给出第二种定义形式[2].

定义 4.5.2 一族压缩映射 $\{f_1, f_2, \cdots, f_m\}$, 定义在集合 $Q \subset \mathbb{R}^n$ 上, $m \geqslant 2$, 称为一个迭代函数系统, 简称 IFS. 我们用 $\{Q: f_1, f_2, \cdots, f_m\}$ 表示 IFS.

关于 IFS 有如下基本结果.

引理 4.5.1[3, 定理9.1] 令 $\{D: f_1, f_2, \cdots, f_m\}$ 定义在 $\mathbb{R}^n$ 上的闭子集 D 上, 则 $\{D: f_1, f_2, \cdots, f_m\}$ 有唯一的吸引子 A, 即, 唯一非空紧集 A 使得

$$A = \bigcup_{i=1}^{m} f_i(A)$$

而且

$$A = \bigcap_{k=1}^{m} f^k(E),$$

其中 $E \subset D$ 是任意一个非空紧集, 使得对于所有 i 均有 $f_i(E) \subset E$.

引理 4.5.2[3, 命题9.7] 令 $\{D: f_1, f_2, \cdots, f_m\}$ 定义在 $\mathbb{R}^n$ 上的闭子集 D 上, 且

$$d(f_i(x), f_i(y)) \geqslant q_i d(x, y), \quad x, y \in D,$$

这里每个 $q_i \in (0, 1)$. 假设吸引子 A 满足

$$A = \bigcup_{i=1}^{m} f_i(A),$$

这个是不相交的并, 则 A 是完全不连通的, 并且 $\dim_H A \geqslant s$, 其中 $\sum_{i=1}^{m} q_i^s = 1$.

这里的 $\dim_H A$ 表示 $\dim_H A \geqslant s$ 的 Hausdorff 维数. 本节不做进一步介绍 Hausdorff 维数的概念. 相关的定义和证明可以参见文献 [3].

4.5.2   共轭方程组

IFS 如下列迭代函数方程组紧密相关.

$$\varphi(f_k(x)) = F_k(\varphi(x)), \quad k = 0, \cdots, n-1, \quad x \in [0,1], \tag{4.5.1}$$

其中未知函数 $\varphi : [0,1] \to X$, 这里 X 是一个完备度量空间, f_k 满足如下假设:

(A) $f_0, \cdots, f_{n-1} : [0,1] \to [0,1]$ 是连续的严格递增的函数且满足 $f_0(0) = 0$, $f_{n-1}(1) = 1, f_{k+1}(0) = f_k(1), k = 0, \cdots, n-2$. $F_0, \cdots, F_{n-1} : X \to X$ 是自映射.

本小节将讨论如上函数方程组或 IFS 连续解存在的必要条件, 有界解的存在性、唯一性和连续性, 以及解的精确表达式. 特别在 $X = \mathbb{C}$ 中, 我们考虑一些特定 IFS, 通过解的参数化, 产生了许多有趣的分形图案. 如果 X 是一个闭区间, 我们分别给出了同胚解、奇异解以及无处可微解存在的条件. 这些结果主要由 Zdun 得到[4]. 本小节在其基础上, 给出了一般共轭方程组的精确表达式, 并根据解的表达式, 给出了具体例子解的图形.

下面先给出解存在的必要条件.

引理 4.5.3   设 F_0 有唯一不动点 $a \in X$, 且 F_{n-1} 有唯一不动点 $b \in X$. 如果函数方程组 (4.5.1) 有解 $\varphi : [0,1] \to X$, 那么对于 $k = 0, \cdots, n-1$,

(i) $\varphi(0) = a, \varphi(f_k(1)) = F_k(b)$;

(ii) $F_0(a) = a, F_{n-1}(b) = b, F_{k+1}(a) = F_k(b)$.

证   通过方程有

$$\varphi(0) = \varphi(f_0(0)) = F_0(\varphi(0))$$

和

$$\varphi(1) = \varphi(f_{n-1}(1)) = F_{n-1}(\varphi(1)).$$

因此根据假设有 $\varphi(0) = a, \varphi(1) = b$, 且有

$$F_{k+1}(a) = F_{k+1}(\varphi(0)) = \varphi(f_{k+1}(0)) = \varphi(f_k(1)) = F_k(\varphi(1)) = F_k(b), \quad k = 0, \cdots, n-2.$$

证毕.

考虑较一般函数方程组

$$\varphi(f_k(x)) = F_k(\varphi(x), x), \quad k = 0, \cdots, n-1 \tag{4.5.2}$$

的有界解和连续解存在唯一性, 其中 φ 是一个未知函数, 而 $F_0, \cdots, F_{n-1} : X \times [0,1] \to X$ 是已知函数. 类似前面的引理, 可以得到如下引理.

引理 4.5.4 令 $F_0, \cdots, F_{n-1} : X \times [0,1] \to X$, 并且假设 $F_0(\cdot, 0)$ 有唯一不动点 $a \in X$, 且 $F_{n-1}(\cdot, 1)$ 有唯一不动点 $b \in X$. 如果方程组 (4.5.2) 有一个解 $\varphi : [0,1] \to X$, 那么 $\varphi(0) = a, \varphi(1) = b$,

$$F_{k+1}(a, 0) = F_k(b, 0), \quad k = 0, \cdots, n-2, \tag{4.5.3}$$

并且 $\varphi(f_k(0)) = F_k(a, 0), k = 0, \cdots, n-1$.

4.5.3 解的存在唯一性

假设 (A) 条件成立, 下证明方程组 (4.5.2) 的有界解和连续解的存在唯一性.

定理 4.5.1 (存在唯一性) 令 (X, ρ) 是一个完备度量空间, 并且 $f_0, \cdots, f_{n-1}$ 满足假设 (A). 令

$$F_0, \cdots, F_{n-1} : X \times [0,1] \to X$$

关于第二个变量有界. 设 $F_0, \cdots, F_{n-1}$ 均是 γ-压缩的, 那么对于每一个序列 $c_1, \cdots, c_{n-1} \in X$, 方程组 (4.5.2) 都存在唯一有界解 $\varphi : (0,1) \to X$, 使得 $\varphi(f_k(0)) = c_k, k = 1, \cdots, n-1$. 如果 $F_0, \cdots, F_{n-1}$ 是连续的, 那么除了集合

$$N := \{f_{k_1} \circ \cdots \circ f_{k_r}(0) : k_1, \cdots, k_r \in \{0, \cdots, n-1\}, r \in \mathbb{N} \setminus \{0\}\}$$

中这些点外, 这个解是连续的. 此外, 如果式 (4.5.3) 成立, 其中 a 和 b 分别是 $F_0(\cdot, 0)$ 和 $F_{n-1}(\cdot, 1)$ 的唯一不动点, 则方程组 (4.5.2) 存在唯一连续有界解 $\varphi : [0,1] \to X$.

证 定义函数空间,

$$B_0 := \{\varphi : (0,1) \to X, \varphi \text{ 是有界的}\},$$
$$B := \{\varphi : [0,1] \to X; \varphi(0) = a, \varphi(1) = b, \varphi \text{ 是有界的}\},$$
$$C := \{\varphi \in B, \varphi \text{ 是连续的}\},$$
$$C_0 := \{\varphi \in B_0, \varphi \text{ 在 } (0,1) \setminus N \text{ 中的每一个点是连续的}\}.$$

配备度量 $d(\varphi, \psi) := \sup\limits_{x \in (0,1)} \rho(\varphi(x), \psi(x))$, 这些空间 B_0, B, C_0, C 是完备的.

令 $I_k := (f_k(0), f_k(1)), k = 0, \cdots, n-1$, 设 $c_1, \cdots, c_{n-1} \in X$. 通过公式

$$T_{c_1, \cdots, c_{n-1}}\{\varphi\}(x) := \begin{cases} F_k(\varphi \circ f_k^{-1}(x), f_k^{-1}(x)), & x \in I_k, \\ c_k, & x = f_k(0), \end{cases} \quad k = 0, \cdots, n-1,$$

定义变换 $T_{c_1,\cdots,c_{n-1}}: B_0 \to B_0$. 我们注意到, 如果一个函数 φ 是有界的, 那么函数 $F_k(\varphi \circ f_k^{-1}, f_k^{-1})$ 也是有界的. 而且

$$
\begin{aligned}
& d(T_{c_1,\cdots,c_{n-1}}\varphi, T_{c_1,\cdots,c_{n-1}}\psi) \\
&= \max_{k=0,\cdots,n-1} \sup_{x \in I_k} \rho(T_{c_1,\cdots,c_{n-1}}\varphi(x), T_{c_1,\cdots,c_{n-1}}\psi(x)) \\
&= \max_{k=0,\cdots,n-1} \sup_{x \in I_k} \rho(F_k(\varphi \circ f_k^{-1}(x), f_k^{-1}(x)), F_k(\psi \circ f_k^{-1}(x), f_k^{-1}(x))) \\
&= \max_{k=0,\cdots,n-1} \sup_{t \in (0,1)} \rho(F_k(\varphi(t), t), F_k(\psi(t), t)) \\
&\leqslant \sup_{t \in (0,1)} \gamma(\rho(\varphi(t), \psi(t))) \\
&\leqslant \gamma(d(\varphi, \psi)).
\end{aligned}
$$

根据 Matkowski 对 Boyd 和 Wong 定理[5] 的推广定理[6], 我们可以证明变换 $T_{c_1,\cdots,c_{n-1}}$ 有唯一不动点 $\varphi_0 \in B_0$.

另一方面, $T_{c_1,\cdots,c_{n-1}}(\varphi) = \varphi$ 当且仅当

$$
F_k(\varphi \circ f_k^{-1}(x), f_k^{-1}(x)) = \varphi(x), \quad x \in I_k, \quad k = 0, \cdots, n-1
$$

和

$$
\varphi(f_k(0)) = c_k, \quad k = 1, \cdots, n-1,
$$

其中 φ 在 $(0,1)$ 中满足式 (4.5.2).

设条件 (4.5.2) 成立且 $F_0, \cdots, F_{n-1}$ 是连续的, 定义变换 $T: B \to B$,

$$
T\{\varphi\}(x) := \begin{cases} T_{F_1(a,0),\cdots,F_{n-1}(a,0)}\{\varphi\}(x), & x \in (0,1), \\ a, & x = 0, \\ b, & x = 1. \end{cases}
$$

由前面假设的 γ-压缩条件, 我们有

$$
\begin{aligned}
d(T\varphi, T\psi) &= d(T_{F_1(a,0),\cdots,F_{n-1}(a,0)}\{\varphi\}, T_{F_1(a,0),\cdots,F_{n-1}(a,0)}\{\psi\}) \\
&\leqslant \gamma(d(\varphi, \psi)), \quad \varphi, \psi \in B.
\end{aligned}
$$

因此, 根据 Matkowski 定理[19], T 有唯一不动点 $\psi_0 \in B$. 注意到, $T\varphi = \varphi, \varphi \in B$ 当且仅当

$$
F_k(\varphi \circ f_k^{-1}(x), f_k^{-1}(x)) = \varphi(x), \quad x \in I_k, \quad k = 0, \cdots, n-1
$$

和

$$
\varphi(f_k(0)) = F_k(a,0) = F_k(\varphi(0), 0), \quad k = 1, \cdots, n-1.
$$

因为

$$\varphi(f_k(1)) = \varphi(f_{k+1}(0)) = F_{k+1}(\varphi(0), 0) = F_{k+1}(a, 0) = F_k(b, 1)$$

$$= F_k(\varphi(1), 1), \quad k = 0, \cdots, n-2,$$

$$\varphi(f_{n-1}(1)) = \varphi(1) = b = F_{n-1}(\varphi(f_{n-1}(1)), 1)$$

和

$$\varphi(f_0(0)) = \varphi(0) = a = F_0(\varphi(0), 0),$$

所以 φ 在 [0,1] 中满足式 (4.5.2).

下面需证 $T(C) \subset C$. 令 $\varphi \in C$, 那么对于 $k = 0, \cdots, n-1, T\varphi|_{I_k}$ 是连续的. 此外,

$$T\{\varphi\}(f_k(0)+) = \lim_{x \to f_k(0)+} F_k(\varphi \circ f_k^{-1}(x), f_k^{-1}(x))$$

$$= F_k(\varphi \circ f_k^{-1} \circ f_k(0), f_k^{-1} \circ f_k(0))$$

$$= F_k(\varphi(0), 0) = F_k(a, 0), \quad k = 0, \cdots, n-1,$$

$$T\{\varphi\}(f_k(0)-) = \lim_{x \to f_k(0)-} F_{k-1}(\varphi \circ f_{k-1}^{-1}(x), f_{k-1}^{-1}(x))$$

$$= F_{k-1}(\varphi \circ f_{k-1}^{-1} \circ f_{k-1}(1), f_{k-1}^{-1} \circ f_{k-1}(1))$$

$$= F_{k-1}(\varphi(1), 1) = F_{k-1}(b, 1) = F_k(a, 0), \quad k = 1, \cdots, n-1.$$

同理可得

$$T\{\varphi\}(1-) = \lim_{x \to f_{n-1}(1-)} F_{n-1}(\varphi \circ f_{n-1}^{-1}(x), f_{n-1}^{-1}(x)) = F_{n-1}(\varphi(1), 1) = b.$$

因此 $T\varphi$ 在 [0,1] 上是连续的. 根据 Matkowski 定理, T 有唯一不动点 $\psi_1 \in C$. 因为 $C \subset B, \psi_1 = \psi_0$, 所以 ψ_0 是连续的.

为了证明 ψ_0 在集合 $(0,1) \backslash N$ 中的点是连续的, 我们将证明 $T_{c_1, \cdots, c_{n-1}}(C_0) \subset C_0$. 设 $\varphi \in C_0, x_0 \in (0,1) \backslash N$, 存在 $k \in \{0, \cdots, n-1\}$ 使得 $x_0 \in I_k$. 假设 $f_k^{-1}(x_0) \in N$, 那么对于 $k_1, \cdots, k_r$ 有 $f_k^{-1}(x_0) = f_{k_1} \circ \cdots f_{k_r}(0)$, 因此 $x_0 = f_k \circ f_{k_1} \circ \cdots \circ f_{k_r}(0) \in N$, 这与假设矛盾, 因此 φ 在 $f_k^{-1}(x_0)$ 里是连续的. 因此映射 $x \mapsto F_k(\varphi \circ f_k^{-1}(x), f_k^{-1}(x))$ 在点 x_0 是连续的, 所以 $T_{c_1, \cdots, c_{n-1}}\varphi$ 在点 x_0 处是连续的. 再用 Matkowski 定理, 我们可以推断出 $T_{c_1, \cdots, c_{n-1}}$ 有唯一不动点 $\varphi_1 \in C_0 \subset B_0$. 因此 $\varphi_0 = \varphi_1$, 并且 (4.5.2) 中的任意有界解在集合 $(0,1) \backslash N$ 内的每一点都是连续的. 证毕.

上述的结果概括了 Howroyd[7] 和 Kairies[8] 对 de Rham 定理 [9] 的推广. Girgensohn[10] 已经考虑了方程组 (4.5.2) 中 $f_k(x) = \dfrac{x+k}{n}$ 和 $F_k(x,y) = a_k x + g_k(y)$ 的特殊情形.

下面, 我们假设函数 F_k 仅依赖一个变量 x, 即

$$F_k(x) := F_k(x,y), \quad y \in [0,1],$$

假设引理 4.5.3 中的条件 (ii) 变成如下形式:

(ii) $F_0(a) = a, F_{n-1}(b) = b, F_{k+1}(a) = F_k(b), k = 0, \cdots, n-2.$

下面的定理给出方程 (4.5.1) 的精确解.

定义 $g : [0,1] \to [0,1]$ 为 $g(x) = f_k^{-1}(x), x \in I_k$, 这里, $I_k = [f_k(0), f_k(1))$, $k = 0, \cdots, n-2, I_{n-1} = (f_{n-1}(0), 1].$

定理 4.5.2 (精确表达式)　令 (X, ρ) 是一个完备度量空间, 并且 $F_k : X \to X$ 均是 γ-压缩的, 且满足条件 (ii), 其中 $a, b \in X$. 那么方程组 (4.5.1) 恰好有一个有界解 $\varphi : [0,1] \to X$. 这个解是连续的, 且

$$\varphi(x) = \lim_{v \to \infty} F_{k_1} \circ \cdots \circ F_{k_v}(\xi), \quad \forall \xi \in X,$$

其中 $k_v = j$, 如果 $g^v(x) \in I_j$, 对于某个 $j \in \{0, 1, \cdots, n-1\}$.

证　如果 $g^v(x) \in I_j$, 对于某个 $j \in \{0, 1, \cdots, n-1\}$, 那么对于 $\forall \xi \in X$, $\lim\limits_{v \to \infty} f_{k_1} \circ \cdots \circ f_{k_v}(\xi) = x$. 由前面定理知唯一有界解 $\varphi : [0,1] \to X$ 是连续的, 且 $\varphi(0) = a$. 此外, 由方程的复合, 我们得到

$$\varphi \circ f_{k_1} \circ \cdots \circ f_{k_v}(0) = F_{k_1} \circ \cdots \circ F_{k_v}(a).$$

如果 v 趋于无穷, 当 $\xi = a$ 时, 则可得到解 φ 的表达式. 令 $\xi \in X$, 我们有

$$\rho(F_{k_1} \circ \cdots \circ F_{k_v}(\xi), \varphi(x))$$
$$\leqslant \rho(F_{k_1} \circ \cdots \circ F_{k_v}(\xi), F_{k_1} \circ \cdots \circ F_{k_v}(a)) + \rho(F_{k_1} \circ \cdots \circ F_{k_v}(a), \varphi(x))$$
$$\leqslant \alpha^v(\rho(\xi, a)) + \rho(F_{k_1} \circ \cdots \circ F_{k_v}(a), \varphi(x)).$$

在最后一个不等式中, 让 $v \to \infty$, 我们得到 φ 的表达式. 证毕.

4.5.4　分形解

考虑一个完备度量空间 (X, ρ) 的非空紧子集的度量空间 $c(X)$ 赋予由度量 ρ 生成的 Hausdorff 度量 d_ρ. 因为 X 完备, 所以 $c(X)$ 也完备. 假设 $F_k : X \to X, k = 0, \cdots, n-1$ 均是 γ-压缩的. 定义 Barnsley 算子:

$$F(A) := \bigcup_{i=0}^{n-1} F_i(A), \quad A \in c(X).$$

通过 Boyd 和 Wong 定理[5], 算子 F 有唯一不动点 $C_F \in c(X)$, 并且对于每个非空紧集 $K \subset X$, 当 $m \to \infty$ 时, $F^m(K) \to C_F$.

集合 C_F 和方程组 (4.5.1) 的连续解 φ 之间有一个紧密的联系.

定理 4.5.3 (无关性) 令 (X, ρ) 是一个完备度量空间, $f_0, \cdots, f_{n-1}$ 满足 (A), $F_0, \cdots, F_{n-1} : X \to X$ 均是 γ-压缩的, 且满足条件 (ii). 一个非空紧集 $C_F \subset X$ 是 Barnsley 算子的一个不动点当且仅当 C_F 是由方程组 (4.5.1) 中的连续解 φ 构成的参数化的曲线, 使得 $C_F = \{\varphi(t) : t \in [0,1]\}$, 曲线 C_F 与函数 $f_0, \cdots, f_{n-1}$ 的选择无关.

证 设 φ 为方程组 (4.5.1) 的连续解, 并且 $C := \varphi([0,1])$. 那么

$$\varphi(f_k([0,1])) = F_k(\varphi([0,1])) = F_k(C), \quad k = 0, \cdots, n-1.$$

因此

$$C = \varphi([0,1]) = \varphi\left(\bigcup_{k=0}^{n-1} f_k([0,1])\right) = \bigcup_{k=0}^{n-1} \varphi(f_k([0,1])) = \bigcup_{k=0}^{n-1} F_k(C) = F(C).$$

我们之前已经说明, 关于函数 $F_0, \cdots, F_{n-1}$ 的条件意味着 $F(C_F) = C_F$, 且 F 有唯一不动点, 因此 $C = C_F$. 证毕.

例 4.5.1 令 $n = 2, X = \mathbb{C}$. 设 f_0, f_1 满足假设 (A), 函数 $F_0, F_1 : \mathbb{C} \to \mathbb{C}$ 为下列复函数

$$F_0(z) = c\bar{z}, \quad F_1(z) = (1-c)\bar{z} + c, \quad |c| < 1, \ |1-c| < 1$$

满足前面定理的假设, 且 $a = 0, b = 1, F_0[T] \cup F_1[T] = T$, 其中 T 是由顶点为 $0, 1, c$ 构成的三角形. 令 φ 为此时的连续解. 通过前面定理的结论, 函数 φ 定义曲线 $\{\varphi(t) : t \in [0,1]\}$ 填充三角形 T, 得到著名的 Koch-Peano 曲线. 如图 4.5.1 所示, 其中 c 是参数, 横坐标和纵坐标分别表示解的实部与虚部.

例 4.5.2 类似前面的例子, 考虑函数 $F_0, F_1 : \mathbb{C} \to \mathbb{C}$ 为下列复函数

$$F_0(z) = cz, \quad F_1(z) = (1-c)z + c, \quad |c| < 1, \ |1-c| < 1.$$

如图 4.5.2 所示, 得到著名的 De Rham 曲线.

例 4.5.3 令 $n = 3, X = \mathbb{C}$. 设 f_0, f_1, f_2 满足假设 (A), 函数 $F_0, F_1, F_2 : \mathbb{C} \to \mathbb{C}$ 为下列复函数

$$F_0(z) = \frac{1 + i\sqrt{3}}{4}\bar{z}, \quad F_1(z) = \frac{2z + 1 + i\sqrt{3}}{4}, \quad F_2(z) = \frac{1 - i\sqrt{3}}{4}\bar{z} + \frac{3 + i\sqrt{3}}{4}$$

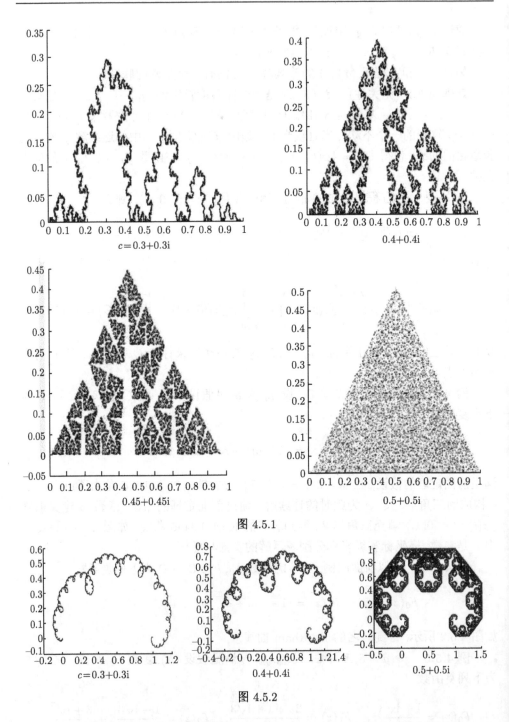

图 4.5.1

图 4.5.2

均是 γ-压缩的, $\gamma(t) = t/2$, 满足条件 (ii), 且 $a = 0, b = 1$. 设 T_0 是由顶点为 $0, 1,$

$\dfrac{1+\mathrm{i}\sqrt{3}}{2}$ 构成的三角形. 注意到序列

$$F^m(T_0) = \bigcup_{\substack{(k_1,\cdots,k_v) \\ k_i \in \{0,1,2\}}} F_{k_1} \circ \cdots \circ F_{k_v}[T_0] \subset T_0$$

依 Hausdorff 度量收敛到著名的 Sierpinski 地毯. 因此, 通过定理 4.5.3, 当 $n = 3$ 时, 方程组 (4.5.1) 的连续解定义了一个曲线并填充了 Sierpinski 地毯. 如图 4.5.3 和图 4.5.4 所示.

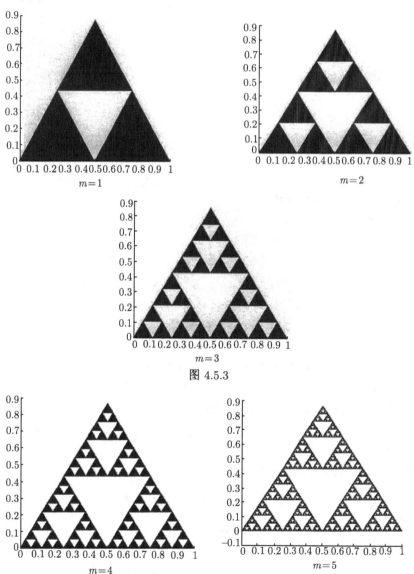

图 4.5.3

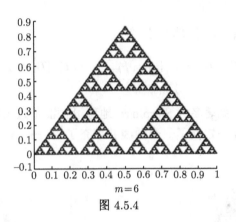

$$m = 6$$

图 4.5.4

4.5.5　同胚解

本小节将讨论 X 是在 R 中闭区间的情形. 我们将研究 $f_0, \cdots, f_{n-1}$ 和 $F_0, \cdots,$ F_{n-1} 两个函数系统之间的共轭问题.

接下来, 我们用 J 表示一个闭区间. 先从解的有界性和单调性开始.

引理 4.5.5　如果 $F_0, \cdots, F_{n-1} : J \to J$ 是一个递增函数, 并且满足定理 4.5.2 的假设, 其中 $X = J$ 是一个闭区间, $f_0, \cdots, f_{n-1}$ 满足假设 (A), 那么方程组 (4.5.1) 的唯一有界解 φ 是单调的.

证　定义

$$M := \{\varphi : [0,1] \to J, \varphi(0) = a, \varphi(1) = b, \varphi \text{ 是单调的}\},$$

这里 M 是 B 的一个闭子空间, 而空间 B 如前定义. 此外, 在定理 4.5.1 证明中定义的变换 T 是 M 上的自映射, 因为如果 φ 递增 (递减), 则 $F_k \circ \varphi \circ f_k^{-1}$ 递增 (递减), 其中 $k = 0, \cdots, n-1$. 根据 Matkowski 定理[7], T 在 $M \subset B$ 中有唯一不动点. 因此, 鉴于定理 4.5.1, 方程组 (4.5.1) 的和唯一有界解是单调的. 证毕.

下面考虑了方程组 (4.5.1) 的同胚解的存在性和唯一性问题.

引理 4.5.6　令 $F_0, \cdots, F_{n-1} : J \to J$ 是严格的递增函数, 并且当 $a, b \in J, a \neq b$ 时满足条件 (ii), 同时假设存在一个 L 当 $0 < L < 1$ 时,

$$|F_k(x) - F_k(y)| \leqslant L |x - y|, \quad x, y \in J, \quad k = 0, \cdots, n-1 \qquad (4.5.4)$$

成立. 如果 $f_0, \cdots, f_{n-1}$ 满足假设 (A), 并且

$$|f_k(x) - f_k(y)| < |x - y|, \quad x \neq y, \quad x, y \in [0,1], \quad k = 0, \cdots, n-1 \qquad (4.5.5)$$

成立, 那么方程组 (4.5.1) 有唯一同胚解.

证　根据前面的定理, 方程组 (4.5.1) 有唯一有界解 φ, 并且这个解是连续且单调的. 首先, 我们将证明 φ 在点 0 和 1 的任何邻域都不是常数.

因为 $f_0(0) = 0, f_{n-1}(1) = 1$, 故不等式 (4.5.5) 意味着

$$0 < f_0(x) < x, \; x \in (0,1], \quad x < f_{n-1}(x) < 1, \; x \in [0,1).$$

因此 $\lim\limits_{m \to \infty} f_0^m(1) = 0, \lim\limits_{m \to \infty} f_{n-1}^m(0) = 1.$

利用反证法. 假设 φ 在区间 $[0,\delta]$ 上是常数, 其中 $\delta > 0$. 令 k 为一个正整数, 使得 $f_0^k(1) < \delta$. 当 $x \in [0,1]$ 时, $0 \leqslant f_0^k(x) \leqslant \delta$. 因此当 $x \in [0,1]$ 时, 有 $F_0^k(\varphi(x)) = \varphi(f_0^k(x)) = \varphi(0)$. 因为 F_0 是可逆的, 于是 φ 在 $[0,1]$ 上是常数, 矛盾.

类似地, 考虑到 $\lim\limits_{m \to \infty} f_{n-1}^m(0) = 1$, 我们得到 φ 在 1 的任何邻域内都不是常数.

利用反证法. 假设 φ 不是单射. 因为 φ 是连续且单调的, 并且 φ 在非平凡区间内是常数. 设 φ 为常数的最大区间为 $U_0 =: [\alpha, \beta]$. 对某个 k, 我们有 $U_0 \subset [f_k(0), f_k(1)]$. 实际上, 对于 $i \in \{1, \cdots, n-1\}$, 如果 $f_i(0) \in (\alpha, \beta)$, 那么存在一个 $\delta > 0$, 使得

$$[f_i(0), f_i(0) + \delta] := I_i \subset f_i[[0,1]] \cap [\alpha, \beta].$$

因为 φ 是 I_i 中的一个常数, 进而 $f_i^{-1}[I_i] = [0, \eta]$, 对于一个 $\eta > 0$ 和 $x \in [0, \eta]$ 有 $\varphi(f_i(x)) = \varphi(f_i(0))$. 因此, 根据方程组 (4.5.1), 当 $x \in [0, \eta]$ 时有 $F_i(\varphi(x)) = \varphi(f_i(0))$. 因为 F_i 是可逆的, 所以 φ 在区间 $[0, \eta]$ 上为常数, 矛盾. 根据假设 (A) 中 $f_i(1) = f_{i+1}(0)$, 有 $f_i(0) \notin (\alpha, \beta), f_i(1) \notin (\alpha, \beta), i = 0, \cdots, n-1$.

取 $x_0 \in U_0$, 因为 φ 在 $U_0 \subset f_k[[0,1]]$ 上是常数, 所以当 $x \in f_k^{-1}[U_0]$ 时有 $\varphi \circ f_k(x) = \varphi(x_0)$. 由原方程组, $F_k(\varphi(x)) = \varphi(x_0)$, 其中

$$x \in f_k^{-1}[U_0] = [f_k^{-1}(\alpha), f_k^{-1}(\beta)].$$

由 F_k 的可逆性意味着 φ 也在 $f_k^{-1}[U_0]$ 上是常数. 另一方面, 鉴于式 (4.5.5), 有

$$m(f_k^{-1}[U_0]) = \left| f_k^{-1}(\beta) - f_k^{-1}(\alpha) \right| > |\beta - \alpha| = m(U_0).$$

因此 φ 在 $f_k^{-1}[U_0]$ (长度大于 U_0) 区间上是常数, 矛盾. 因此 φ 是可逆的, 且 φ 是同胚. 证毕.

在前面引理中, 用 Lipschitz 条件证明了同胚解的存在唯一性. 下面证明在较弱的条件下同胚解的存在唯一性.

定理 4.5.4 (同胚解存在性) 令 $F_0, \cdots, F_{n-1} : J \to J$ 是一个严格递增函数, 满足条件 (ii) 且 $a \neq b$, 同时使得

$$|F_k(x) - F_k(y)| < |x - y|, \quad x, y \in J, \quad x \neq y, \quad k = 0, \cdots, n-1 \tag{4.5.6}$$

成立. 如果 $f_0, \cdots, f_{n-1}$ 满足假设 (A) 和式 (4.5.5), 那么方程组 (4.5.1) 有唯一有界解, 且解是连续严格单调的. 如果 J 是一个紧密区间, 那么方程组 (4.5.1) 有唯一解.

证　假设 $a < b$, 定义

$$H_k(x) := \frac{x}{n} + \frac{k}{n}, \quad t(x) := a + (b-a)x, \quad x \in [0,1].$$

函数 $t^{-1} \circ F_k \circ t, k = 0, \cdots, n-1$ 满足假设 (A) 和式 (4.5.6). 通过引理 4.5.6, 方程组

$$\alpha(f_k(x)) = H_k(\alpha(x)), \quad x \in [0,1], \quad k = 0, \cdots, n-1$$

存在同胚解 $\alpha : [0,1] \to [0,1]$; 方程组

$$\beta(t^{-1} \circ F_k \circ t(x)) = H_k(\beta(x)), \quad x \in [0,1], \quad k = 0, \cdots, n-1$$

存在同胚解 $\beta : [0,1] \to [0,1]$; 方程组

$$\beta(t^{-1} \circ F_k \circ t(x)) = H_k(\beta(x)), \quad x \in [0,1], \quad k = 0, \cdots, n-1$$

存在一个同胚解. 令 $\varphi := t \circ \beta^{-1} \circ \alpha$, 则 $H_k = \beta \circ t^{-1} \circ F_k \circ t \circ \beta^{-1}$, 进而

$$\varphi \circ f_k = t \circ \beta^{-1} \circ \alpha \circ f_k = t \circ \beta^{-1} \circ H_k \circ \alpha = t \circ \beta^{-1} \circ \beta \circ t^{-1} \circ F_k \circ t \circ \beta^{-1} \circ \alpha = F_k \circ \varphi.$$

因此, 同胚 $\varphi : [0,1] \to [a,b]$ 满足方程组 (4.5.1).

设 $\psi : [0,1] \to J$ 为方程组 (4.5.1) 的有界解. 由前面的等式有

$$F_k = t \circ \beta^{-1} \circ H_k \circ \beta \circ t^{-1}$$

和

$$\psi \circ f_k = F_k \circ \psi = t \circ \beta^{-1} \circ H_k \circ \beta \circ t^{-1} \circ \psi,$$

只要

$$(\beta \circ t^{-1} \circ \psi) \circ f_k = H_k \circ (\beta \circ t^{-1} \circ \psi), \quad k = 0, \cdots, n-1.$$

因为函数 $\beta \circ f^{-1} \circ \psi$ 是有界的, 通过解的存在唯一性有 $\alpha = \beta \circ t^{-1} \circ \psi$. 因此, $\psi = t \circ \beta^{-1} \circ \alpha = \varphi$. 如果 J 是一个紧密区间, 因为 $\varphi : [0,1] \to J$, 那么方程组 (4.5.1) 的每个解都是有界的.

若 $b < a$, 则定义 $t(x) = b + (a-b)x, x \in [0,1]$, 如上面类似证明. 证毕.

定理 4.5.4 中的假设 (4.5.5) 是至关重要的. 我们有以下命题.

命题 4.5.1　令定理 4.5.4 中的假设除了条件 (4.5.5) 以外都被满足. 如果存在 k, 使得 f_k 有两个不动点 s_1 和 s_2, 且 $s_1 < s_2$, 那么方程组 (4.5.1) 的有界解是区间 $[s_1, s_2]$ 中的常数.

证 因为 $f_k(s_1) = s_1, f_k(s_2) = s_2$, 通过方程组 (4.5.1), 有

$$\varphi(s_1) = F_k(\varphi(s_1)), \quad \varphi(s_2) = F_k(\varphi(s_2)).$$

由 F_k 的条件 (4.5.4) 知 F_k 至多有一个不动点. 因此, $\varphi(s_1) = \varphi(s_2)$ 且 φ 为区间 $[s_1, s_2]$ 的一个常数. 证毕.

推论 4.5.1 设 $f_0, \cdots, f_{n-1}$ 满足假设 (A) 和式 (4.5.5), 并且 $G_0, \cdots, G_{n-1} : [0, \infty) \to [0, \infty)$ 是连续的, 又是严格递增的, 且

$$G_0(0) = 0, \quad \lim_{x \to \infty} G_{n-1}(x) = \infty, \quad G_{k+1}(0) = \lim_{x \to \infty} G_k(x).$$

如果存在一个同胚 $\alpha : [0, 1) \to [0, \infty)$ 使得

$$\left| \alpha^{-1} \circ G_k \circ \alpha(x) - \alpha^{-1} \circ G_k \circ \alpha(y) \right| < |x - y|, \quad x, y \in [0, 1], \quad x \neq y, \quad k = 0, \cdots, n-1.$$

那么方程组

$$\psi(f_k(x)) = G_k(\psi(x)), \quad x \in [0, 1), \quad k = 0, \cdots, n-1$$

存在唯一连续的且严格递增的解 ψ.

证 设

$$F_k(x) := \begin{cases} \alpha^{-1} \circ G_k \circ \alpha(x), & x \in [0, 1), \\ \lim_{x \to 1^-} \alpha^{-1} \circ G_k \circ \alpha(x), & x = 1, \end{cases} \quad k = 0, \cdots, n-1,$$

且 $F_0(0) = 0, F_{n-1}(1) = 1, F_{k+1}(0) = F_k(1), k = 0, \cdots, n-2$, 其中 F_k 满足式 (4.5.6). 由定理 4.5.4, 则方程组存在一个同胚 $\varphi_0 : [0, 1] \to [0, 1]$. 当然, $\psi := \alpha \circ \varphi_0|_{[0,1]}$ 是该命题中方程组的连续且严格递增解.

设 $\bar{\psi} : [0, 1) \to [0, \infty)$ 是该命题中方程组的解, 那么函数

$$\bar{\varphi}(x) := \begin{cases} \alpha^{-1} \circ \bar{\psi}(x), & x \in [0, 1), \\ 1, & x = 1 \end{cases}$$

是有界的并且满足方程组 (4.5.1). 通过有界解的唯一性, 我们可以推断出 $\bar{\varphi} = \varphi_0$, 因此 $\psi = \bar{\psi}$. 证毕.

例 4.5.4 设 $f_0, f_1 : [0, 1] \to [0, 1]$, 连续严格递增, $f_0(0) = 0, f_1(1) = 1, f_0(1) = f_1(0)$ 且满足式 (4.5.5). 函数方程

$$\varphi(f_0(x)) = \frac{\varphi(x)}{\varphi(x) + 1}, \quad \varphi(f_1(x)) = \varphi(x) + 1, \ x \in [0, 1)$$

有唯一解 $\varphi : [0, 1) \to [0, \infty)$. 这个解是连续且严格递增的. 实际上, 可以验证函数 $G_0(x) = \frac{x}{x+1}$ 和 $G_1(x) = x + 1$ 满足推论中的假设, 其中函数 $\alpha(x) = \tan \frac{\pi x}{2}$.

4.5.6 奇异解

在本小节中, 我们具体考虑方程组 (4.5.1) 的一种特殊情形

$$\varphi\left(\frac{x}{n}+\frac{k}{n}\right)=F_k(\varphi(x)),\quad k=0,\cdots,n-1,\quad x\in[0,1]. \tag{4.5.7}$$

研究其奇异解存在的条件.

先从 Borel 定理的推广开始.

设 $(k_1,k_2,\cdots)$, 其中 $k_i\in\{0,\cdots,n-1\}$, 作为 $t\in[0,1)$ 的 n 进制表示, 即

$$t=\sum_{i=1}^{\infty}\frac{k_i}{n^i},\quad k_i\in\{0,\cdots,n-1\}.$$

t 的 n 进制展开除了集合

$$M=\left\{\sum_{i=1}^{v}\frac{k_i}{n^i},v\in\mathbb{Z}^+,k_i\in\{0,\cdots,n-1\}\right\}$$

之外被唯一确定. 如果 $t\in M$, 那么 t 有两个展开式

$$(k_1,\cdots,k_{j-1},k_j,n-1,n-1,\cdots),\ \ k_j\neq n-1\ \ \text{和}\ \ (k_1,\cdots,k_{j-1},k_j+1,0,0,\cdots).$$

接下来, 对于 $t\in M$, 我们将只使用第二种展开.

定义

$$S_j^k(t):=\operatorname{card}\{1\leqslant i\leqslant j,\ k_i=k\},\quad t\in[0,1),\quad j\in\mathbb{N}\backslash\{0\},$$

其中 $(k_1,k_2,\cdots)$ 是 t 的 n 进制展开.

引理 4.5.7[11, 定理148] 每一个 $k\in\{0,\cdots,n-1\}$, 序列 $\frac{1}{j}S_j^k$ 几乎处处收敛于 $\frac{1}{n}$.

为了完整性, 我们给出一个证明的框架. 定义 $T:[0,1)\to[0,1)$ 为 $T(x)=nx(\mathrm{mod}1)$. 不难验证

$$\sum_{i=0}^{j-1}\chi_{[\frac{k}{n},\frac{k+1}{n})}(T^i(t))=S_j^k(t),\quad t\in[0,1).$$

已知道 T 保持 Lebesgue 测度, 并且是遍历性的. 应用 Birkhoff 遍历定理, 我们有

$$\lim_{j\to\infty}\frac{1}{j}\sum_{i=0}^{j-1}\chi_{[\frac{k}{n},\frac{k+1}{n})}(T^i(t))=\int_0^1\chi_{[\frac{k}{n},\frac{k+1}{n})}(t)\mathrm{d}t=\frac{1}{n}$$

在 $[0,1]$ 几乎处处成立. 因此, 我们断言成立.

下面假设函数 $F_k : [a, b] \to [a, b]$ 是绝对连续的, 其中 $-\infty \leqslant a \leqslant b \leqslant \infty$, 并且令

$$L_k := \operatorname*{ess\,sup}_{x \in [a,b]} |F'_k(x)|, \quad k = 0, \cdots, n-1.$$

定理 4.5.5 (奇异解的条件) 设 $F_0, \cdots, F_{n-1} : [a, b] \to [a, b]$ (严格) 递增、绝对连续且满足条件 (ii). 如果

$$L_k < 1, \ k = 0, \cdots, n-1 \quad \text{且} \quad L_0 \cdots \cdots L_{n-1} < \frac{1}{n^n},$$

那么方程组 (4.5.7) 恰有一个解 $\varphi : [0, 1] \to [a, b]$, 这个解是连续的、(严格) 递增的, 且 $\varphi' = 0$ 几乎处处成立.

证 根据前面的定理, 方程组 (4.5.7) 有唯一连续的且 (严格) 递增的解 φ, 而且 $\varphi(0) = a, \varphi(1) = b$.

令 $t \in [0, 1)$ 且 $t = \sum\limits_{i=1}^{\infty} \dfrac{k_i}{n^i}, k_i \in \{0, \cdots, n-1\}$. 设 $t_v := \sum\limits_{i=1}^{v} \dfrac{k_i}{n^i}$. 对于每一个正整数 v, 有 $t_v \leqslant t \leqslant t_v + \dfrac{1}{n^v}$, $\lim\limits_{v \to \infty} t_v = t$. 函数 φ 作为一个单调函数是几乎处处可微的. 因此

$$\lim_{v \to \infty} n^v \left(\varphi \left(t_v + \frac{1}{n^v} \right) - \varphi(t_v) \right) = \varphi'(t), \ \text{a.e.}, \ t_v \in [0, 1].$$

另一方面, 由方程组 (4.5.7) 得到

$$\varphi \left(t_v + \frac{x}{n^v} \right) = \varphi \left(\frac{k_1}{n} + \cdots + \frac{k_v}{n^v} + \frac{x}{n^v} \right) = F_{k_1} \circ \cdots F_{k_v}(\varphi(x)), \quad x \in [0, 1], \quad v \geqslant 1.$$

因为 $\varphi(0) = a, \varphi(1) = b$, 所以有

$$\varphi(t_v) = F_{k_1} \circ \cdots \circ F_{k_v}(a), \quad \varphi \left(t_v + \frac{1}{n^v} \right) = F_{k_1} \circ \cdots \circ F_{k_v}(b),$$

因此有

$$
\begin{aligned}
n^v \left| \varphi \left(t_v + \frac{1}{n^v} \right) - \varphi(t_v) \right| &= n^v \left| F_{k_1} \cdots \cdots F_{k_v}(b) - F_{k_1} \circ \cdots \circ F_{k_v}(a) \right| \\
&\leqslant n^v L_{k_1} \cdots \cdots L_{k_v}(b - a) \\
&= n^v L_0^{S_v^0(t)} \cdots \cdots L_{n-1}^{S_v^{n-1}(t)}(b - a) \\
&= \left(n L_0^{\frac{1}{v} S_v^0(t)} \cdots \cdots L_{n-1}^{\frac{1}{v} S_v^{n-1}(t)} \right)^v (b - a),
\end{aligned}
$$

其中 $S_v^k(t)$ 表示的是序列 $(k_1, \cdots, k_v)$ 中 k 的部分. 通过前面的引理 4.5.7, 序列

$nL_0^{\frac{1}{v}S_v^0(t)}\cdot\ldots\cdot L_{n-1}^{\frac{1}{v}S_v^{n-1}(t)}$ 几乎处处收敛于 $nL_0^{\frac{1}{n}}\cdot\ldots\cdot L_{n-1}^{\frac{1}{n}} < 1$，因此 $n^v\left|\varphi\left(t_v + \dfrac{1}{n^v}\right)\right.$

$\left. -\varphi(t_v)\right|$ 几乎处处收敛于 0. 故 $\varphi' = 0$ 几乎处处成立. 证毕.

特别地，如果其中一个函数 F_k 是常量，那么

$$L_0\cdot\ldots\cdot L_{n-1} = 0 < \frac{1}{n^n},$$

于是 $\varphi' = 0$ 几乎处处成立. 证毕.

如果函数 $F_k(x) = L_k x + d_k$，$L_k \geqslant 0$，$k = 0,\cdots,n-1$ 是线性递增的，那么方程组 (4.5.7) 的解要么是奇异的，要么是线性的. 实际上，由条件 (ii) 蕴含着 $L_0 + \cdots + L_{n-1} = 1$. 如果 $L_0 = \cdots = L_{n-1} = \dfrac{1}{n}$，那么

$$d_k = a + \frac{(b-a)k - a}{n}, \quad k = 0,\cdots,n-1$$

和 $\varphi(x) = (b-a)x + a$ 满足方程组 (4.5.7). 根据解的存在唯一性，这个就是唯一解. 如果对于某个 j，$L_j \neq \dfrac{1}{n}$，那么

$$\sqrt[n]{L_0\cdot\ldots\cdot L_{n-1}} < \frac{L_0 + \cdots + L_{n-1}}{n} = \frac{1}{n}.$$

由前面定理 4.5.5，解 φ 是奇异的函数.

4.5.7　无处可微的连续解

定理 4.5.6 (无处可微解的条件)　设 $F_0,\cdots,F_{n-1}: [a,b] \to [a,b]$ 绝对连续、单调且满足条件 (ii). 如果 $L_k < 1$，且

$$m_0\cdot\ldots\cdot m_{n-1} > \frac{1}{n^n}, \quad m_k := \operatorname*{ess\,inf}_{x\in[a,b]}|F_k'(x)|, \quad k = 0,\cdots,n-1,$$

那么方程组 (4.5.7) 的解是连续的且几乎处处不可微.

证　由

$$|F_k(x) - F_k(y)| \geqslant m_k|x-y|, \quad x,y \in [a,b], \quad k = 0,\cdots,n-1.$$

以及定理 4.5.5 的证明，得到

$$\begin{aligned}
n^v\left|\varphi\left(t_v + \frac{1}{n^v}\right) - \varphi(t_v)\right| &= n^v\left|F_{k_1}\circ\cdots\circ F_{k_v}(b) - F_{k_1}\circ\cdots\circ F_{k_v}(a)\right| \\
&\geqslant n^v m_{k_1}\cdot\ldots\cdot m_{k_v}(b-a) \\
&= n^v m_0^{S_v^0(t)}\cdot\ldots\cdot m_{n-1}^{S_v^{n-1}(t)}(b-a) \\
&= \left(nm_0^{\frac{1}{v}S_v^0(t)}\cdot\ldots\cdot m_{n-1}^{\frac{1}{v}S_v^{n-1}(t)}\right)^v(b-a).
\end{aligned}$$

由于序列 $nm_0^{\frac{1}{v}S_v^0(t)} \cdot \cdots \cdot m_{n-1}^{\frac{1}{v}S_v^{n-1}(t)}$ 几乎处处收敛于 $nm_0^{\frac{1}{n}} \cdot \cdots \cdot m_{n-1}^{\frac{1}{n}} > 1$, 因此得到 $n^v \left| \varphi\left(t_v + \frac{1}{n^v}\right) - \varphi(t_v) \right|$ 几乎处处趋于无穷. 因此 φ 只能在零测集上可微. 证毕.

根据定理 4.5.6 的结论, 方程组 (4.5.7) 在除了可能的可数集外有一个可微的非常值解, 那么

$$m_0 \cdot \cdots \cdot m_{n-1} \leqslant \frac{1}{n^n} \leqslant L_0 \cdot \cdots \cdot L_{n-1}.$$

实际上, 根据定理 4.5.6, 可得到第一个不等式. 假设

$$L_0 \cdot \cdots \cdot L_{n-1} < \frac{1}{n^n}.$$

于是解是几乎处处可微的, 且 $\varphi' = 0$ 几乎处处成立. 因为 φ 在除了一个可数集的点外是可微的, 根据 Lebesgue 定理, 如果 φ 是绝对连续的, 那么它是常数, 矛盾.

如果方程组 (4.5.7) 的解 φ 在点 $\frac{k}{n-1}$ 是可微的, 其中 $k \in \{0, \cdots, n-1\}$, 那么 $m_k \leqslant \frac{1}{n}$; 如果另外有 $\varphi'\left(\frac{k}{n-1}\right) \neq 0$, 那么 $\frac{1}{n} \leqslant L_k$. 实际上, 如果点 $t = \frac{k}{n-1}$ 有展开式 $\frac{k}{n-1} = \sum_{i=1}^{\infty} \frac{k}{n^i}$, $t_v = \sum_{i=1}^{v} \frac{k}{n^i}$, 那么 $S_v^p\left(\frac{k}{n-1}\right) = \begin{cases} v, & p = k, \\ 0, & p \neq k. \end{cases}$ 于是

$$(nm_k)^v (b-a) \leqslant n^v \left| \varphi\left(t_v + \frac{1}{n^v}\right) - \varphi(t_v) \right| \leqslant (nL_k)^v (b-a).$$

因而

$$(b-a) \lim_{v \to \infty} (nm_k)^v \leqslant \left| \varphi'\left(\frac{k}{n-1}\right) \right| \leqslant (b-a) \lim_{v \to \infty} (nL_k)^v,$$

所以 $nm_k \leqslant 1$; 并且如果 $\varphi'\left(\frac{k}{n-1}\right) \neq 0$, 那么 $nL_k \geqslant 1$.

特别地, 在前面假设上, 如果函数 F_i 是线性的, 方程组 (4.5.7) 的解 φ 在点 $\frac{k}{n-1}, k = 0, \cdots, n-1$ 上是可微的, 那么 $\varphi(x) = (b-a)x + a$. 实际上, 设 $F_i(x) = L_i'x + d_i$, 因为 (ii) 和 $1 = \sum_{i=0}^{n-1} L_i' \leqslant \sum_{i=0}^{n-1} |L_i'| \leqslant 1$, 又 $|L_i'| = m_i \leqslant \frac{1}{n}, i = 0, \cdots, n$, 所以

$$L_i' = \frac{1}{n}, \quad d_i = a + \frac{(b-a)i - a}{n}, \ i = 0, \cdots, n,$$

并且函数 $\varphi(x) = (b-a)x + a$ 满足方程组 (4.5.7).

例 4.5.5 设 $\lambda, \mu \in (0,1)$, 考虑方程组

$$\varphi\left(\frac{x}{3}\right) = \lambda\varphi(x), \quad \varphi\left(\frac{x}{3} + \frac{1}{3}\right) = (\mu - \lambda)\varphi(x) + \lambda,$$

$$\varphi\left(\frac{x}{3}+\frac{2}{3}\right)=(1-\mu)\varphi(x)+\mu, \quad x\in[0,1].$$

根据结论, 存在唯一的有界解 φ, 这个解是连续的. 注意到当 $\lambda\neq\dfrac{1}{3},\mu\neq\dfrac{2}{3}$ 时, 有 $\lambda(1-\mu)(\mu-\lambda)<\dfrac{1}{27}$. 如果 $\mu\geqslant\lambda$, 那么由定理 4.5.5, φ 是严格递增的, 并且 $\varphi'=0$ 几乎处处成立, 如图 4.5.5 所示. 如果 $\lambda(1-\mu)(\mu-\lambda)<-\dfrac{1}{27}$, 那么由定理 4.5.6, φ 是几乎处处不可微的, 如图 4.5.6 所示. 如果 φ 除了一个可数集外是可微的, 那么 $\lambda(1-\mu)(\mu-\lambda)=-\dfrac{1}{27}$ 或 $\lambda=\dfrac{1}{3},\mu=\dfrac{2}{3}$, 如图 4.5.7 所示. 如果 φ 在 0 和 1 处可微, 且 $\varphi'(0)\neq0,\varphi'(1)\neq0$, 那么 $\lambda=\dfrac{1}{3},\mu=\dfrac{2}{3},\varphi(x)=x$.

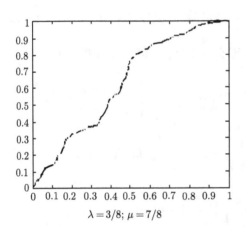

$\lambda=3/8;\ \mu=7/8$

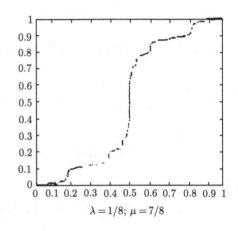

$\lambda=1/8;\ \mu=7/8$

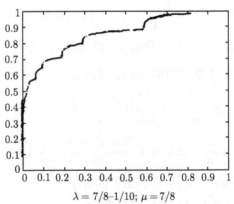

$\lambda=7/8-1/10;\ \mu=7/8$

图 4.5.5

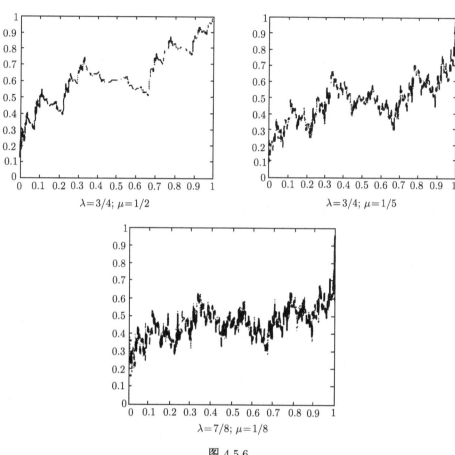

图 4.5.6

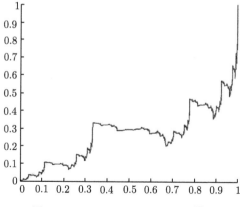

图 4.5.7 $\lambda = 1/3; \mu = 2/3 - \sqrt{2}/3$

参 考 文 献

[1] Barnsley M F, Demko S. Iterated function systems and the global construction of fractals. Proc. Roy. Soc. London Ser. A, 1985, 399(1817): 243-275.

[2] Serpa C. Systems of iterative functional equations: Theory and applications. PhD Thesis. Lisboa: Universidade de Lisboa, 2015.

[3] Falconer K. Fractal Geometry-Mathematical Foundations and Applications. 3rd ed. Hoboken: John Wiley & Sons, 2014.

[4] Zdun M C. On conjugacy of some systems of functions. Aequationes Math., 2001, 61(3): 239-254.

[5] Boyd D W, Wong J S. On nonlinear contractions. Proc. Amer. Math. Soc., 1969, 20(2): 458-464.

[6] Matkowski J. Integrable solutions of functional equations. Dissertationes Mathematicae, 1975, 127: 1-68.

[7] Howroyd T. Application of a fixed point theorem to simultaneous functional equations. Aequationes Math., 1970, 5(1): 116-117.

[8] Kairies H H. On the optimality of a characterization theorem for the gamma function using the multiplication formula. Aequationes Math., 1996, 51(1): 115-128.

[9] Rham G D. Sur quelques courbes definies par des equations fonctionnelles. Rend. Sem. Math. Univ. Politec. Torino, 1956, 16: 101-113.

[10] Girgensohn R. Functional equations and nowhere differentiable functions. Aequationes Math., 1993, 45(2-3): 322-323.

[11] Hardy G H, Wright E M. An Introduction to the Theory of Numbers. Oxford: Clarendon Press, 1938.

第5章　线性函数方程

本章考虑了线性函数方程 $\varphi(f(x)) + g(x)\varphi(x) = F(x)$ 的连续解.

5.1 节根据线性方程的叠加原理, 考虑对应的齐次方程 $\varphi(f(x)) + g(x)\varphi(x) = 0$, 根据递推方法, 得到形式解, 这个形式解与无穷乘积 $\prod_{i=0}^{\infty} g[f^i(x)]$ 有关. 根据无穷乘积 $\prod_{i=0}^{\infty} g[f^i(x)]$ 的情况, 需要讨论三种情形. 第一种情形: 该无穷乘积收敛且不为 0, 直接利用递归法或递推法得到了方程连续精确解. 第二种情形: 该无穷乘积收敛为 0, 利用逐段定义法得到了方程所有连续解. 第三种情形: 无穷乘积不收敛, 得到了方程唯一零解.

5.2 节讨论非齐次线性方程. 首先分别讨论 f 的不动点 ξ 是否属于定义域的两种情形. 然后, 根据齐次方程的三种情形考虑非齐次线性方程的连续解. 在其他附加条件下, 得到如下结果: 当 $|g(\xi)| > 1$ 时, 根据递推法, 得到了方程唯一精确解; 当 $|g(\xi)| < 1$ 时, 用逐段定义法, 得到了所有连续解.

对于 $|g(\xi)| = 1$, 这种情形非常复杂. 5.3 节仅讨论 $|g(x)| = 1$ 的情形, 即形如 $\varphi(f(x)) \pm \varphi(x) = F(x)$ 的非齐次线性函数方程, 给出一些关于 f, F 的充分条件, 保证该方程连续解的存在性.

每节末尾我们分别对解的情形作了相应的总结, 以方便读者了解各种解的条件、方法和解的表达式或形式.

5.1　齐次线性函数方程

本节讨论齐次线性函数方程

$$\varphi(f(x)) = g(x)\varphi(x) \tag{5.1.1}$$

的连续解, 其中 φ 值位于实数域或复数域的值域 E 中. 定义在 I 上, 取值在 E 内的函数全体, 记作 $\Phi[I]$. $C^n[I]$ 表示区间 I 上的所有连续的直至 n 阶导数的函数类; $C^0[I]$ 表示区间 I 上的连续函数类; $C^\infty[I]$ 表示区间 I 上的无穷次可微的函数类. 用 $R_\xi^n[I]$ 表示属于函数类 $C^n[I]$ 的函数 f, 且满足

(1) $\xi \in \bar{I}$, 是不动点;

(2) f 在 I 上严格递增;

(3) 对于 $x \in I, x \neq \xi$, 有 $(f(x) - x)(\xi - x) > 0$, 表示 f 图像与对角线的位置;

(4) 对于 $x \in I, x \neq \xi$, 有 $(f(x) - \xi)(\xi - x) < 0$, 表示 f 图像与水平线 $y = \xi$ 的位置.

如图 5.1.1, $f \in R_\xi^n[I]$.

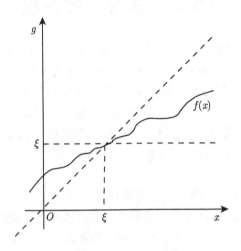

图 5.1.1 $f \in R_\xi^n[I]$

我们假设满足以下条件:

假设 (A1) $f \in R_\xi^0[I]; \xi \in I$.

假设 (A2) $g \in C^0[I]$, 且若 $x \in I, x \neq \xi$, 有 $g(x) \neq 0$.

考虑函数列

$$G_n(x) = \prod_{i=0}^{n-1} g[f^i(x)], \quad x \in I, \quad n = 1, 2, 3, \cdots,$$

此函数列出现三种情形:

(i) 极限 $G(x) = \lim_{n \to \infty} G_n(x)$ 在 I 上存在, 进而 $G(x)$ 在 I 上连续且不为 0;

(ii) 存在一个区间 $J \subset I$, 使得函数列在 J 上一致收敛, 且 $\lim_{n \to \infty} G_n(x) = 0$;

(iii) 不属于以上两种的情形.

5.1.1   三种情形的解

我们证明如下几点.

定理 5.1.1(三种情形的解形式)   若满足假设 (A1), (A2). 在情形 (i) 中, 方程 (5.1.1) 在 I 上有一个单参数的连续解: 对于任意的 $\eta \in E$, 存在恰好一个 $\varphi \in \Phi[I]$, 满足

$$\varphi(\xi) = \eta.$$

这个解可表示为

$$\varphi(x) = \frac{\eta}{G(x)} = \frac{\eta}{\displaystyle\prod_{i=0}^{\infty} g[f^i(x)]}.$$

在情形 (ii) 中, 方程 (5.1.1) 在函数类 $\Phi[I]$ 中存在一个依赖于任意初始函数的连续解. 此时, 方程 (5.1.1) 在 I 上的每个连续解 $\varphi(x)$ 都满足

$$\lim_{x \to \xi} \varphi(x) = 0.$$

在情形 (iii) 中, 解 $\varphi(x) \equiv 0$ 是方程 (5.1.1) 在函数类 $\Phi[I]$ 上的唯一连续解.

证 设 ξ 是 I 的左端点. 若 ξ 是右端点, 同理可证. 若 ξ 是 I 的内点, 则分别考虑被 ξ 分隔的两部分 (ξ 是包含在两者内).

关于情形 (i), 一方面, 令 $\varphi \in \Phi[I]$ 是方程 (5.1.1) 满足条件 $\varphi(\xi) = \eta$ 的连续解, 归纳得到

$$\varphi[f^n(x)] = G_n(x)\varphi(x),$$

即

$$\varphi(x) = \frac{\varphi[f^n(x)]}{G_n(x)}.$$

根据假设 (A1), $\lim\limits_{n \to \infty} f^n(x) = \xi$. 因为 φ 在 I 上连续且 $\xi \in I$, 故

$$\varphi(x) = \frac{\varphi(\xi)}{G(x)} = \frac{\eta}{\displaystyle\prod_{i=0}^{\infty} g[f^i(x)]}.$$

另一方面, 在 I 上 $g(x) \neq 0$. 事实上, 由假设(A2)有, 当 $x \neq \xi, g(x) \neq 0$ 时, 若 $g(\xi) = 0$, 则对所有 n, 都有 $G_n(\xi) = 0$, 故 $G(\xi) = 0$, 与假设矛盾. 由 $G_n(x) = \prod_{i=0}^{n-1} g[f^i(x)]$, 可得

$$G_n[f(x)] = \frac{1}{g(x)} G_{n+1}(x),$$

因而

$$\frac{g(x)}{G(x)} = \frac{1}{G[f(x)]}.$$

故 $\varphi(x) = \eta/G(x)$ 在区间 I 上满足方程 (5.1.1). 由情形 (i) 可知 $\varphi(x) = \eta/G(x)$ 在 I 上连续, 而且 $g(\xi) = 1$. 实际上, $g(\xi) \neq 1$, 则 $G_n(\xi) = [g(\xi)]^n$ 要么发散要么为 0. 因此 $G(\xi) = \prod_{i=0}^{\infty} g[f^i(\xi)] = \prod_{i=0}^{\infty} g(\xi) = 1$, 并且满足 $\varphi(\xi) = \eta$.

关于情形 (ii), 一方面, 对于任意连续解 $\varphi(x)$, 根据 $\lim\limits_{n \to \infty} G_n(x) = 0$ 和 $\varphi[f^n(x)] = G_n(x)\varphi(x)$ 得到 $\lim\limits_{x \to \xi+0} \varphi(x) = 0$.

另一方面, 假设在区间 $J \subset I$ 上一致地有 $\lim\limits_{n\to\infty} G_n(x) = 0$, 取 $x_0 \in J, x_0 \neq \xi$, 并取 $a < b$, 使得 $[a,b] \subset J \cap [f(x_0), x_0]$. 任取定义在 $[f(x_0), x_0]$ 上连续的函数 φ_0, 并满足条件

$$\varphi_0(f(x_0)) = g(x_0)\varphi_0(x_0),$$
$$\varphi_0(x) = 0, \quad x \in [f(x_0), x_0] - (a,b). \tag{5.1.2}$$

由逐段定义法或基本域的方法, $\varphi_0(x)$ 可以唯一地延拓成区间 $I - \{\xi\}$ 上的连续解 $\varphi(x)$. 令 $\varphi(\xi) = 0$, 如此定义的 $\varphi(x)$ 在 I 上满足方程, 并且在 $I - \{\xi\}$ 上连续, 故只需证明

$$\lim_{x\to\xi+0} \varphi(x) = 0.$$

$\forall \varepsilon > 0, \exists N > 0$, 使得

$$|G_n(x)| < \varepsilon/M, \quad n > N, \quad x \in (a,b),$$

其中

$$M = \sup_{(f(x_0), x_0)} |\varphi(x)|.$$

$\forall x \in (\xi, f^N(x_0)), \exists m \geqslant N, x^* \in [f(x_0), x_0]$, 使得 $x = f^m(x^*)$. 由 $\varphi[f^n(x)] = G_n(x)\varphi(x)$ 可得

$$\varphi(x) = G_m(x^*)\varphi(x^*).$$

若 $x^* \in (a,b)$, 则

$$|\varphi(x)| = |G_m(x^*)|\,|\varphi(x^*)| < \varepsilon,$$

若 $x^* \notin (a,b)$, 则 $\varphi(x^*) = 0$, 仍有 $|\varphi(x)| < \varepsilon$. 因此, 对所有 $x \in (\xi, f^N(x_0)), |\varphi(x)| < \varepsilon$ 都成立, 所以 $\lim\limits_{x\to\xi+0} \varphi(x) = 0$.

关于情形 (iii), 假设方程 (5.1.1) 在 I 上有一个连续解 $\varphi(x)$ 不恒为 0. 我们将证明, 要么出现情形 (i), 要么出现情形 (ii).

若 $\varphi(\xi) = \eta \neq 0$, 则在 I 上有 $\varphi(x) \neq 0$. 事实上, 假设存在 $x_0 \in I$ 使得 $\varphi(x_0) = 0$, 则

$$\varphi(\xi) = \lim_{n\to\infty} \varphi(f^n(x_0)) = \lim_{n\to\infty} G_n(x_0)\varphi(x_0) = 0,$$

与假设矛盾, 因此由 $\varphi(f^n(x)) = G_n(x)\varphi(x)$ 得出

$$G_n(x) = \frac{\varphi(f^n(x))}{\varphi(x)},$$

故极限 $G(x) = \lim\limits_{n\to\infty} G_n(x)$ 存在, 并在 I 上连续且不为零, 即为情形 (i).

假设 $\varphi(\xi) = 0$. 由于 $\varphi(x)$ 不恒为 0, 则存在区间 $J = [a, b] \subset I - \{\xi\}$, 使

$$|\varphi(x)| > c > 0, \quad x \in J.$$

$\forall \varepsilon > 0, \exists \delta > \xi$, 使

$$|\varphi(x)| < \varepsilon c, \quad x \in (\xi, \delta).$$

同时, $\exists N$, 使

$$f^n(b) < \delta, \quad n \geqslant N,$$

即

$$f^n(x) < \delta, \quad x \in J, \quad n \geqslant N.$$

由 $\varphi(f^n(x)) = G_n(x)\varphi(x)$ 可得

$$|G_n(x)| = \frac{|\varphi(f^n(x))|}{|\varphi(x)|} < \varepsilon, \quad x \in J, \quad n \geqslant N.$$

故 $G_n(x)$ 在 J 上趋近于 0, 即为情形 (ii). 证毕.

注意, 根据情形 (ii) 的证明, 令 $\varphi(\xi) = 0$ 得到连续的通解. 若 $\exists x_0 \in I, x_0 \neq \xi$, 使 $[f(x_0), x_0] \subset J$, 则在 $(f(x_0), x_0)$ 上的每个连续函数 $\varphi_0(x)$ 满足 (5.1.2), 可以唯一展开成方程 (5.1.1) 在 I 上的一个连续解. 因此, 在这种情形下, 方程 (5.1.1) 的任意解在 $I - \{\xi\}$ 上可以由延拓构造法或逐段定义法, 得方程 (5.1.1) 在 I 上的一般连续解. 但是, 若不存在区间 $[f(x_0), x_0] \subset J, x_0 \in I, x_0 \neq \xi$, 上述情形 (ii) 还需有待进一步研究.

5.1.2 三种情形的判据

希望有一些简单的判据来确定哪些属于上述的情形 (i),(ii),(iii). 从 5.1.1 小节可以看出, $g(\xi)$ 的值起到很大的作用. 下面分别讨论 $|g(\xi)| < 1$, $|g(\xi)| > 1$ 和 $|g(\xi)| = 1$ 三种情形.

定理 5.1.2 ($|g(\xi)| < 1$ 的情形) 若 $f(x), g(x)$ 满足假设 (A1),(A2), 且

$$|g(\xi)| < 1,$$

则出现情形 (ii).

证 不妨设 ξ 是 I 的左端点. 其他情形, 类似可证. 取 $\forall c \in I, c \neq \xi$, 令 $J = [\xi, c]$, 由 $|g(\xi)| < 1$ 可知, 存在 $\delta > 0$ 和一个常数 $L \in (0, 1)$, 使得

$$|g(x)| < L, \quad x \in [\xi, \xi + \delta].$$

此外, $\exists N$, 使得 $f^n(c) \in [\xi, \xi + \delta], n \geqslant N$. 故

$$f^n(x) \in [\xi, \xi + \delta], \quad x \in J, \quad n \geqslant N.$$

令

$$M = \sup_J \left| \prod_{i=0}^{N-1} g(f^i(x)) \right|.$$

则有

$$|G_n(x)| = \left| \prod_{i=0}^{n-1} g(f^i(x)) \right| \leqslant M \left| \prod_{i=N}^{n-1} g(f^i(x)) \right| < ML^{n-N}, \quad x \in J, \quad n > N.$$

这表明 $\lim\limits_{n\to\infty} G_n(x)$ 在 J 上一致收敛于 0. 证毕.

例 5.1.1　考虑函数方程

$$\varphi(x+1) = \frac{x}{x+1}\varphi(x),$$

其中 $\xi = \infty, f^n(x) = x + n$ 和

$$G_n(x) = \prod_{i=0}^{n-1} \frac{x+i}{x+i+1} = \frac{x}{x+n}.$$

因此, 在 $[a,b] \subset (0,\infty)$ 上 $\lim\limits_{n\to\infty} G_n(x) = 0$ 一致成立, 即为情形 (ii), 故方程在 $(0,\infty)$ 上有一个连续解, 依赖于任意函数. 当 $x \to +\infty$ 时, 其解必趋于零.

然而, 可以在所有连续解中选择一种单参数的特殊解族, 例如函数

$$\varphi(x) = \eta \frac{\Gamma(x)}{\Gamma(x+1)},$$

其中 $\Gamma(x)$ 是伽马函数, η 是任意实常数, 是方程的唯一单调解.

定理 5.1.3 ($g(\xi) \neq 1$ 的弱扩张情形)　若 $f(x), g(x)$ 满足假设 (A1),(A2), 若 $\exists \delta > 0$, 使

$$|g(x)| \geqslant 1, \quad x \in I \cap (\xi - \delta, \xi + \delta), \quad g(\xi) \neq 1,$$

则出现情形 (iii).

证　不妨设 ξ 为 I 的左端点. 任意取定 $x_0 \in I$, 则 $\exists N$ 使得对所有 $n \geqslant N$ 都有 $f^n(x_0) \in [\xi, \xi + \delta]$ 成立. 由假设条件

$$|G_n(x_0)| = \left| \prod_{i=0}^{N-1} g[f^i(x_0)] \right| \left| \prod_{i=N}^{n-1} g[f^i(x_0)] \right| \geqslant \left| \prod_{i=0}^{N-1} g[f^i(x_0)] \right| \neq 0, \quad n > N.$$

因此 $G_n(x_0)$ 不可能趋近于 0. 因为 x_0 是从 I 上任意选取, 即说明情形 (ii) 不可能发生. 因为当 $n \to \infty$ 时, $g(\xi) \neq 1$, 故不可能是情形 (i), 所以是情形 (iii). 证毕.

推论 5.1.1 若满足假设 (A1), (A2), 且

$$|g(\xi)| > 1,$$

则出现情形 (iii).

若 $g(\xi) = 1$, 则三种情形 (i), (ii), (iii) 均有可能出现. 情形 (i) 出现仅当 $g(\xi) = 1$, 否则无限积不可能收敛, 但为了确保情形 (i), 还需要进一步假设.

定理 5.1.4 (比 $|g(\xi)| = 1$ 更强的条件) 若 $f(x), g(x)$ 满足假设 (A1), (A2), ξ 是 f 的不动点, 且 $|f'(\xi)| < 1$. 进一步假设 $\exists \delta > 0, \mu, M$, 使得

$$|g(x) - 1| \leqslant M|x - \xi|^\mu, \quad x \in I \cap (\xi - \delta, \xi + \delta),$$

即出现情形 (i).

证 令 ξ 为 I 的左端点, 设题设中的 δ 是按如下的方式选择

$$|f(x) - \xi| \leqslant L|x - \xi|, \quad x \in [\xi, \xi + \delta],$$

其中 $0 < L < 1$, 给定 $c \in I, c \neq \xi$, 则存在 N 使得 $f^n(c) \in [\xi, \xi + \delta], n \geqslant N$. 由 f 的单调性得

$$f^n(x) \in [\xi, \xi + \delta], \quad x \in [\xi, c], \quad n \geqslant N.$$

于是

$$|g[f^n(x)] - 1| \leqslant M|f^n(x) - \xi|^\mu \leqslant ML^{(n-N)\mu}|f^N(x) - \xi|^\mu, \quad x \in [\xi, c], \quad n \geqslant N.$$

由此得出无限积 $\prod_{n=0}^{\infty} g[f^n(x)]$ 在 $[\xi, c]$ 上绝对和一致收敛. 因为 c 是 I 上任意选择的, 所以 $\lim\limits_{n \to \infty} G_n(x)$ 在 I 上存在, 连续, 且不为 0, 即情形 (i). 证毕.

5.1.3 总结

我们将齐次线性函数方程 $\varphi[f(x)] = g(x)\varphi(x)$ 连续解的情形总结如表 5.1.1.

本节考虑了齐次线性方程. 根据递推方法, 根据无穷乘积 $\prod_{i=0}^{\infty} g[f^i(x)]$ 的情况, 需要讨论三种情形, 第一种情形无穷乘积收敛且不为 0, 例如

$$|g(x) - 1| \leqslant M|x - \xi|^\mu, \quad x \in I \cap (\xi - \delta, \xi + \delta),$$

直接利用递归法或递推法得到了方程连续精确解; 第二种情形无穷乘积收敛为 0, 例如 $|g(\xi)| < 1$, 利用逐段定义法得到了方程所有连续解; 第三种情形无穷乘积不收敛, 例如 $|g(\xi)| > 1$, 得到了方程唯一解为零解.

表 5.1.1　齐次线性函数方程在不同情形下的连续解

f 的条件	g 的条件	连续解
假设 (A1): $f \in R_\xi^0[I], \xi \in I$	假设 (A2): $g \in C^0[I]$, 且若 $x \in I, x \neq \xi$, 有 $g(x) \neq 0$. 情形 (i): 极限 $G(x) = \lim\limits_{n \to \infty} G_n(x) = \prod\limits_{i=0}^{\infty} g[f^i(x)]$ 在 I 上存在, 进而 $G(x)$ 在 I 上连续且不为 0	递归法得到 $\varphi(x) = \dfrac{\eta}{\prod\limits_{i=0}^{\infty} g[f^i(x)]}$ $\varphi(\xi) = \eta$
假设 (A1): ξ 是 f 的不动点, 且 $\lvert f'(\xi) \rvert < 1$	假设 (A2), 进一步假设 $\exists \delta > 0, \mu, M$, 使得 $\lvert g(x) - 1 \rvert \leqslant M\lvert x - \xi \rvert^\mu, x \in I \cap (\xi - \delta, \xi + \delta)$. $\Rightarrow$ 情形 (i)	
假设 (A1)	假设 (A2): $g \in C^0[I]$, 且若 $x \in I$, $x \neq \xi$, 有 $g(x) \neq 0$. 情形 (ii): 存在一个区间 $J \subset I$, 使得函数列在 J 上一致收敛, 且 $\lim\limits_{n \to \infty} G_n(x) = 0$	可以用逐段定义法得到无穷多个连续解, 满足 $\varphi(\xi) = 0$
假设 (A1)	假设 (A2), $\lvert g(\xi) \rvert < 1 \Rightarrow$ 情形 (ii)	
假设 (A1)	假设 (A2); 情形 (iii): $G_n(x)$ 情况不属于前面两种类型	
假设 (A1)	假设 (A2), 进一步假设 $\exists \delta > 0$, 使 $\lvert g(x) \rvert \geqslant 1$, $x \in I \cap (\xi - \delta, \xi + \delta)$, $g(\xi) \neq 1$. $\Rightarrow$ 情形 (iii)	$\varphi(x) \equiv 0$
假设 (A1)	$\lvert g(\xi) \rvert > 1 \Rightarrow$ 情形 (iii)	

5.2　非齐次线性函数方程

本节将研究非齐次线性函数方程

$$\varphi(f(x)) = g(x)\varphi(x) + F(x) \tag{5.2.1}$$

的连续解问题, 其中 x 是实变量, φ 值位于实数域或复数域的值域 E 之中. 用 $S_\xi^n[I]$ 表示属于函数类 $C^n[I]$ 的函数 f, 且满足

(1) $\xi \in \bar{I}$, 是不动点;

(2) 对于 $x \in I, x \neq \xi$, 有 $(f(x) - x)(\xi - x) > 0$, 该不等式表示 f 图像与对角线的位置;

(3) 对于 $x \in I, x \neq \xi$, 有 $(f(x) - \xi)(\xi - x) > 0$, 该不等式表示 f 图像与水平线 $y = \xi$ 的位置. 显然 $R_\xi^n[I] \subset S_\xi^n[I]$.

5.2.1　存在基本域的情形

首先我们考虑满足以下条件的情形.

假设 (H1)　$f \in R_\xi^0[I]$, ξ 为 I 的一个端点, 且 $\xi \notin I$.

假设 (H2) $g, F \in C^0[I]$, 且对于 $x \notin I$, 有 $g(x) \neq 0$.

定理 5.2.1 若满足假设 (H1) 和 (H2), 则线性函数方程 (5.1.1) 在 I 上存在无穷多个连续解 $\varphi \in \Phi[I]$. 连续的通解构造如下: 任取 $x_0 \in I$, $I_0 = [x_0, f(x_0)]$ 或 $I_0 = [f(x_0), x_0]$ 表示端点为 $x_0, f(x_0)$ 的区间, $\varphi_0(x)$ 是属于 $\Phi[I_0]$ 的满足端点条件

$$\varphi_0(f(x_0)) = g(x_0)\varphi_0(x_0) + F(x_0)$$

的任意连续函数. 令 $I = \cup f^n[I_0]$, 对任意的 $x \in f^n[I_0]$, 递归定义

$$\varphi_n(x) = g(f^{-1}(x))\varphi_{n-1}(f^{-1}(x)) + F(f^{-1}(x)), \quad f^{-1}(x) \in [f^n(x_0), f^{n-1}(x_0)],$$

则方程 (5.1.1) 的连续的通解由下面式子给出

$$\varphi(x) = \varphi_n(x), \quad x \in f^n[I_0], \quad n = 0, \pm 1, \pm 2, \cdots.$$

证 首先直接验证构造的解是满足方程的解, 且每个解都必须这样构造. 其次根据端点条件知道构造的解是连续的. 证毕.

当 $\xi \in I$ 时, 上述的结论可能不成立.

5.2.2 与齐次方程的联系

由于非齐次线性方程的两个解的差一定满足齐次线性方程. 于是根据齐次线性方程, 可以得到非齐次线性方程连续解的一些结论.

对于非齐次线性方程, 仍然定义函数列 $G_n(x) = \prod_{i=0}^{n-1} g(f^i(x))$, 并根据 $G_n(x)$ 的不同划分情形 (i),(ii),(iii). 齐次线性方程结果隐含着下面的结果.

定理 5.2.2 若满足假设 (A1) 和 (A2). 当在情形 (i) 时, 方程 (5.2.1) 在 I 上有单参数连续解族或无解. 若 (5.2.1) 在 I 上有一个连续解 $\varphi_0(x)$, 则连续的通解为

$$\varphi(x) = \varphi_0(x) + \frac{\eta}{\prod\limits_{i=0}^{\infty} g(f^i(x))},$$

其中 $\eta \in E$ 是任意常数.

当在情形 (ii) 时, 方程 (5.2.1) 在 I 上有一个依赖于任意初始函数的连续解, 或在 I 上无连续解.

当在情形 (iii) 时, 方程 (5.2.1) 在 I 上要么恰好有一个连续解, 要么不存在连续解.

正如我们所考虑的, 求解非齐次线性方程还需确定至少一个连续解. 接下来的内容, 我们将证明非齐次线性方程 (5.2.1) 只要满足 $|g(\xi)| \neq 1$, 就存在连续解. 若 $|g(\xi)| = 1$, 则非齐次线性方程可能没有连续解, 我们将在 5.3 节单独讨论这种复杂

的情形. 与定理 5.2.2 相比较, 定理 5.2.1 在 $I - \{\xi\}$ 上存在一个依赖于任意初始函数的连续解, 可见 ξ 在理论中所起的明显作用. 事实上, 用在 ξ 的连续性替代 I 上的连续性, 后面所有结论都仍然有效.

5.2.3　$|g(\xi)| > 1$ 的情形

用以下假设作为假设 (A1),(A2) 的补充.

假设 (A3)　$F(x) \in C^0[I]$.

我们由非齐次线性方程有

$$\varphi(x) = \frac{\varphi(f(x)) - F(x)}{g(x)}, \quad x \in I.$$

由假设 (A2) 和条件 $|g(\xi)| > 1$, 有 $g(x) \neq 0, x \in I$. 利用上式, 归纳得到

$$\varphi(x) = \frac{\varphi(f^{n+1}(x))}{G_n(x)} - \sum_{i=0}^{n} \frac{F(f^i(x))}{G_{i+1}(x)}, \quad x \in I, \quad n = 0, 1, 2, \cdots,$$

其中 $G_n(x) = \prod_{i=0}^{n-1} g(f^i(x))$. 设 $\varphi(x)$ 是非齐次线性方程的连续解, 上式中令 $n \to \infty$. 容易由 $|g(\xi)| > 1$ 得到 $|G_n(x)| \to \infty$, 而 $\varphi(f^{n+1}(x)) \to \varphi(\xi)$, 于是有

$$\varphi(x) = -\sum_{n=0}^{\infty} \frac{F(f^n(x))}{G_{n+1}(x)}.$$

因此, 上式是非齐次线性方程唯一可能的连续解形式. 下面的结论给出了非齐次线性方程 (5.2.1) 的唯一连续解.

定理 5.2.3 ($|g(\xi)| > 1$ 的情形)　若满足假设 (A1),(A2),(A3) 和 $|g(\xi)| > 1$, 则非齐次线性方程 (5.2.1) 在 I 上有唯一的连续解 $\varphi \in \varPhi[I]$, 表达式为

$$\varphi(x) = -\sum_{n=0}^{\infty} \frac{F(f^n(x))}{G_{n+1}(x)}.$$

证　唯一性根据定理 5.2.2 的情形 (iii) 和定理 5.1.1 的情形 (iii) 可得. 故只需证明 $\varphi(x) = -\sum\limits_{n=0}^{\infty} \dfrac{F(f^n(x))}{G_{n+1}(x)}$ 是方程 (5.2.1) 的连续解.

设 ξ 为 I 的左端点, 则 $\exists \delta > 0, K > 1$, 使得

$$|g(x)| > K, \quad x \in [\xi, \xi + \delta].$$

$\forall c \in I, c \neq \xi$, 则存在指数 $N > 0$, 使

$$f^n(c) \in [\xi, \xi + \delta], \quad n \geqslant N.$$

而 f 的单调性意味着

$$f^n(x) \in [\xi, \xi + \delta], \quad n \geqslant N, \quad x \in [\xi, c].$$

记

$$L = \inf_{(\xi,c)} |g(x)|, \quad M = \sup_{(\xi,c)} |F(x)|.$$

于是

$$\left| \frac{F(f^n(x))}{G_{n+1}(x)} \right| \leqslant \frac{M}{|G_{n+1}(x)|} \leqslant \frac{M}{L^N K^{n-N+1}}, \quad n \geqslant N, \quad x \in [\xi, c].$$

因此, 对所有 $c \in I, c \neq \xi$, $\varphi(x) = -\sum_{n=0}^{\infty} \dfrac{F(f^n(x))}{G_{n+1}(x)}$ 在 $[\xi, c]$ 上都一致收敛, 故 $\varphi(x)$ 是 I 上的连续函数. 此外,

$$\varphi(f(x)) = -\sum_{n=0}^{\infty} \frac{F(f^{n+1}(x))}{G_{n+1}(f(x))} = -\sum_{n=1}^{\infty} \frac{F(f^n(x))}{G_n(f(x))}.$$

由 $\varphi(f^n(x)) = G_n(x)\varphi(x)$ 有

$$\varphi(f(x)) = -\sum_{n=1}^{\infty} \frac{g(x)F(f^n(x))}{G_{n+1}(f(x))} = -g(x) \left\{ \sum_{n=0}^{\infty} \frac{F(f^n(x))}{G_{n+1}(x)} - \frac{F(x)}{G_1(x)} \right\}.$$

故 $\varphi(x)$ 满足方程 (5.2.1). 证毕.

例 5.2.1 考虑方程

$$\varphi(2x) = \frac{1}{2}(\varphi(x) + x),$$

该方程出现在静力学中, 可以改写成

$$\varphi\left(\frac{x}{2}\right) = 2\varphi(x) - \frac{x}{2}. \tag{5.2.2}$$

从而可以应用定理 5.2.3, 其中 $\xi = 0, f^n(x) = x/2^n, G_n(x) = 2^n$, 则 (5.2.2) 变为

$$\varphi(x) = -\sum_{n=0}^{\infty} \frac{F(f^n(x))}{G_{n+1}(x)} = \sum_{n=0}^{\infty} \frac{x}{2^{n+1}}/2^{n+1} = \sum_{n=0}^{\infty} \frac{x}{2^{2n+2}} = \frac{x}{3}.$$

故 $\varphi(x) = \dfrac{1}{3}x$ 是在包含零的任何区间中唯一的连续解.

这个解可以很容易被看出来, 可以猜想有形如 $\varphi(x) = cx$ 的解, 代入方程得到 $c = \dfrac{1}{3}$. 根据定理 5.2.2 和情形 (iii), 所找到的解是唯一的连续解.

5.2.4　$|g(\xi)| < 1$ 的情形

假设满足 $|g(\xi)| < 1$. 我们先看一些引理.

引理 5.2.1 (可控性)　设 $f \in S^0_\xi[I], g \in \Phi[I], F \in= \Phi[I]$ 在 I 上有界, 并设 $\varphi \in \Phi[I]$ 是方程 (5.2.1) 在 I 上的一个解, 则

$$|\varphi(f^n(x))| \leqslant M(x)\frac{1 - L^n}{1 - L} + L^n|\varphi(x)|, \quad x \in I, \quad n = 1, 2, \cdots,$$

其中

$$L = \sup_I |g(t)|, \quad M(x) = \sup_{I_x} |F(t)|, \quad I_x = (\xi, x] \text{ 或 } [x, \xi).$$

证　因为对于所有 $x \in I$, 有 $I_{f(x)} \subset I_x$, 则对于所有 $x \in I$ 和正整数 i, 都有不等式

$$M[f^i(x)] \leqslant M(x).$$

于是

$$|\varphi(f(x))| \leqslant |g(x)||\varphi(x)| + |F(x)| \leqslant M(x) + L|\varphi(x)|, \quad x \in I.$$

用 $f(x)$ 替代上式中的 x, 可得

$$\begin{aligned}|\varphi(f^2(x))| &\leqslant M(f(x)) + L|\varphi(f(x))| \\ &\leqslant M(f(x)) + LM(x) + L^2|\varphi(x)| \leqslant M(x)(1 + L) + L^2|\varphi(x)|.\end{aligned}$$

归纳得到

$$|\varphi(f^n(x))| \leqslant M(x)(1 + \cdots + L^{n-1}) + L^n|\varphi(x)|.$$

证毕.

引理 5.2.2 (有界性)　设 $f \in R^0_\xi[I], g \in \Phi[I], F \in \Phi[I]$ 在 I 上有界, 若 $\exists \delta > 0$, $0 < \vartheta < 1$, 使得

$$|g(x)| < \vartheta, \quad x \in (\xi - \delta, \xi + \delta) \cap I.$$

如果方程 (5.2.1) 在 I 上的每个解 $\varphi \in \Phi[I]$, 其在区间

$$[f(x_0), x_0] \text{ 或 } [x_0, f(x_0)], \quad x_0 \in I, \quad x_0 \neq \xi$$

上有界, 那么解一定在 $(\xi, x_0]$(相应的 $(x_0, \xi]$) 上有界.

证　设 $x_0 > \xi$, 令解 $\varphi \in \Phi[I]$ 在 $[f(x_0), x_0]$ 上有界, 即

$$|\varphi(x)| \leqslant C, \quad x \in [f(x_0), x_0],$$

则存在正整数 N, 使 $f^{N-1}(x_0) \in (\xi, \xi + \delta)$, 故

$$f^n(x) \in (\xi, \xi + \delta), \quad x \in (\xi, x_0], \quad n \geqslant N - 1.$$

如引理 5.2.1, 定义 $L, M(x)$, 并令 $M = M(x_0), \overline{M} = M(f^{N-1}(x_0))$. 给定 $x \in (\xi, x_0]$, 若 $x \in [f(x_0), x_0]$, 则 $|\varphi(x)| \leqslant C$. 若 $x \in [f^N(x_0), f(x_0))$, 则存在 $n \leqslant N, x^* \in [f(x_0), x_0]$, 使得 $x = f^n(x^*)$. 由引理 5.2.1 可得

$$
\begin{aligned}
|\varphi(x)| &= |\varphi[f^n(x^*)]| \\
&\leqslant M(x^*)\frac{1 - L^n}{1 - L} + L^n|\varphi(x^*)| \\
&\leqslant M\frac{1 - L^n}{1 - L} + L^N C \overset{\mathrm{df}}{=} C_1.
\end{aligned}
$$

最后, 若 $x \in (\xi, f^N(x_0))$, 则存在 $n \geqslant 1, x^* \in [f^N(x_0), f^{N-1}(x_0)]$, 使得 $x = f^n(x^*)$. 在区间 $(\xi, f^{N-1}(x_0)]$ 上应用引理 5.2.1, 有 $|g(t)| < \vartheta < 1$, 并有

$$
\begin{aligned}
|\varphi(x)| &= |\varphi[f^n(x^*)]| \\
&\leqslant M(x^*)\frac{1 - \vartheta^n}{1 - \vartheta} + \vartheta^n|\varphi(x^*)| \\
&\leqslant \overline{M}\frac{1}{1 - \vartheta} + C_1 \overset{\mathrm{df}}{=} C_2.
\end{aligned}
$$

因此, 每种情形都有 $|\varphi(x)| \leqslant \max\{C, C_1, C_2\}$, 即 $\varphi(x)$ 在 $(\xi, x_0]$ 上是有界的. 证毕.

引理 5.2.3 (趋于零) 设 $f \in S_\xi^0[I]$, 函数 $F \in \Phi[I]$ 满足

$$
\lim_{x \to \xi} F(x) = 0.
$$

进一步假设 $g \in \Phi[I], \exists \delta > 0, 0 < \vartheta < 1$, 使得 $|g(x)| < \vartheta, x \in (\xi - \delta, \xi + \delta) \cap I$ 成立, 则方程 (5.2.1) 在 I 上 ξ 的邻域内有界的每个解 $\varphi(x) \in \Phi[I]$ 满足

$$
\lim_{x \to \xi} \varphi(x) = 0.
$$

证 设 ξ 是 I 的左端点, 假设 δ 的选择方式是 $\xi + \delta \in I, F(x), \varphi(x)$ 在 $(\xi, \xi + \delta)$ 上有界 $\left(\text{由} \lim_{x \to \xi} F(x) = 0 \text{可知} F(x) \text{在} \xi \text{的邻域内是有界的}\right)$. 因此

$$
|\varphi(x)| \leqslant C, \quad x \in (\xi, \xi + \delta).
$$

由 $\lim_{x \to \xi} F(x) = 0$ 可知

$$
\lim_{x \to \xi} M(x) = \lim_{x \to \xi} \sup_{I_x} |F(t)| = 0.
$$

因而, 对于 $\forall \varepsilon > 0, \exists \delta_1 > 0$, 使 $0 < \delta_1 < \delta$, 有

$$
M(x) < \frac{1}{2}(1 - \vartheta)\varepsilon, \quad x \in (\xi, \xi + \delta_1),
$$

进一步, 可以存在正整数 N, 使

$$\vartheta^N < \frac{\varepsilon}{2C}.$$

令

$$m(x) = \sup_{(\xi, x]} f(t),$$

则 $m(x) \in S_\xi^0[I]$ 单调 (但不必严格单调). 设 $\delta_2 = m^N(\xi + \delta_1) - \xi$. 因为对所有 n, $f^n((\xi, \xi + \delta_1)) = (\xi, m^n(\xi + \delta_1))$, 特别地, 有 $f^N((\xi, \xi + \delta_1)) = (\xi, \xi + \delta_2)$. 因此, 对于所有 $x \in (\xi, \xi + \delta_2)$, 都存在 $x^* \in (\xi, \xi + \delta_1)$ 使得 $f^N(x^*) = x$. 故由引理 5.2.1 有

$$
\begin{aligned}
|\varphi(x)| &= |\varphi(f^N(x^*))| \\
&\leqslant M(x^*)\frac{1 - \vartheta^N}{1 - \vartheta} + \vartheta^N |\varphi(x^*)| \\
&< M(x^*)\frac{1}{1 - \vartheta} + \vartheta^N |\varphi(x^*)| \\
&< \varepsilon.
\end{aligned}
$$

证毕.

引理 5.2.4 (连续性)　若满足假设 (A1),(A2),(A3) 和 $|g(\xi)| < 1$, 则方程 (5.2.1) 在 $I - \{\xi\}$ 上连续解 $\varphi \in \varPhi[I]$, 必定在整个区间 I 上是连续的.

证　设 ξ 是 I 的左端点. 设 $\varphi(\xi) = \eta$, 得到

$$\eta = g(\xi)\eta + F(\xi).$$

根据 $|g(\xi)| < 1$, 上述方程存在唯一根

$$\eta = \frac{F(\xi)}{1 - g(\xi)}.$$

设 $\varphi(x)$ 为方程 (5.2.1) 在 I 上的解, 并在 $I - \{\xi\}$ 上连续, 可得

$$\varphi(\xi) = \frac{F(\xi)}{1 - g(\xi)}.$$

因 $\varphi(x)$ 在 $I - \{\xi\}$ 上连续, 对所有 $x_0 \in I, x_0 \neq \xi$, φ 在 $[f(x_0), x_0]$ 上有界. 由引理 5.2.2, $\varphi(x)$ 在 ξ 的邻域上有界. 设

$$\psi(x) \overset{\mathrm{df}}{=} \varphi(x) - \varphi(\xi), \quad H(x) \overset{\mathrm{df}}{=} F(x) - \frac{1 - g(x)}{1 - g(\xi)}F(\xi),$$

可得

$$\psi[f(x)] = g(x)\psi(x) + H(x).$$

类似 $\varphi(x)$, 函数 $\psi(x)$ 在 ξ 的邻域上有界, 函数 $H(x)$ 满足 $\lim\limits_{x\to\xi} H(x) = 0$. 由引理 5.2.3, 有 $\lim\limits_{x\to\xi} \psi(x) = 0$, 即 $\lim\limits_{x\to\xi} \varphi(x) = \varphi(\xi)$. 这就证明 $\varphi(x)$ 在 ξ 上连续, 故在整个 I 上都是连续的. 证毕.

由引理 5.2.4 和定理 5.2.1 得到下面的定理.

定理 5.2.4 (逐段定义法) 若满足假设 (A1),(A2),(A3) 和 $|g(\xi)| < 1$, 则方程 (5.2.1) 在 I 上有连续解 $\varphi \in \Phi[I]$ 依赖于任意初始函数. 准确地说, 对 $\forall x_0 \in I$ 和任意连续函数 $\varphi_0 \in \Phi[I_0]$, 其中 $I_0 = [x_0, f(x_0)]$ 或 $I_0 = [f(x_0), x_0]$ 满足端点条件

$$\varphi_0(f(x_0)) = g(x_0)\varphi_0(x_0) + F(x_0),$$

那么从 φ_0 用逐段定义法可以唯一延拓成方程 (5.2.1) 在 I 上的连续解, 而且每个连续解都可以由这样的方式得到.

5.2.5 总结

下面总结非齐次方程连续解条件和解的形式, 见表 5.2.1. 对于 $|g(\xi)| = 1$ 的情形, 我们放到 5.3 节单独考虑.

表 5.2.1

f 的条件	g 和 F 的条件	连续解	求解的方法
假设 (H1): $f \in R_\xi^0[I]$, ξ 为 I 的一个端点, 且 $\xi \notin I$	假设 (H2): $g, F \in C^0[I]$, 且对于 $x \notin I$, 有 $g(x) \neq 0$	无穷多个解	逐段定义法
假设 (A1): $f \in R_\xi^0[I]$, $\xi \in I$	假设 (A2): $g \in C^0[I]$, 且若 $x \in I, x \neq \xi$, 有 $g(x) \neq 0$; 假设 (A3): $F(x) \in C^0[I]$; $\|g(\xi)\| > 1$	唯一的连续解 $\varphi(x) = -\sum\limits_{n=0}^{\infty} \dfrac{F[f^n(x)]}{\prod_{i=0}^{n} g[f^i(x)]}$	递归法
假设 (A1): $f \in R_\xi^0[I]$, $\xi \in I$	假设 (A2), (A3), $|g(\xi)| < 1$	无穷多个解	逐段定义法

本节讨论了非齐次线性方程. 定理 5.2.1 直接用逐段定义法给出了在 $I - \{\xi\}$ 上的所有连续解, 定理 5.2.2 则根据齐次方程的三种情形考虑了 I 上连续解. 本节在其他附加条件下, 得到如下结果: 当 $|g(\xi)| > 1$ 时, 根据递归法, 方程有唯一解

$$\varphi(x) = -\sum_{n=0}^{\infty} \frac{F[f^n(x)]}{\prod\limits_{i=0}^{n} g[f^i(x)]}.$$

当 $|g(\xi)| < 1$ 时, 直接用逐段定义法, 方程有依赖于任意初始函数的连续解.

5.3　不确定情形的非齐次方程

由于与前面的情形大有不同, 称 $|g(\xi)| = 1$ 的情形为不确定情形. 从齐次方程已经可以看出 $|g(\xi)| = 1$ 与 $|g(\xi)| \neq 1$ 情形大为不同. 非齐次方程 (5.2.1) 的连续解可能根本不存在. 在这里我们将仅讨论 $g(x) \equiv \pm 1$ 的情形. 关于这种情形的更多信息, 可以参见 Kuczma 的专著[1] 及其里面的参考文献.

给定函数方程

$$\varphi(f(x)) + \varphi(x) = F(x) \tag{5.3.1}$$

和

$$\varphi(f(x)) - \varphi(x) = F(x), \tag{5.3.2}$$

对方程 (5.3.1), 有 $g(x) \equiv -1, G_n(x) = (-1)^n$. 因此, 该方程处于情形 (iii). 对方程 (5.3.2), 有 $g(x) \equiv 1, G_n(x) \equiv 1$. 因此, 该方程处于情形 (i).

5.3.1　递归法求连续解

定理 5.3.1 (连续解的形式)　设 $f \in S^0_\xi[I], \xi \in I, F \in C^0[I]$. 如果 $\varphi \in C^0[I]$ 是方程 (5.3.1) 的解, 则

$$\varphi(x) = \frac{1}{2}F(\xi) + \sum_{n=0}^{\infty} (-1)^n \{F(f^n(x)) - F(\xi)\}.$$

类似地, 若 $\varphi \in C^0[I]$ 是方程 (5.3.2) 的解, 则

$$\varphi(x) = \eta - \sum_{n=0}^{\infty} F(f^n(x)),$$

其中 $\eta \in E$ 是一个常数.

证　设 $\varphi \in C^0[I]$ 是方程 (5.3.1) 在 I 上的连续解, 代入 $x = \xi$, 有

$$\varphi(\xi) = \frac{1}{2}F(\xi).$$

令

$$\psi(x) \stackrel{\text{df}}{=} \varphi(x) - \varphi(\xi), \quad H(x) \stackrel{\text{df}}{=} F(x) - F(\xi),$$

$\psi(x)$ 为方程

$$\psi[f(x)] + \psi(x) = H(x)$$

的连续解, 且有

$$\lim_{x \to \xi} \psi(x) = 0.$$

于是

$$\psi(x) = H(x) - \psi(f(x)).$$

用 $f(x)$ 替换 x, 有

$$\psi(f(x)) = H(f(x)) - \psi(f^2(x)).$$

于是

$$\psi(x) = H(x) - H(f(x)) + \psi(f^2(x)),$$

递归法得到

$$\psi(x) = \sum_{n=0}^{m} (-1)^n H(f^n(x)) + (-1)^{m+1} \psi(f^{m+1}(x)).$$

令 $m \to \infty$, 则有

$$\psi(x) = \sum_{n=0}^{\infty} (-1)^n H(f^n(x)),$$

换回 φ 和 F 后, 即得到连续解形式.

令 $\varphi(x)$ 是方程 (5.3.2) 的连续解, 因为 $\varphi(\xi)$ 为方程 $\eta = \eta + F(\xi)$ 的根, 于是 $F(\xi) = 0$. 令 $\eta = \varphi(\xi), \psi(x) = \varphi(x) - \varphi(\xi)$, 后续的证明类似于方程 (5.3.1). 证毕.

例 5.3.1   下面例子说明上面定理的解级数不一定收敛. 考虑

$$\varphi\left(\frac{x}{1+x}\right) - \varphi(x) = x, \quad x \in [0, +\infty),$$

其中 $I = [0, +\infty), \xi = 0, E$ 是实数空间. 函数

$$f(x) = \frac{x}{1+x} \in R_0^0[[0, +\infty)], \quad F(x) = x \in C^0[[0, +\infty)]$$

满足上述定理的假设. 此外

$$f^n(x) = \frac{x}{1+nx}, \quad n = 0, 1, 2, \cdots,$$

而

$$\sum_{n=0}^{\infty} F(f^n(x)) = \sum_{n=0}^{\infty} \frac{x}{1+nx},$$

对所有 $x \in (0, +\infty)$ 都发散, 则方程 (5.3.2) 在 $[0, +\infty)$ 上无连续解.

因此, 为了确保方程 (5.3.1), (5.3.2) 的连续解存在, 需要对 f, F 增加额外的假设.

定理 5.3.2　　设 f 满足假设 (A1),(A3). 设存在实值函数 $H(x)$, 在 I 上有界, 设存在两个正数 δ 和 $\vartheta < 1$, 使得

$$|F(x) - F(\xi)| \leqslant H(x), \quad x \in (\xi - \delta, \xi + \delta) \cap I,$$

$$H(f(x))/H(x) < \vartheta, \quad x \in (\xi - \delta, \xi + \delta) \cap I - \{\xi\}.$$

则方程 (5.3.1) 在 I 上有连续解. 进一步, 如果 $F(\xi) = 0$, 那么方程 (5.3.2) 在 I 上也有连续解.

证　设 ξ 为 I 的左端点, 则级数

$$\sum_{n=0}^{\infty} \omega^n \{F(f^n(x)) - F(\xi)\}, \quad \omega = \pm 1$$

在区间 $[\xi, c]$ 上对所有 $c \in I, c \neq \xi$ 都一致收敛. 因此, 定理 5.3.1 中在 I 上定义了连续函数. 不难验证它们满足方程 (5.3.1),(5.3.2).

给定 $c \in I, c \neq \xi$, $\exists N$, 使得对于 $n \geqslant N$, 有 $f^n(c) \in (\xi, \xi + \delta)$, 记

$$A_n(x) = \begin{cases} \sup_{[\xi, \xi+\delta]} H(x), & n \leqslant N, \\ \sup_{[f^{n+1}(c), f^n(c)]} H(x), & n > N. \end{cases}$$

对 $x \in [f^{n+1}(c), f^n(c)], n > N$, 有

$$H(x) < \vartheta H[f^{-1}(x)] \leqslant \vartheta \sup_{[f^n(c), f^{n-1}(c)]} H(x) = \vartheta A_{n-1}(x).$$

可以看出

$$A_n < \vartheta A_{n-1}, \quad n > N.$$

因此数列 A_n 是递减的.

对于 $\forall x \in (\xi, c]$, 因为 $f^n(x) \leqslant f^n(c)$, 则 $\exists k \geqslant 0$, 使 $f^n(x) \in [f^{n+k+1}(c), f^{n+k}(c)]$. 因此

$$H(f^n(x)) \leqslant A_{n+k} \leqslant A_n,$$

故对于 $x \in (\xi, c]$, 有

$$|F[f^n(x)] - F(\xi)| \leqslant H[f^n(x)] \leqslant A_n.$$

不等式 $|F[f^n(x)] - F(\xi)| \leqslant A_n$ 对 $x = \xi$ 也成立. 因此 $\sum_{n=0}^{\infty} \omega^n \{F[f^n(x)] - F(\xi)\}$ 在 $[\xi, c]$ 上一致收敛.

定理 5.3.3 设 f 满足假设 (A1) 和 F 满足假设 (A3). 设存在三个正数 δ, k 和 C, 使得

$$|F(x) - F(\xi)| \leqslant C|x - \xi|^k, \quad x \in (\xi - \delta, \xi + \delta) \cap I.$$

进一步假设 ξ 是 f 的不动点, 且 $|f'(\xi)| < 1$. 则方程 (5.3.1) 在 I 上有一个连续解. 此外, 若 $F(\xi) = 0$, 则方程 (5.3.2) 在 I 上有一个连续解.

证 令 $H(x) = C|x - \xi|^k$, 并应用定理 5.3.1 即可得本定理. 证毕.

推论 5.3.1 设 f 满足假设 (A1). 设 $f, F \in C^1[I]$ 且 $f'(\xi) \neq 1$, 则方程 (5.3.1) 在 I 上有一个连续解. 此外, 若 $F(\xi) = 0$, 方程 (5.3.2) 在 I 上有一个连续解.

在例 5.3.1 中, 不满足条件的是 $f'(\xi) \neq 1$. 事实上, 当 $x = 0$ 时, $\left(\dfrac{x}{1+x}\right)' = \dfrac{1}{(1+x)^2}$ 等于 1.

下面将进一步给出方程 (5.3.1) 连续解存在的充分条件. 这些条件下主要考虑 E 是实数集.

定理 5.3.4 设 f 满足假设 (A1), F 是一个连续的实值函数, 在 ξ 的邻域上是 $\{f\}$-单调的, 则方程 (5.3.1) 在 I 上有一个连续的解.

证 设 ξ 为 I 的左端点, $\exists \delta > 0$ 使表达式 $F(f(x)) - F(x)$ 在 $[\xi, \xi + \delta]$ 上是一个常数符号. 我们将证明级数 $\sum\limits_{n=0}^{\infty} \omega^n \{F(f^n(x)) - F(\xi)\}$, 其中 $\omega = -1$, 对所有 $c \in I, c \neq \xi$ 在 $[\xi, c]$ 上都一致收敛.

给定 $c \in I, c \neq \xi, \varepsilon > 0, \exists \delta_1, 0 < \delta_1 < \delta$, 使得

$$|F(x) - F(\xi)| < \varepsilon, \quad x \in [\xi, \xi + \delta_1],$$

存在一个正整数 N, 使得

$$f^n(x) \in [\xi, \xi + \delta_1], \quad x \in [\xi, c], \quad n \geqslant N.$$

则交错级数

$$\sum_{n=N}^{\infty} (-1)^n \{F(f^n(x)) - F(\xi)\}$$

收敛, 由 F 的 $\{f\}$-单调性知数列 $F(f^n(x)) - F(\xi)$ 单调趋于 0, 而且, 我们有

$$\left| \sum_{n=N}^{\infty} (-1)^n \{F(f^n(x)) - F(\xi)\} \right| \leqslant |F(f^N(x)) - F(\xi)| < \varepsilon, \quad x \in [\xi, c].$$

证明了 $\omega = -1$ 的级数 $\sum\limits_{n=0}^{\infty} \omega^n \{F(f^n(x)) - F(\xi)\}$ 在 $[\xi, c]$ 上一致收敛. 证毕.

例 5.3.2　在无穷级数理论中, 有方程

$$\varphi(x^2) + \varphi(x) = x.$$

由定理 5.3.1 和定理 5.3.4,

$$\varphi(x) = \sum_{n=0}^{\infty} (-1)^n x^{2n}$$

是方程在 $[0,1)$ 上连续的唯一解. 上述函数方程可以改写为

$$\varphi(\sqrt{x}) + \varphi(x) = \sqrt{x}.$$

应用于定理 5.3.1 和定理 5.3.4, 代入 $\xi = 1$ 得到

$$\varphi(x) = \sum_{n=0}^{\infty} (-1)^n x^{2^{-n-1}}$$

是方程的唯一解, 在 $(0, \infty)$ 上连续. 这两个解不一致. 因此, 方程在 $[0, \infty)$ 上无连续解, 甚至在 $[0,1]$ 上也无连续解.

推论 5.3.2　设 $f(x)$ 满足假设 (A1), $F(x) = F_1(x) - F_2(x)$, 其中 F_1, F_2 是连续的实值函数, 在 ξ 的邻域内是 $\{f\}$-单调的, 则方程 (5.3.1) 在 I 上有一个连续解.

证　设 $\varphi_1(x), \varphi_2(x)$ 分别是函数方程

$$\varphi(f(x)) + \varphi(x) = F_1(x)$$

和

$$\varphi(f(x)) + \varphi(x) = F_2(x)$$

的连续解, 且

$$\varphi(f(x)) + \varphi(x) = F_1(x), \quad \varphi(f(x)) + \varphi(x) = F_2(x).$$

则由定理 5.3.4 可证得存在性, 于是 $\varphi(x) = \varphi_1(x) - \varphi_2(x)$ 是方程 (5.3.1) 的连续解. 证毕.

设 $T = [a_{kn}], k = 0, 1, 2, \cdots, n = 0, 1, 2, \cdots, a_{kn} \in E$ 是无限矩阵, 并满足条件

$$\lim_{k \to \infty} a_{kn} = 0, \quad n \geqslant 0,$$

$$|a_{k0}| + |a_{k1}| + \cdots + |a_{kn}| \leqslant L, \quad n \geqslant 0, \quad k \geqslant 0.$$

其中 L 是一个固定的正数 (不依赖于n, k)

$$\sum_{n=0}^{\infty} a_{kn} = A_k, \quad \lim_{k\to\infty} A_k = 1.$$

记

$$\sigma_n(x) = \frac{1}{2}F(\xi) + \sum_{i=0}^{n}(-1)^i\{F(f^i(x)) - F(\xi)\},$$

$$s_k(x) = \sum_{n=0}^{n} a_{kn}\sigma_n(x).$$

如果该级数对任意 $k \geqslant 0$ 都是收敛的, 有以下结论.

定理 5.3.5　设$f \in R_\xi^0[I], F \in \Phi[I]$, 函数 $F(x)$ 在 ξ 上连续. 若 $\lim\limits_{k\to\infty} s_k(x) = \varphi(x)$ 在 I 上存在, 其中 $s_k(x)$ 如上定义, 而 T 是满足前面定义的矩阵, 则 $\varphi(x)$ 在 I 上满足方程 (5.3.1).

证　我们有

$$\sigma_n(f(x)) = F(x) - \sigma_n(x) - (-1)^{n+1}\{F(f^{n+1}(x)) - F(\xi)\}.$$

故

$$s_k(f(x)) = A_k F(x) - s_k(x) - \sum_{n=0}^{\infty}(-1)^{n+1}a_{kn}\{F(f^{n+1}(x)) - F(\xi)\}. \tag{5.3.3}$$

给定 $x \in I, \forall \varepsilon > 0, \exists N$ 使得

$$|F(f^n(x)) - F(\xi)| < \frac{\varepsilon}{2L}, \quad n \geqslant N,$$

其中 L 是定义矩阵 T 中的常数. 此外, 因为数列 $F(f^n(x)) - F(\xi)$ 趋于 0, 故有界, 即

$$|F(f^n(x)) - F(\xi)| \leqslant M, \quad n = 0, 1, 2, \cdots.$$

由前面矩阵 T 中元素 a_{kn} 定义, 可以找到 K, 使得

$$|a_{kn}| < \frac{\varepsilon}{2MN}, \quad k \geqslant K, \quad n < N.$$

故对 $k \geqslant K$, 有

$$\left| \sum_{n=0}^{\infty}(-1)^n a_{kn}\{F(f^{n+1}(x)) - F(\xi)\} \right|$$

$$\leqslant \left| \sum_{n=0}^{N-1}(-1)^n a_{kn}\{F(f^{n+1}(x)) - F(\xi)\} \right| + \left| \sum_{n=N}^{\infty}(-1)^n a_{kn}\{F(f^{n+1}(x)) - F(\xi)\} \right|$$

· 126 ·   第 5 章 线性函数方程

$$\leqslant N\frac{\varepsilon}{2MN}M + L\frac{\varepsilon}{2L} = \varepsilon,$$

即

$$\lim_{k \to \infty} \sum_{n=0}^{\infty} (-1)^{n+1} a_{kn} \{F(f^{n+1}(x)) - F(\xi)\} = 0.$$

对于等式 (5.3.3), 取 $k \to \infty$, 有

$$\varphi(f(x)) = F(x) - \varphi(x).$$

证毕.

5.3.2 相关文献的介绍

文献[3]考虑了方程

$$\varphi(f(x)) \pm \varphi(x) = F(x),$$

其中 f 是全局周期映射. 例如方程

$$\varphi\left(\frac{x-1}{x}\right) + \varphi(x) = 1 - x$$

在奥林匹克数学竞赛中出现过. 更一般的函数方程形式如下:

$$F(\varphi \circ f_1, \cdots, \varphi \circ f_n, \mathrm{Id}) = 0, \tag{5.3.4}$$

其中 $F, f_1, \cdots, f_n$ 是给定的函数, φ 是未知函数. 当 F 是线性函数时, $f_1, \cdots, f_n$ 在复合的运算下在定义域内形成一个群. Presić[4]刻画了方程 (5.3.3) 的所有解. 方程 (5.3.3) 的一种特殊情形的唯一解也由 Bessenyei[2] 利用 Cramer 法则确定, 唯一的可微解也被研究[5,6]. 例如, 可用 Bessenyei 的方法解决如下函数方程:

$$x^2 \varphi(x) + \varphi\left(\frac{x-1}{x}\right) = x^2.$$

参 考 文 献

[1] Kuczma M. Functional Equations in a Single Variable. Monograph in Mathematics, vol. T.46. Warszawa: PWN, 1968.

[2] Bessenyei M. Functional equations and finite groups of substitutions. Amer. Math. Monthly, 2010, 117(10): 921-927.

[3] Shi Y G, Gong X B. Linear functional equations involving Babbage's equation. Elem. Math., 2014, 69: 195-204.

[4] Presić S. Sur l'é quation fonctionnelle $f(x) = H(x, f(x), f(\theta_1 x), \cdots, f(\theta_n x))$. Univ. Beograd, Publ. Elektrotechn. Fak. Scr. Math. Fiz., 1963,18: 17-20.

[5] Bessenyei M, Kézi C G. Functional equations and group substitutions. Linear Algebra Appl., 2011, 434(6): 1525-1531.

[6] Bessenyei M, Horváth G, Kézi C G. Functional equations on finite groups of substitutions. Expositiones Mathematicae, 2012, 30(3): 283-294.

第6章 平面映射

本章讨论了某些有趣的二维映射或平面映射的性质, 包括全局的和局部的动力学性质. 有些概念和方法可以拓展到三维或更高维的情形.

6.1 节和 6.2 节分别介绍可积映射与可反映射两类重要的映射. 某些被研究的映射不仅是可反的而且还是可积的. 例如, 著名的 McMillan 映射, Knuth 映射等. 可积映射与可反映射各自有着许多良好的性质, 经常被运用到实际问题当中. 对于可积映射, 6.1 节给出了可积离散系统求积分的 Knuth 方法和 Darboux 方法; 对于可反映射, 6.2 节给出了可反映射的四种类型, 以及可反映射周期点与对称线之间的关系.

6.3 节对于一类可反映射, 利用 Devaney 几何方法, 给出同宿轨与异宿轨存在的充分条件, 并且给出算法定位这样的同宿轨.

6.4 节和 6.5 节分别研究平面映射和全纯映射的局部性质, 分别介绍双曲微分同胚的线性化和全纯映射的局部规范型. 作为它们的应用, 6.6 节利用小除数问题的处理方法, 以及类似的 Brjuno 条件, 研究一类二维保面积的可反映射的局部解析线性化.

6.1 可 积 映 射

一个映射 $T: \mathbb{R}^n \to \mathbb{R}^n$ 称为可积的, 如果存在一个实值的连续函数 $F: \mathbb{R}^n \to \mathbb{R}$, 对于水平集 $F = c$ 是曲线或点, 所有水平集的点 $x \in \mathbb{R}^n$ 都满足等式

$$F(T(x)) = F(x),$$

称 F 为映射 T 的积分[1].

关于映射可积性的探索至少可以追溯到 Birkhoff[1,2] 和 Gauss[3,4] 时代. 1945 年, Lyness 已经给出一类简单平面有理可积映射[5]. 1971 年, 诺贝尔物理学奖获得者 McMillan[6] 在研究太阳系是否稳定时, 导出了著名的 McMillan 映射, 它是一类可反转 (reversible) 且可积的有理映射.

由映射迭代所构成的离散系统比由微分方程所确定的连续系统更基本. 它们有些以离散的形式模拟经典力学或者固体力学中的可积系统. 由可积映射所构成的离散系统不仅本身有许多良好且基本的数学性质, 而且在物理学的多个领域有着

广泛的应用 (包括统计力学和量子引力). 通过对可积离散系统的研究, 可以更加深入地理解差分方程, 发展那些落后于微分方程的平行理论以及产生新的解析理论.

本节主要研究离散系统积分求解的两种方法: 全局周期映射的 Knuth 求积分方法; 适用于某些特殊情形的 Darboux 方法.

6.1.1 可积映射的性质及例子

下面首先介绍可积映射的性质.

性质 1 如果存在映射 $G : \mathbb{R}^n \to \mathbb{R}$, $T : \mathbb{R}^n \to \mathbb{R}^n$ 以及可逆映射 $H : \mathbb{R}^n \to \mathbb{R}^n$, 使得

$$G \circ H^{-1} \circ T \circ H = G,$$

这里 $\circ$ 表示函数的复合, 那么映射 $T(x, y)$ 的积分为 $F = G \circ H^{-1}$.

证 由 $G \circ H^{-1} \circ T \circ H = G$ 可得

$$G \circ H^{-1} \circ T = G \circ H^{-1}.$$

因此映射 $T(x, y)$ 的积分为 $F = G \circ H^{-1}$. 证毕.

直接验证可得到下面可积映射的其他一些性质.

性质 2 如果 $F : \mathbb{R}^n \to \mathbb{R}$ 是可逆映射 $T : \mathbb{R}^n \to \mathbb{R}^n$ 的一个积分, 那么 F 也是映射 T^{-1} 的一个积分.

性质 3 如果 $F : \mathbb{R}^n \to \mathbb{R}$ 同时是映射 $T_1 : \mathbb{R}^n \to \mathbb{R}^n$ 和映射 $T_2 : \mathbb{R}^n \to \mathbb{R}^n$ 的一个积分, 那么 F 也是映射 $T_1 \circ T_2$ 的一个积分. 特别地, 如果 $F : \mathbb{R}^n \to \mathbb{R}$ 是映射 $T : \mathbb{R}^n \to \mathbb{R}^n$ 的一个积分, 那么对于任意的正整数 k, F 也是映射 T^k 的一个积分, 其中 $T^0 := \mathrm{Id}$, $T^k := T \circ T^{k-1}$.

性质 4 设 $F : \mathbb{R}^n \to \mathbb{R}$ 是可积映射 $T : \mathbb{R}^n \to \mathbb{R}^n$ 的一个积分. 对于任意的非常值的映射 $G : \mathbb{R} \to \mathbb{R}$, $G \circ F$ 也是映射 T 的一个积分.

下面是可积映射的一些例子. 映射

$$T(x, y) = (\cos(\alpha)x - \sin(\alpha)y, \sin(\alpha)x + \cos(\alpha)y)$$

是平面上的一种旋转变换, 它是可积的, $F(x, y) = x^2 + y^2$ 是它的一个积分.

映射 $T(x, y) = \left(3x, \dfrac{y}{3}\right)$ 是可积的且积分为 $F(x, y) = xy$.

映射 $T(x, y) = (x + \sin(y), y)$ 是可积的且它的积分为 $F(x, y) = y$. 二维环面上的映射 $T(x, y) = (2x + y, x + y)$ 不可积.

SBKP 映射[1] $T(x, y) = (2x + 4 \cdot \arg(1 + k \cdot \mathrm{e}^{-\mathrm{i}x}) - y, x)$ 是可积的, 它的积分为

$$F(x, y) = 2(\cos(x) + \cos(y)) + k \cdot \cos(x + y) + k^{-1} \cdot \cos(x - y).$$

McMillan 映射[6,8]

$$T : (x, y) \mapsto \left(\frac{2\mu x}{1 + x^2} - y, x \right)$$

是一个可积映射, 其中 μ 是一个参数. 它的积分为 $F(x, y) = x^2 + y^2 + x^2 y^2 - 2\mu xy$.

证 因为

$$F(T(x, y))$$

$$= F\left(\frac{2\mu x}{1 + x^2} - y, x \right)$$

$$= \left(\frac{2\mu x}{1 + x^2} - y \right)^2 + x^2 + \left(\frac{2\mu x}{1 + x^2} - y \right)^2 x^2 - 2\mu x \left(\frac{2\mu x}{1 + x^2} - y \right)$$

$$= \frac{4\mu^2 x^2}{(1 + x^2)^2} - \frac{4\mu xy}{1 + x^2} + y^2 + x^2 + x^2 \left[\frac{4\mu^2 x^2}{(1 + x^2)^2} - \frac{4\mu xy}{1 + x^2} + y^2 \right] - \frac{4\mu^2 x^2}{1 + x^2} + 2\mu xy$$

$$= \frac{4\mu^2 x^2}{(1 + x^2)^2} - \frac{4\mu xy}{1 + x^2} + y^2 + x^2 + \frac{4\mu^2 x^4}{(1 + x^2)^2} - \frac{4\mu x^3 y}{1 + x^2} + x^2 y^2 - \frac{4\mu^2 x^2}{1 + x^2} + 2\mu xy$$

$$= \frac{4\mu^2 x^2 (1 + x^2)}{(1 + x^2)^2} - \frac{4\mu xy + 4\mu x^3 y + 4\mu^2 x^2}{1 + x^2} + x^2 + y^2 + x^2 y^2 + 2\mu xy$$

$$= \frac{-4\mu xy (1 + x^2)}{1 + x^2} + x^2 + y^2 + x^2 y^2 + 2\mu xy$$

$$= x^2 + y^2 + x^2 y^2 - 2\mu xy,$$

所以 $F(T(x, y)) = F(x, y)$, 即 McMillan 映射是可积的. 证毕.

非对称的 QRT 映射[9,10] L 可以写成下面矩阵的形式

$$L : x_{n+1} = \frac{f_1(y_n) - x_n f_2(y_n)}{f_2(y_n) - x_n f_3(y_n)}, \quad y_{n+1} = \frac{g_1(x_{n+1}) - y_n g_2(x_{n+1})}{g_2(x_{n+1}) - y_n g_3(x_{n+1})},$$

其中

$$[f_1, f_2, f_3]^\mathrm{T} = (A_0 X) \times (A_1 X), \quad [g_1, g_2, g_3]^\mathrm{T} = (A_0^\mathrm{T} X) \times (A_1^\mathrm{T} X),$$

$$X = [x^2, x, 1]^\mathrm{T}, \quad A_0 = \begin{bmatrix} \alpha_0 & \beta_0 & \gamma_0 \\ \delta_0 & \varepsilon_0 & \zeta_0 \\ \kappa_0 & \lambda_0 & \mu_0 \end{bmatrix}, \quad A_1 = \begin{bmatrix} \alpha_1 & \beta_1 & \gamma_1 \\ \delta_1 & \varepsilon_1 & \zeta_1 \\ \kappa_1 & \lambda_1 & \mu_1 \end{bmatrix}.$$

QRT 映射的积分为

$$F(x, y) = \frac{X \cdot A_0 Y}{X \cdot A_1 Y} = \frac{x^2(\alpha_0 y^2 + \beta_0 y + \gamma_0) + x(\delta_0 y^2 + \varepsilon_0 y + \zeta_0) + \kappa_0 y^2 + \lambda_0 y + \mu_0}{x^2(\alpha_1 y^2 + \beta_1 y + \gamma_1) + x(\delta_1 y^2 + \varepsilon_1 y + \zeta_1) + \kappa_1 y^2 + \lambda_1 y + \mu_1},$$

这里 $Y = [y^2, y, 1]^\mathrm{T}$.

6.1.2 任意可积映射的构造

定理 6.1.1[1] 对于每一个光滑的函数 $F : \mathbb{R}^2 \to \mathbb{R}$, 都能找到一个映射, 以这个函数为该映射的一个积分.

证 下面考察微分方程组

$$\frac{\mathrm{d}}{\mathrm{d}t} x = F_y(x, y), \qquad \frac{\mathrm{d}}{\mathrm{d}t} y = -F_x(x, y).$$

由链式法则, 我们有

$$\begin{aligned}
\frac{\mathrm{d}}{\mathrm{d}t} F(x(t), y(t)) &= F_x(x(t), y(t)) \frac{\mathrm{d}}{\mathrm{d}t} x(t) + F_y(x(t), y(t)) \frac{\mathrm{d}}{\mathrm{d}t} y(t) \\
&= -\frac{\mathrm{d}}{\mathrm{d}t} y(t) \frac{\mathrm{d}}{\mathrm{d}t} x(t) + \frac{\mathrm{d}}{\mathrm{d}t} y(t) \frac{\mathrm{d}}{\mathrm{d}t} x(t) \\
&= F_x \dot{x} + F_y \dot{y},
\end{aligned}$$

这样 F 沿着这个系统的解未发生变化. 如果 $x = x(0), y = y(0)$, 定义映射

$$T(x, y) = (x(1), y(1)),$$

则函数 F 就是映射 T 的积分. 证毕.

在物理上, 函数 F 常被称为这个系统的能量方程或者哈密顿函数. 事实上, 若 F 是 T 的积分, 则 F 就能量保守. 例如, 函数 $F(x, y) = \cos(x) + \dfrac{y^2}{2}$, 就是一个具有能量源的钟摆方程. 它对应的微分方程就是 $\dfrac{\mathrm{d}}{\mathrm{d}t} x = y, \dfrac{\mathrm{d}}{\mathrm{d}t} y = \sin(x)$. 它们与牛顿方程 $\dfrac{\mathrm{d}^2}{\mathrm{d}t^2} x = \sin(x)$ 等价.

6.1.3 全局周期映射的 Knuth 方法

定义 6.1.1[11] 映射 T 的代数熵定义为

$$E(T) = \lim_{n \to \infty} \frac{\ln(d_n)}{n},$$

这里 d_n 表示映射 T 在 n 次迭代后表达式的最高次数.

用 $\mathbb{K}$ 表示 $\mathbb{R}$ 或者是 $\mathbb{C}$. Id 表示恒等映射. 若存在 n 使得 $T^n = \text{Id}$, 则称映射 $T : \mathbb{K}^k \to \mathbb{K}^k$ 为**全局周期映射**, 其代数熵为零.

定理 6.1.2[1] 全局周期映射 T 是可积的.

证 对任意 $f : \mathbb{R} \to \mathbb{R}$, 有 $F = \sum\limits_{k=0}^{n-1} f \circ T^k$ 是映射 T 的积分. 因为

$$F \circ T = \sum_{i=1}^{n} f \circ T^i$$

$$= \sum_{k=0}^{n-1} f \circ T^k + f \circ T^n - f \circ T^0$$

$$= \sum_{k=0}^{n-1} f \circ T^k + f - f$$

$$= F,$$

所以, 映射 T 可积. 证毕.

根据定理 6.1.2 可以得到如下结论.

推论 6.1.1　对于平面内的一个可积映射 T, 若存在 n 使得 $T^n(x,y) = (x,y)$, 则映射 T 的积分为 $F(x,y) = \sum_{k=0}^{n-1} f(T^k(x,y))$, 其中 $f : \mathbb{R} \to \mathbb{R}$ 为任意函数.

考虑 Cohen-Conline-de Verdiere 映射

$$T(x,y) := (\sqrt{x^2 + \varepsilon^2} - y, x).$$

我们可以假定 $\varepsilon = 0$ 或 $\varepsilon = 1$. 当 $\varepsilon = 0$ 时, 得到

$$T(x,y) = (|x| - y, x),$$

称之为 Knuth 映射.

例 6.1.1　Knuth 映射是全局周期为 9 的可积映射.

证　先验证 $T^9 = \mathrm{Id}$. 这是一个分段线性的映射, 要做这个证明, 先建立序列 $\{x_i\}_{i=0,1,\cdots}$, 递归定义为

$$x_{n+1} := |x_n| - x_{n-1}, \quad n = 1, 2, 3, \cdots,$$

从任意不都为 0 的实的初值 x_0 和 x_1 开始, 它是周期性的, 且其周期为 9, 这个结果可通过实验确认. 为了证明这个结果, 在笛卡儿平面内无限的、依次连续的数对 (x_n, x_{n-1}) 构成一个序列, 简写为 $z := (x,y)$ 和 $z_n := (x_{n+1}, x_n)$. 那么, 所给递归序列以迭代的形式, 从 z_0 开始为

$$z_n = T(z_{n-1}), \quad n = 1, 2, 3, \cdots,$$

其中, $T(z) = T((x,y))$, 且 $T((x,y)) := (|x| - y, x)$.

设原点 $O := (0,0)$, 则如图 6.1.1 所示, 在映射 T 的作用下, z_0 映射到 z_1, z_1 映射到 z_2, 这样做下去就形成了一个九边形, 九边形的顶点上的十个点按顺序为

$$z_0, z_5, z_1, z_6, z_2, z_7, z_3, z_8, z_4, z_9 = z_0.$$

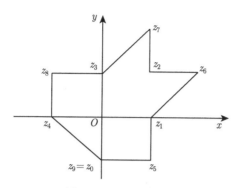

图 6.1.1 Knuth 映射

而在每条边 $z_i z_j$ 上, $j = i + 5 \pmod 9$, 用参数公式 $Z_i(t) := (X_i(t), Y_i(t))$ 来标注它的点, 公式中参数 t 从 0 到 1, 而 $Z_i(t)$ 沿着边从 z_i 到 z_j. 定义 $Z_{i+1}(t) := T(Z_i(t))$. 这个公式表明了 $Z_9(t) = Z_0(t)$, 这就证明了这个递归序列的周期为 9, 即 $T^9 = \mathrm{Id}$.

再应用推论 6.1.1, 取 $f(x, y) = y$, 可得到 Knuth 映射的一个精确的积分

$$F(x,y) = y + |y - |x|| + |x - |y - |x||| + |y - |x - |y||| + |x - |y| + |y - |x - |y||||.$$

对于每一个值 $c > 0$, 水平集 $F(x, y) = c$ 是一条封闭的曲线, 在这条曲线上 T 共轭于一个旋转, 旋转角度为圆周角的 $\frac{1}{9}$. 证毕.

现在再看一下, 当 $\varepsilon = 1$ 时, Cohen-Conline-de Verdiere 映射有如下形式:

$$T(x, y) = (\sqrt{x^2 + 1} - y, x),$$

看起来它的所有轨迹都在不变曲线上, 这个映射看上去是可积的. John Hubbard 的数值实验发现了一个 14 周期的双曲点

$$(x, y) = (u, u), \quad u = 1.54871181145059.$$

这样周期的一个双曲点的存在就让可积性变得不大可能, 因为同宿点可能存在, 也可能不存在, 只是很难找到另外的双曲周期点. 另外一个迹象表明它不可积, Rychlik 和 Torgenson 证明了这个映射不存在代数函数的积分[12].

例 6.1.2 Lyness 映射[8]

$$T(x, y) := \left(y, \frac{1 + y}{x} \right)$$

是全局周期为 5 的可积映射.

证　事实上,

$$(x,y) \xrightarrow{T} \left(y, \frac{1+y}{x}\right) \xrightarrow{T} \left(\frac{1+y}{x}, \frac{1+x+y}{xy}\right) \xrightarrow{T} \left(\frac{1+x+y}{xy}, \frac{1+x}{y}\right)$$

$$\xrightarrow{T} \left(\frac{1+x}{y}, x\right) \xrightarrow{T} (x,y).$$

所以 $T^5 = \mathrm{Id}$. 其代数熵

$$E(T) = \lim_{n\to\infty} \frac{\ln(d_n)}{n} = 0.$$

下面用 Knuth 方法求其积分. 根据推论 6.1.1, 取 $f(x,y) = y$, 则

$$\begin{aligned}
F(x,y) &= \sum_{k=0}^{4} f(T^k(x,y)) \\
&= f(T^0(x,y)) + f(T^1(x,y)) + f(T^2(x,y)) + f(T^3(x,y)) + f(T^4(x,y)) \\
&= f(x,y) + f\left(y, \frac{1+y}{x}\right) + f\left(\frac{1+y}{x}, \frac{1+x+y}{xy}\right) \\
&\quad + f\left(\frac{1+x+y}{xy}, \frac{1+x}{y}\right) + f\left(\frac{1+x}{y}, x\right) \\
&= y + \frac{1+y}{x} + \frac{1+x+y}{xy} + \frac{1+x}{y} + x \\
&= \frac{x^2 + y^2 + x^2y + xy^2 + 2x + 2y + 1}{xy}.
\end{aligned}$$

Cima, Gasull, Mañosa[13] 在 2006 年给出了求全局周期映射不相关积分的方法和个数, 根据他们的结果, 这个映射还有另外两个不相关的积分, 分别是

$$I(x,y) = \frac{(1+x)(1+y)(1+x+y)}{xy}$$

和

$$H(x,y) = \frac{xy^4 + p_3(x)y^3 + p_2(x)y^2 + p_1(x)y + p_0(x)}{x^2y^2},$$

其中 $p_0(x) = x^3 + 2x^2 + x$, $p_1(x) = x^4 + 2x^3 + 3x^2 + 3x + 1$, $p_2(x) = x^3 + 5x^2 + 3x + 2$, $p_3(x) = x^3 + x^2 + 2x + 1$. 证毕.

例 6.1.3　定义在 $u = \mathbb{K}^2 \backslash \{(1+x+y)(1+2y)(1-x+y) = 0\}$ 上的二维映射

$$T(x,y) = \left(\frac{y}{1+x+y}, \frac{-x}{1+x+y}\right)$$

是全局周期为 4 的可积映射.

解 首先验证 $T^4 = \mathrm{Id}$. 因为

$$(x,y) \xrightarrow{T} \left(\frac{y}{1+x+y}, \frac{-x}{1+x+y}\right) \xrightarrow{T} \left(\frac{-x}{1+2y}, \frac{-y}{1+2y}\right)$$

$$\xrightarrow{T} \left(\frac{-y}{1+y-x}, \frac{x}{1+y-x}\right) \xrightarrow{T} (x,y).$$

即 $T^4 = \mathrm{Id}$. 由推论 6.1.1, 取 $f(x,y) = y$, 则

$$\begin{aligned}
F(x,y) &= \sum_{k=0}^{3} f(T^k(x,y)) \\
&= f(T^0(x,y)) + f(T^1(x,y)) + f(T^2(x,y)) + f(T^3(x,y)) \\
&= f(x,y) + f\left(\frac{y}{1+x+y}, \frac{-x}{1+x+y}\right) \\
&\quad + f\left(\frac{-x}{1+2y}, \frac{-y}{1+2y}\right) + f\left(\frac{-y}{1+y-x}, \frac{x}{1+y-x}\right) \\
&= y + \frac{-x}{1+x+y} + \frac{-y}{1+2y} + \frac{x}{1+y-x} \\
&= \frac{2y^2}{1+2y} + \frac{2x^2}{(1-x+y)(1+x+y)}.
\end{aligned}$$

它还有另外两个不相关的积分[13]

$$H(x,y) = (x+y)\frac{2y}{1+2y} + (x-y)\frac{2x}{(1-x+y)(1+x+y)}$$

和

$$H_{\sigma_8}(x,y) = \left(\frac{x^2 y^2}{(1-x+y)(1+2y)(1+x+y)}\right)^2,$$

这里 $H_{\sigma_8}(x,y) = \sigma_8(F(x,y))$, 且

$$F(x,y) = \left(x, y, \frac{y}{1+x+y}, \frac{-x}{1+x+y}, \frac{-x}{1+2y}, \frac{-y}{1+2y}, \frac{-y}{1-x+y}, \frac{x}{1-x+y}\right).$$

6.1.4 离散系统的 Darboux 方法

关于可积性的 Darboux 定理最早是用于处理微分方程的首次积分问题的, 2002 年 Gasull 和 Mañosa[14] 将其推广应用于离散动力系统中, 得到了求解某类特殊的二维映射积分的方法.

定义 6.1.2 $R: \nu \subset \mathbb{R}^2 \to \mathbb{R}$, ν 是一个开子集,

$$\{(x,y) \in \mathbb{R}^2 : R(x,y) = 0\} \neq \varnothing,$$

其中 $R(x, y)$ 不一定是代数的表达式. 如果

$$R(T(x, y)) = K(x, y)R(x, y), \quad (x, y) \in B,$$

即 $R(x, y) = 0$ 是离散动力系统 $(x_{n+1}, y_{n+1}) = T(x_n, y_n)$ 的一条不变曲线. 这里 B 是 ν 的一个开稠子集, 且 $\{R(x, y) = 0\} \cap B = \varnothing$. 函数 K 称为 R 关于 T 的一个**余因子**.

当一条曲线 $R = 0$ 满足方程 $R(T(x, y)) = K(x, y)R(x, y), (x, y) \in B$, 但

$$\left\{(x, y) \in \mathbb{R}^2 : R(x, y) = 0\right\} = \varnothing$$

时, 称 R 是映射 T 关于余因子 K 的一个**指数因子**. 例如, 任何形如

$$R(x, y) = \exp\left\{\varphi(x, y)\right\}$$

的函数都是映射 T 的关于有余因子

$$K(x, y) = \exp\left\{\varphi(F(x, y)) - \varphi(x, y)\right\}$$

的指数因子.

定理 6.1.3   令

$$(x_{n+1}, y_{n+1}) = T(x_n, y_n)$$

是定义在 $U \subset \mathbb{R}^2$ 内的一个离散动力系统. 令 $R_i(x, y)$, $i = 1, 2, \cdots, s$ 分别是映射 T 的不变曲线或者是关于余因子 $K_i(x, y)$ 的指数因子. 那么, 如果在 U 的一个开稠子集上存在 $\alpha_1, \alpha_2, \cdots, \alpha_s \in \mathbb{R}$, 使得 $\prod_{i=1}^s |K_i(x, y)|^{\alpha_i} = 1$, 则

$$H(x, y) := \prod_{i=1}^s |R_i(x, y)|^{\alpha_i}$$

是映射 T 的一个积分

证   在 U 的开稠子集 B_i 中有

$$R_i(T(x, y)) = K_i(x, y)R_i(x, y), \quad i = 1, 2, \cdots, s,$$

所以,

$$H(T(x, y)) = \prod_{i=1}^s |R_i(T(x, y))|^{\alpha_i} = \prod_{i=1}^s |K_i(x, y)|^{\alpha_i} \prod_{i=1}^s |R_i(x, y)|^{\alpha_i},$$

对任意 $(x, y) \in \bigcap_{i=1}^s B_i$, 由 $\prod_{i=1}^s |K_i(x, y)|^{\alpha_i} = 1$ 可得 $H(T(x, y)) = H(x, y)$. 证毕.

推论 6.1.2 令 $(x_{n+1}, y_{n+1}) = T(x_n, y_n)$ 是定义在 $\mathbb{R}^2$ 的一个开的稠子集 $A = \mathbb{R}^2 \backslash \bigcup_{k=1}^{l} \{G_k(x, y) = 0\}$ 上的一个离散动力系统. 对于某些 $k_i \geqslant 1$, $i = 1, 2, \cdots, s$, 令 $R_i(x, y)$ 是 T^{k_i} 的不变曲线, 或是 T 的指数因子. 那么映射 T 的一个积分为

$$H(x, y) = \prod_{i=1}^{s} |R_i(x, y)|^{\alpha_i} \prod_{j=0}^{m} \left(\prod_{k=1}^{l} |G_k \circ T^j(x, y)|^{\beta_{j,k}} \right),$$

其中 m 是任意给定的自然数.

例 6.1.4 用 Darboux 方法验证 Lyness 映射

$$T(x, y) = \left(y, \frac{a + y}{x} \right)$$

的一个积分为

$$H(x, y) = \frac{(x + 1)(y + 1)(x + y + a)}{xy}.$$

解 通过找 T, T^2, T^3 的所有不变曲线和奇点, 得到表 6.1.1.

表 **6.1.1**

$x + y + 1 = 0$	T^2 下不变
$x + 1 = 0, y + 1 = 0, x + y + a = 0$	T^3 下不变
$x = 0, y = 0, y + a = 0$	T, T^2, T^3 的奇点

因此, 由前面推论可得积分的候选形式为

$$H(x, y) = |x + y + 1|^{\alpha_1} |x + 1|^{\alpha_2} |y + 1|^{\alpha_3} |x + y + a|^{\alpha_4} |x|^{\beta_1} |y|^{\beta_2} |y + a|^{\beta_3}.$$

又由 $H(T(x, y)) = H(x, y)$, 得到

$$\beta_3 = 0, \quad \alpha_1 = 0, \quad \alpha_2 = \alpha_3 = \alpha_4 = -\beta_1 = -\beta_2.$$

取 $\alpha_2 = 1$ 可得 Lyness 映射的一个积分

$$H(x, y) = \frac{(x + 1)(y + 1)(x + y + a)}{xy}.$$

例 6.1.5 用 Darboux 方法求解平面上具有实的特征值的线性映射的积分.

解 假设 $T(x, y) = A \cdot (x, y)^{\mathrm{T}}$, 这里 A 是 2×2 的方阵, 它具有如下两种形式:

$$A_1 = \begin{pmatrix} a & 0 \\ 0 & b \end{pmatrix}, \quad a, b \in \mathbb{R}$$

或者

$$A_2 = \begin{pmatrix} a & 0 \\ 1 & a \end{pmatrix}, \quad a \in \mathbb{R}.$$

我们分别求上面这两种情况下的积分.

(1) 若 $A = A_1$, 则 $T(x, y) = (ax, by)$. 取 $R_1(x, y) = x, R_2(x, y) = y$ 可得到

$$R_1(T(x, y)) = aR_1(x, y), \quad R_2(T(x, y)) = bR_2(x, y).$$

为了应用定理, 取 α_1, α_2 使得 $|a|^{\alpha_1} |b|^{\alpha_2} = 1$, 这里只考虑 $a \cdot b \neq 0, |a| \neq 0$ 或者 $|b| \neq 0$ 的情况, 因为其他情况下动力系统是没有意义的. 取 $\alpha_1 = \ln |b|$ 且 $\alpha_2 = -\ln |a|$, 可得积分

$$H(x, y) = |x|^{\ln |b|} |y|^{-\ln |a|}.$$

(2) 若 $A = A_2$, 则 $T(x, y) = (ax, x + ay)$. 像 (1) 一样, 我们只考虑 $a \neq 0$ 的情况, 而且 $R_1(x, y) = x = 0$ 是一条不变曲线, 且 $R_1(T(x, y)) = aR_1(x, y)$.

另一方面, 容易验证 $R_2(x, y) = \exp\left(\dfrac{y}{x}\right)$ 是 F 的一个指数因子. 观察

$$R_2(T(x, y)) = \exp\left(\frac{x + ay}{ax}\right) = \exp\left(\frac{1}{a}\right) \exp\left(\frac{y}{x}\right),$$

再用定理可得

$$H(x, y) = |x| \exp\left((-a \ln a)\frac{y}{x}\right)$$

是该线性映射当 $A = A_2$ 时的积分.

例 6.1.6　用 Darboux 方法求解对合映射

$$T(x, y) = \left(\frac{ay + b}{y - a}, \frac{ax + b}{x - a}\right)$$

的积分, 这里 a, b 为实数.

解　通过用计算机寻找二次不变曲线, 可得

$$R(x, y) = b + a(x - y) + xy = 0$$

是不变的. 事实上,

$$R(T(x, y)) = \frac{b + a^2}{(x - a)(y - a)} R(x, y).$$

并且, 曲线 $x - a = 0$ 和 $y - a = 0$ 是映射 T 的奇线, 所以, T 积分的候选形式为

$$H_{\alpha, \beta, \gamma}(x, y) = |b + a(x - y) + xy|^{\alpha} |x - a|^{\beta} |y - a|^{\gamma}.$$

再由 $H(T(x, y)) = H(x, y)$, 我们可以得到很多组答案, 特别地,

$$H_{1, -1, 0} = \frac{b + a(x - y) + xy}{x - a}, \quad H_{0, 1, -1} = \frac{x - a}{y - a}$$

是 T 的两个独立的积分.

6.1.5 可积映射和微分方程的关系

下面介绍关于离散动力系统与微分动力系统中 Darboux 积分法之间的关联. 首先回顾一下平面多项式微分方程组可积性的 Darboux 定理. 考虑微分方程组 $(\dot{x}, \dot{y}) = X(x, y)$, X 是一个 n 次多项式向量场. 用符号 $\langle \cdot, \cdot \rangle$ 表示向量的数量积, 如果存在某个多项式 K 使得 $\langle \nabla R(x, y), X(x, y) \rangle = K(x, y)X(x, y)$, 那么称 $R(x, y) = 0$ 是一个不变的代数曲线, 称 K 为余因子, 注意到 $R(x, y)$ 的次数至多 $n - 1$ 次, 相关内容参见文献 [15,16].

定理 6.1.4[5]   令

$$
\begin{cases}
\dot{x} = P(x, y), \\
\dot{y} = Q(x, y)
\end{cases}
\tag{6.1.1}
$$

是一个 n 次多项式微分方程组. 那么下列结论成立:

(1) 若 $R_i(x, y) = 0, i = 1, \cdots, \dfrac{n(n+1)}{2} + 1$ 是 (6.1.1) 不同的不可约的不变代数曲线, 且分别有余因子 $K_i(x, y)$, 则该微分方程组有一个 Darboux 首次积分

$$
H(x, y) = \prod_{i=1}^{\frac{n(n+1)}{2}+1} |R_i(x, y)|^{\alpha_i}, \quad \alpha_i \in \mathbb{R}.
$$

(2) 若 (6.1.1) 有 s 条不变代数曲线 $R_i(x, y) = 0, i = 1, \cdots, s$ 使得存在 $\alpha_i \in \mathbb{R}$ 满足 $\sum\limits_{i=1}^{s} \alpha_i K_i(x, y) = 0$, 其中 $K_i(x, y)$ 是不变曲线 $R_i(x, y)$ 的余因子, 则该微分方程组有一个 Darboux 首次积分

$$
H(x, y) = \prod_{i=1}^{s} |R_i(x, y)|^{\alpha_i}.
$$

下面举两个例子来进一步说明可积离散系统与微分系统之间的关系.

例 6.1.7   考虑微分方程组

$$
\begin{cases}
\dot{x} = -y + 4x^2 y^2, \\
\dot{y} = x + 4xy^3.
\end{cases}
$$

它在原点有一个等时中心[17]. 请验证它有一个 Darboux 首次积分.

解   设 $X(x, y) = (-y + 4x^2 y^2, x + 4xy^3)$, 取 $R_1(x, y) = x^2 + y^2$ 且 $R_2(x, y) = 1 + 4y^3$, 则

$$
\langle \nabla R_1(x, y), X(x, y) \rangle = 8xy^2 R_1(x, y) := K_1(x, y)R_1(x, y)
$$

且

$$
\langle \nabla R_2(x, y), X(x, y) \rangle = 12xy^2 R_2(x, y) := K_2(x, y)R_2(x, y).
$$

因此 $3K_1(x,y) - 2K_2(x,y) = 0$, 由定理 6.1.4 有

$$H(x,y) = \frac{(x^2 + y^2)^3}{(1 + 4y^3)^2}$$

是该方程组的一个首次积分.

现在看与该方程组相关的流形. 它由以下关系给出:

$$
\begin{aligned}
&\varphi(t, (x_0, y_0)) \\
&= \left(\frac{x_0 \cos t - y_0 \sin t}{\sqrt[3]{1 + 4y_0^3 - 4(x_0 \sin t + y_0 \cos t)^3}}, \frac{x_0 \sin t + y_0 \cos t}{\sqrt[3]{1 + 4y_0^3 - 4(x_0 \sin t + y_0 \cos t)^3}} \right),
\end{aligned}
$$

在原点的一个邻域内, 上面的映射对于 $t = 2\pi$ 是恒等映射, 因为这个流是等时的. 在时刻 $t = \pi$ 时, 考虑这个流. 于是定义

$$T(x,y) := \varphi(\pi, (x,y)) = \left(\frac{-x}{\sqrt[3]{1 + 8y^3}}, \frac{-y}{\sqrt[3]{1 + 8y^3}} \right).$$

上面这个映射和微分方程组有相同的积分, 因为这个映射来自流-映射.

可以验证, 取 $R_1(x,y) = x^2 + y^2$, $R_2(x,y) = 1 + 4y^3$, 则

$$R_1(F(x,y)) = \frac{1}{\sqrt[3]{(1 + 8y^3)^2}} R_1(x,y) := \tilde{K}_1(x,y) R_1(x,y)$$

且

$$R_2(F(x,y)) = \frac{1}{1 + 8y^3} R_2(x,y) := \tilde{K}_2(x,y) R_2(x,y).$$

又因为

$$\frac{\tilde{K}_1^3(x,y)}{\tilde{K}_2^2(x,y)} = 1,$$

所以, 由定理 6.1.4, 微分方程组的首次积分

$$H(x,y) = \frac{(x^2 + y^2)^3}{(1 + 4y^3)^2}$$

恰好也是这个映射的一个积分.

例 6.1.8 微分方程组[18]

$$
\begin{cases}
\dot{x} = -y + x^2, \\
\dot{y} = x(1 + y).
\end{cases}
$$

它在 $t = \dfrac{\pi}{2}$ 的流为

$$T(x,y) := \varphi\left(\frac{\pi}{2}, (x,y) \right) = \left(\frac{-y}{1 - x + y}, \frac{x}{1 - x + y} \right).$$

可以验证它是一个全局周期为 4 的映射, 有不变曲线 $R_1(x, y) = x^2 + y^2 = 0$ 和 $R_2(x, y) = 1 + y = 0$. 由 Darboux 方法可得积分

$$H(x, y) = \frac{x^2 + y^2}{(1 + y)^2}.$$

6.1.6 研究现状与展望

映射虽然看起来比微分方程简单, 但是它们的可积性却较难分析. 如果一个映射可积, 那么初值的小扰动对于映射迭代的影响很小. 然而如果映射是非可积的, 则对于某些初值有混沌的行为. 即使存在这样的区别, 但是很难辨别一个映射是否可积. 关于映射的可积性有下面三大问题: ①如何构造高维的可积映射? ②对于给定的映射, 如何判别它是否可积? 如果可积, 如何求解它的所有积分? ③如何用代数或几何的方法对特定的可积映射进行分类?

针对以上问题, 在过去三十多年里, 由映射迭代所确定的可积离散非线性系统的研究已经从不同方面得到了深入开展 (见 [19, 20]; 综述文章 [21] 和优秀的评论 [22, 23]). 1988 年 Quispel, Roberts 和 Thompson[9,10] 推广了 Lyness 映射和 McMillan 映射, 构造了一族具有很一般形式的平面有理可积映射 —— QRT 映射以来, 人们就以这类具有双二次的不变曲线的可积映射为起点, 构造其他类型的可积映射. Suris[24] 利用对称条件和微分方程的方法给出了标准类型的可积映射. 另外, 从可积的微分方程出发, 利用不同格式的离散化, 许多已知和未知的可积映射也被构造[25-29]. 2001 年, Hirota, Kimura 和 Yahagi[30] 构造了一类新的、不属于 QRT 映射族的有理可积映射, 这类可积映射被称为 HKY 映射, 具有非双二次的不变量, 如双四次的不变量. 接着, Grammaticos 等[31] 从已知的可积映射出发, 利用变换法, 构造了具有任意次数的不变量的可积映射. 最近, 许多高维的可积映射也被构造[32-35].

众多不同的判据已经被提出来判别映射或者离散方程的可积性. 一方面是解析判据, 另一方面是数值判据. 最早被提出的一个方法是 Grammaticos, Ramani 和 Papageorgiou[36] 对于有理映射所提出的奇异配置测试. McMillan 映射和所有的离散 Painlevé 方程都满足奇异配置属性. 然而, 奇异配置对于可积性是必要非充分条件[37]. 一些辅助条件, 像零代数熵, 利用 Nevanlinna 理论等被提出来保证充分性[38,39]. Gasull 和 Mañosa 把连续系统的 Darboux 方法推广到离散系统, 得到了判别映射可积性和求解可积映射积分的方法[7]. 最近, Halburd 对于有理映射提出了 Diophantine 可积性判据[40]. Hone 给出了一类可积映射不满足 Diophantine 可积性判据[41]. 到目前为止, 还没有一个非常有效且系统的方法来判别映射的可积性, 甚至对于简单的映射, 也会束手无策. 例如, 前面提到的 Cohen 映射.

参 考 文 献

[1] Knill O. Dynamical Systems. http://abel.math.harvard.edu/archive/118r spring 05/ handouts/text/pdf.

[2] Birkhoff G D. The restricted problem of three bodies. Rend. Circ. Mat. Palermo, 1915, 39(1): 265-334.

[3] Carlson B C. Algorithms involving arithmetic and geometric means. Amer. Math. Monthly, 1971, 78: 496-505.

[4] Gauss C F. "Werke", Vol 10, Part 1. Leipzig: Teubner, 1917.

[5] Lyness R C. Note 1847. Math. Gaz., 1945, 29: 231-233.

[6] McMillan E M. A problem in the stability of periodic systems//Brittin E, Odabasi H. Topics in Modern Physics, A Tribute to E.V. Condon. Boulder: Colorado Assoc. Univ. Press, 1971: 219-244.

[7] Gasull A, Mañosa V. A Darboux-type theory of integrability for discrete dynamical systems. J. Difference Equ. Appl., 2002, 8(12): 1171-1191.

[8] Jogia D. Algebraic Aspects of Integrability and Reversibility in Maps. PHD thesis, Sydney: University of New South Wales, 2008.

[9] Quispel G R W, Roberts J A G, Thompson C J. Integrable mappings and soliton equations. Physics Letters A, 1988, 126: 419-422.

[10] Quispel G R W, Roberts J A G, Thompson C J. Integrable mappings and soliton equations Ⅱ. Physica D, 1989, 34: 183-192.

[11] Bellon M, Viallet C. Algebraic entropy. Comm. Math. Phys., 1999, 204(2): 425-437.

[12] Rychlik M, Torgerson M. Algebraic non-integrability of the Cohen map. New York J. Math., 1998, 4: 57-74.

[13] Cima A, Gasull A, Mañosa V. Global periodicity and complete integrability of discrete dynamical systems. J. Difference Equ. Appl., 2006, 12(7): 697-716.

[14] Gasull A, Mañosa V. A Darboux-type theory of integrability for discrete dynamical systems. J. Difference Equ. Appl., 2002, 8(12): 1171-1191.

[15] Christopher C, Llibre J. Algebraic aspects of integrability for polynomial systems. Qual. Theory Dyn. Syst., 1999, 1(1): 71-95.

[16] Christopher C, Llibre J. Integrability via invariant algebraic curves for planar polynomial differential systems. Ann. Differential Equations, 2000, (1): 5-19.

[17] Chavarriga J, Sabatini M. A survey of isochronous centers. Qual. Theory Dyn. Syst., 1999, 1(1): 1-70.

[18] Loud W S. Behavior of the period of solution of certain plane autonomous systems near centers. Contrib. Differential Equations, 1964, 3: 21-36.

[19] Arnol'd V I. Mathematical Methods of Classical Mechanics. Berlin: Springer, 1978.

[20] Hirota R, Kimura K, Yahagi H. How to find the conserved quantities of nonlinear discrete equations. J. Phys. A: Math. Gen., 2001, 34(48): 10377-10386.

[21] Veselov P. Integrable maps. Russ. Math. Surveys, 1991, 46: 1-51.

[22] Grammaticos B, Nijhoff F W, Ramani A. Discrete Painlevé equations// The Painlevé Property: One Century Later. New York: Springer, 1999.

[23] Grammaticos B, Ramani A. Discrete Painlevé equations: A review// Grammaticos B, Kosmann-Schwarzbach Y, Tamizhmani T, ed. Discrete Integrable Systems. Lecture Notes in Physics 644. Berlin: Springer, 2004.

[24] Suris Y B. Integrable mappings of the standard type. Functional Anal. Appl, 1989, 23: 74-76.

[25] Kimura K, Yahagi H, Hirota R, et al. A new class of integrable discrete systems. J. Phys. A: Math. Gen., 2002, 35: 9205-9212.

[26] Kimura K, Hirota R. Discretization of the Lagrange top. J. Phys. Soc. Jpn., 2000, 69(10): 3193-3199.

[27] Murakami W, Murakami C, Hirose K. et al. Integrable Duffing's maps and solutions of the Duffing equation. Chaos, Solitons and Fractals, 2003, 15(3): 425-443.

[28] Petrera M, Pfadler A, Suris Y B. On integrability of Hirota-Kimura-type discretizations: Experimental study of the discrete Clebsch system. Exp. Math., 2009, 18(2): 223-247.

[29] Sahadevan R, Maheswari C U. Direct method to construct integrals for Nth-order autonomous ordinary difference equations. Proc. R. Soc. A, 2008, 464: 341-364.

[30] Hirota R, Kimura K, Yahagi H. How to find the conserved quantities of nonlinear discrete equations. J. Phys. A: Math. Gen., 2001, 34: 10377-10386.

[31] Grammaticos B, Ramani A. Integrable mappings with transcendental invariants. Commun. Nonlinear Sci. Numer. Simulat., 2005, 12: 350-356.

[32] Iatrou A. Higher dimensional integrable mappings. Physica D: Nonlinear Phenomena, 2003, 179: 229-253.

[33] Maruno K, Quispel G R W. Construction of integrals of higher-order mappings. J. Phys. Soc. Jpn., 2006, 75: 123001.

[34] Roberts J A G, Quispel G R W. Creating and relating three-dimensional integrable maps. J. Phys. A: Math. Gen., 2006, 39: L605-L615.

[35] Sahadevan R, Rajakumar S. Higher dimensional integrable mappings derived from coupled discrete nonlinear Schrödinger equations. J. Math. Phys., 2009, 50: 043502.

[36] Grammaticos B, Ramani A, Papageorgiou V. Do integrable mappings have the Painlevé property? Phys. Rev. Lett., 1991, 67(4): 1825-1828.

[37] Hietarinta J, Viallet C. Singularity confinement and chaos in discrete systems. Phys. Rev. Lett., 1998, 81: 325-328.

[38] Ohta Y, Tamizhmani K M, Grammaticos B. et al. Singularity confinement and algebraic entropy: The case of the discrete Painlevé equations. Phys. Lett. A, 1999, 262: 152-157.

[39] Ablowitz M J, Halburd R G, Herbst B. On the extension of the Painlevé property to difference equations. Nonlinearity, 2000, 13: 889-905.

[40] Halburd R G. Diophantine integrability. J. Phys. A: Math. Gen., 2005, 38: 1-7.

[41] Hone A N W. Diophantine non-integrability of a third-order recurrence with the Laurent property. J. Phys. A: Math. Gen., 2006, 39: L171-L177.

6.2 可 反 映 射

与可积映射有着密切联系的是可反映射. 如果一个映射 L 与它的逆映射 L^{-1} 共轭, 则称这个映射是可反的. 即存在一个自同构 R 使得

$$R \circ L \circ R^{-1} = L^{-1}.$$

大多数被研究的映射不仅是可反的而且还是可积的. 例如, 著名的 QRT 映射, Hénon 映射[1] 均是平面可反映射. 映射可反性的研究源于物理 (见综述 [2]), 但是最终与复分析、函数方程、离散动力学、数论、代数几何以及算子理论等数学分支有着广泛的联系.

可反映射通常可以通过如下方式得到: 保测度的映射[3-5], 某些连续系统的 Poincaré 映射, 如弹跳球系统[6], 以及离散的非线性 Schödinger 方程[7] 等. 另外, 可反映射与雅可比猜想 (一个未解决的问题 —— 确定具有非零常数雅可比的所有多项式映射是否为多项式自同构)[8] 以及混沌加密[9] 有密切的联系.

由于可反映射的轨道在某种意义上具有对称性等好的性质, 许多数学家和力学家对其进行了广泛的研究. MacKay[5] 证明了所有可反保面积映射都可以分解成两个保向对合的复合. 实际上, 可反映射的那个共轭在大多数情形下发现是一个对合, 在这种情况下, 可反映射 L 可以写成两个对合的复合, 即 $L = (L \circ R) \circ R$ 或 $L = R \circ (R \circ L)$. 注意到, 对于任意的整数 n, $L^n \circ R$ 和 $R \circ L^n$ 都是对合. 例如, 下面的标准映射[5]

$$L: \begin{cases} x' = x + y + F(x), \\ y' = y + F(x), \end{cases}$$

其中 $F(x) = A \sin 2\pi x$, 是可反的, 实际上. 对任意的整数 m, n, 取

$$I_0: \begin{cases} x' = -x + 2m, \\ y' = y - x + m, \end{cases} \qquad I_1: \begin{cases} x' = -x + F(y-x) + n, \\ y' = y - 2x + F(y-x) + n. \end{cases}$$

不难验证 $L = I_1 \circ I_0$. Meiss[10] 通过软件研究了下面著名的保面积的可反映射 ——

标准映射

$$L : \begin{cases} x' = x + y - \dfrac{k}{2\pi} \sin(2\pi x) \,(\mathrm{mod}\,1), \\ y' = y - \dfrac{k}{2\pi} \sin(2\pi x). \end{cases}$$

Meiss 同时指出找一个具有良好性质的可反映射绝非易事.

可反映射有许多特殊的性质[11,12], 而且经常出现在应用之中. 例如, 利用可反映射的对称性可以寻找对称的周期点和证明同宿点存在性. 本节考虑平面可反映射的性质, 确定一个平面映射是否可反, 以及利用可反性质研究映射的对称性, 展示平面映射的对称美.

6.2.1 具有对合的可反映射

首先引入对合映射的概念.

定义 6.2.1 若 $R : \mathbb{R}^n \to \mathbb{R}^n$ 满足 $R \circ R = \mathrm{Id}$, 则称 R 为对合映射, 或简称对合.

平面对合映射有下面的性质.

性质 1 平面对合映射 R 关于 $y = x$ 对称.

证 由对合映射的定义, 可得 $R = R^{-1}$. 对任意的 $x \in \mathbb{R}^2$, 都有对应的 $y \in \mathbb{R}^2$ 使得 $R(x) = y$, 又因为 $R^{-1}(y) = x$, $R = R^{-1}$. 所以有 $R(y) = x$, 由此可知, R 是关于 $y = x$ 对称的. 证毕.

在证明映射是具有对合的可反映射时, 找出其对合非常关键. 因此怎样判定一个映射是对合也就显得非常重要, 下面给出常见的平面对合.

(i) $(x, y) \to (x, y)$;

(ii) $(x, y) \to (-x, -y)$;

(iii) $(x, y) \to (y, x)$;

(iv) $(x, y) \to (-x + p(y), y)$, 其中 $p(y)$ 是任意的函数;

(v) $(x, y) \to (x + p(y), -y + \eta)$, 其中 $p(y)$ 在 $\dfrac{\eta}{2}$ 处为奇函数;

(vi) $(x, y) \to (-x + p(y), -y + \eta)$, 其中 $p(y)$ 在 $\dfrac{\eta}{2}$ 处为偶函数;

(vii) $(x, y) \to \left(\dfrac{f_1(y) - x f_2(y)}{f_2(y) - x f_1(y)}, y \right)$, 其中 f_i 是任意使得分母非零的函数.

定义 6.2.2 对于映射 $L : \mathbb{R}^n \to \mathbb{R}^n$, 如果存在对合 $R : \mathbb{R}^n \to \mathbb{R}^n$, 使得

$$L \circ R \circ L = R,$$

那么称 L 是具有对合的可反映射, 称 R 为 L 的可反对合.

不难发现, 若 L 是具有对合的可反映射, 则存在 $R_i : \mathbb{R}^n \to \mathbb{R}^n, i = 1, 2$ 使得

$$L = R_1 \circ R_2.$$

性质 2   设 $L : \mathbb{R}^n \to \mathbb{R}^n$ 是具有对合 R 的可反映射, 则

(1) L 是可逆的;

(2) $H^{-1} \circ L \circ H$ 是具有可反对合 $R \circ H$ 的可反映射, 其中 $H : \mathbb{R}^n \to \mathbb{R}^n$ 是任意的可逆映射;

(3) L^k 是具有可反对合 R 的可反映射, 其中 $k \in \mathbb{Z}$;

(4) 设 Γ 是 L 的不变集, 则 $R(\Gamma) = \{R(x) | x \in \Gamma\}$ 也是 L 的不变集.

证   由定义得

$$L \circ R \circ L \circ R = R \circ R = \mathrm{Id},$$

$$R \circ L \circ R \circ L = R \circ R = \mathrm{Id},$$

即 $R \circ L \circ R$ 为 L 的左逆和右逆, 从而 L 可逆, 且 $L^{-1} = R \circ L \circ R$. (1) 成立.

(2) 可直接验证.

由定义 $L \circ R \circ L = R$; 又因为 L 是可逆的, 故有

$$L^{-1} \circ R \circ L^{-1} = R.$$

从而对于正整数 k 有

$$L^k \circ R \circ L^k = L^{k-1} \circ (L \circ R \circ L) \circ L^{k-1} = L^{k-1} \circ R \circ L^{k-1}$$
$$= \cdots = L \circ R \circ L = R,$$
$$L^{-k} \circ R \circ L^{-k} = L^{-k+1} \circ (L^{-1} \circ R \circ L^{-1}) \circ L^{-k+1}$$
$$= L^{-k+1} \circ R \circ L^{-k+1} = \cdots = L^{-1} \circ R \circ L^{-1} = R,$$

而 $L^0 \circ R \circ L^0 = \mathrm{Id} \circ R \circ \mathrm{Id} = R$, 故对于任意的整数 k, 都有 $L^k \circ R \circ L^k = R$, 即 (2) 成立.

由于 Γ 是 L 的不变集, 即 $L(\Gamma) = \Gamma$, 而

$$L(R(\Gamma)) = (L \circ R)(\Gamma) = (L \circ R) \circ L(\Gamma) = (L \circ R \circ L)(\Gamma) = R(\Gamma),$$

即 $R(\Gamma)$ 也是 L 的不变集. 证毕.

性质 3   设 $L : \mathbb{R}^n \to \mathbb{R}^n$ 是具有对合 R 的可反映射, 则 $L^k \circ R$ 和 $R \circ L^k$ 均为对合映射, 其中 $k \in \mathbb{Z}$.

证   由定义得 $L \circ R \circ L \circ R = R \circ R = \mathrm{Id}$, 所以有

$$(L \circ R) \circ (L \circ R) = \mathrm{Id},$$

故 $L \circ R$ 为对合映射.

同理易证 $R \circ L$ 也为对合映射.

由前面的性质, 对于任意的 $k \in \mathbb{Z}$ 都有 $L^k \circ R \circ L^k = R$, 因此有

$$L^k \circ R \circ L^k \circ R = R \circ R = \mathrm{Id},$$

即 $(L^k \circ R) \circ (L^k \circ R) = \mathrm{Id}$, 所以 $L^k \circ R$ 为对合映射.

同理可证 $R \circ L^k$ 也为对合映射. 证毕.

定理 6.2.1 下面几类平面映射是具有对合的可反映射:

(i) 推广的 Hénon 映射 $H : x' = y, y' = -x + p(y)$, 其中 $p(y)$ 是任意的函数;

(ii) Harper 映射 $T : x' = x + F(y), y' = y + G(x')$, 其中 $F(x)$ 和 $G(x)$ 中至少有一个是奇函数;

(iii) QRT 类型映射 $Q : x' = \dfrac{f_1(y) - x f_2(y)}{f_2(y) - x f_3(y)}, y' = \dfrac{g_1(x') - y g_2(x')}{g_2(x') - y g_3(x')}$, 其中 f_i, g_i 是使得分母非零的任意函数;

(iv) 复合类型 $L : x' = -x + p(y), y' = -y + p(-x + p(y))$, 其中 $p(y)$ 是任意的函数.

证 实际上, 对于 (i), 取 $R : x' = y, y' = x$, 则 $H \circ R : x' = x, y' = -y + p(x)$. 容易验证, 且 $R \circ H \circ R^{-1} = H^{-1}$.

对于 (ii), 如果函数 $F(x)$ 为奇函数, 取 $R : x' = x + F(y), y' = -y$, 如果函数 $G(x)$ 为奇函数, 取 $R : x' = -x, y' = y - G(x)$. 容易验证, 且 $R \circ T \circ R^{-1} = T^{-1}$.

对于 (iii), 取对合

$$I_0 : x' = x, y' = \frac{g_1(x) - y g_2(x)}{g_2(x) - y g_3(x)} \quad 和 \quad I_1 : x' = \frac{f_1(y) - x f_2(y)}{f_2(y) - x f_3(y)}, y' = y,$$

则 $Q = I_1 \circ I_0$.

对于 (iv), 取对合

$$I_0 : x' = -x + p(y), y' = y \quad 和 \quad I_1 : x' = x, y' = -y + p(x),$$

则 $L = I_1 \circ I_0$. 证毕.

性质 4 设 $x_0 \in \mathrm{Fix}(R) = \{x | R(x) = x\}$, 设 $L : \mathbb{R}^n \to \mathbb{R}^n$ 是具有对合 R 的可反映射.

(1) 如果 k 是使得 $L^k(x_0) \in \mathrm{Fix}(R)$ 的最小自然数, 且 $L^k(x_0) \neq 0$, 则 x_0 是 L 的 $2k$ 周期点;

(2) 如果 k 是使得 $L^{k+1}(x_0) \in \mathrm{Fix}(L \circ R)$ 的最小自然数, 则 x_0 是 L 的 $2k + 1$ 周期点.

证　(1) 由 $R(x_0)=x_0, R(L^k(x_0))=L^k(x_0)$ 可得

$$L^{2k}(x_0)=L^k\circ L^k(x_0)=L^k\circ(R\circ L^k(x_0))=L^k\circ R\circ L^k(x_0)=R(x_0)=x_0.$$

如果存在小于 $2k$ 的自然数 l 使 $L^l(x_0)=x_0$, 不妨假设 l 是满足此条件的最小自然数, 则 l 必为 $2k$ 的约数, 从而存在小于 k 的自然数 l 使得 $L^l(x_0)=x_0$, 有

$$R(L^l(x_0))=R(x_0)=L^l(x_0),$$

即 $L^l(x_0)\in\mathrm{Fix}(R)$, 矛盾, 故 x_0 是 L 的 $2k$ 周期点.

(2) 由 $R(x_0)=x_0, L\circ R(L^{k+1}(x_0))=L^{k+1}(x_0)$ 可得

$$L^{2k+1}(x_0)=L^k\circ L^{k+1}(x_0)=L^k\circ(L\circ R\circ L^{k+1}(x_0))$$
$$=L^{k+1}\circ R\circ L^{k+1}(x_0)=R(x_0)=x_0.$$

如果存在自然数 $m<2k+1$, 使得 $L^m(x_0)=x_0$, 不妨假设 m 是满足此条件的最小自然数, 则 m 必为 $2k+1$ 的约数, 从而可设 $m=2l+1,l<k$, 且

$$L\circ R(L^{l+1}(x_0))=L^{-l}\circ L^{l+1}\circ R\circ L^{l+1}(x_0)=L^{-l}\circ R(x_0)=L^{-l}(x_0)=L^{l+1}(x_0),$$

即 $L^{l+1}(x_0)\in\mathrm{Fix}(L\circ R)$, 矛盾, 故 x_0 是 L 的 $2k+1$ 周期点. 证毕.

6.2.2　对称线

任何一个具有对合的可反映射 L 均可以分解为两个对合的复合, 即

$$L=I_1\circ I_0.$$

又由于 $L=L\circ(R\circ R)=(L\circ R)\circ R$, 令 $I_0=R, I_1=L\circ R=L\circ I_0$, 即有 $L=I_1\circ I_0$.

由可反映射的性质可知 $L^k\circ I_0$ 和 I_0 均为对合映射, 因而 I_0,I_1 两个对合仅表示了无穷多个对合 $I_k=L^k\circ I_0, k=0,1,2,\cdots$ 中的前两个. 容易验证下面有趣的关系

$$L^j\circ I_k=I_{j+k},\quad I_j\circ I_k=L^{j-k},\quad I_j\circ L^k=I_{j-k}. \tag{6.2.1}$$

下面讨论具有对合的可反映射的对称线与周期点.

定义 6.2.3　对于具有对合 R 的可反映射 L, 对合映射 I_n 的不变集为 Γ_n, $\Gamma_n=\mathrm{Fix}(I_n)=\{\xi|I_n(\xi)=\xi\}$, 称为可反映射 L 的 n 阶对称线.

性质 5　具有对合的可反映射 L 的对称线 $\Gamma_k(k\in\mathbb{N})$ 和 L^n 可以生成新的对称线, 并满足关系

$$L^n\circ\Gamma_k=\Gamma_{2n+k}.$$

证　任取 $\tilde{x}\in\Gamma_k$, 则 $I_k(\tilde{x})=\tilde{x}$, 即 $L^k\circ I_0(\tilde{x})=\tilde{x}$. 令 $x=L^n(\tilde{x})$, 则

$$L^{2n+k}\circ I_0(x)=L^{2n+k}\circ I_0\circ L^n(\tilde{x})$$

$$= L^{2n+k} \circ I_0 \circ L^n \circ L^k \circ I_0(\tilde{x})$$

$$= L^n \circ L^{n+k} \circ I_0 \circ L^{n+k} \circ I_0(\tilde{x})$$

$$= L^n \circ I_0 \circ I_0(\tilde{x})$$

$$= L^n(\tilde{x})$$

$$= x,$$

所以, $L^n \circ \Gamma_k \subset \Gamma_{2n+k}$ 成立. 反过来类似证明. 证毕.

进一步, 根据 (6.2.1) 可得到, 不仅映射 L^m, 而且 I_n 也将对称线映射到其他的对称线, 可以表示为

$$L^m \gamma_k = \gamma_{2m+k}, \quad I^n \gamma_k = \gamma_{2n-k}.$$

令 $n = 0$ 生成所有偶次的对称线 $L^m \gamma_0 = \gamma_{2m}$; 令 $n = 1$ 生成所有奇次的对称线 $L^m \gamma_1 = \gamma_{2m+1}$. 于是我们称曲线 γ_0 和 γ_1 为映射的基本对称线.

换句话说, 如果有对称线

$$\Gamma_0 = \text{Fix}(I_0) = \{\xi | I_0(\xi) = \xi\},$$

$$\Gamma_1 = \text{Fix}(I_1) = \{\xi | I_1(\xi) = \xi\},$$

则其他所有的对称线都可以表示出来, 即

$$\Gamma_{2n} = L^n \circ \Gamma_0,$$

$$\Gamma_{2n+1} = L^n \circ \Gamma_1.$$

由 (6.2.1) 中的 $I_j \circ I_k = L^{j-k}$, 对称线 Γ_j 和 Γ_i 的交点是周期点, 其周期整除 $|j - i|$. 换一种表示, 定义周期轨道为 $P_n := \{\xi | L^n(\xi) = \xi\}$, 即

$$\gamma_n \cap \gamma_m \subset P_{n-m}.$$

Lamb 和 Roberts[2] 还给出了一个关于周期轨道的性质, 如下.

性质 6 如果一个轨道 $o(x) \subset \text{Fix}(R) \cup \text{Fix}(L \circ R)$ 是 L 的 $2p$ 周期轨道, 当且仅当存在一个点 $x \in o(x)$ 满足条件

$$x \in \text{Fix}(R) \cap L^p \circ \text{Fix}(R) \quad \text{或} \quad x \in \text{Fix}(L \circ R) \cap L^p \circ \text{Fix}(L \circ R).$$

如果一个轨道 $o(x) \subset \text{Fix}(R) \cup \text{Fix}(L \circ R)$ 是 L 的 $2p+1$ 周期轨道, 当且仅当存在一个点 $x \in o(x)$ 满足条件

$$x \in \text{Fix}(R) \cap L^p \circ \text{Fix}(L \circ R).$$

综合以上可以看出, 寻找 L 的周期点可简化为寻找不同对称线之间的交.

6.2.3　实例

例 6.2.1　Cremona 映射[4]

$$T : \begin{cases} x' = x\cos a - (y - x^2)\sin a, \\ y' = x\sin a + (y - x^2)\cos a. \end{cases}$$

它产生不变集, 在不变集的周围有横截相交的轨道, 因此在周围发生混沌现象. 同时它是一类保面积的可反映射. 它可由两个对合映射复合得到, 即 $T = R_1 \circ R_0$, 其中

$$R_0 : \begin{cases} x' = x, \\ y' = -y + x^2 \end{cases} \quad \text{和} \quad R_1 : \begin{cases} x' = x\cos a + y\sin a, \\ y' = x\sin a - y\cos a. \end{cases}$$

由此得到 Cremona 映射的逆映射 $T^{-1} = R_0 \circ R_1$,

$$T^{-1} : \begin{cases} x' = x\cos a + y\sin a, \\ y' = -x\sin a + y\cos a + (x\cos a + y\sin a)^2. \end{cases}$$

对于整数 n, Cremona 映射的对称线计算如下:

$$\gamma_0 : \mathrm{Fix}(R_0) = \left\{ (x,y) : y = \frac{x^2}{2} \right\},$$

$$\gamma_1 : \mathrm{Fix}(R_1) = \{(0,0)\},$$

$$\gamma_{2n} : T^n \gamma_0,$$

$$\gamma_{2n+1} : T^n \gamma_1 = \gamma_1,$$

其中 γ_{2n} 退化为一点. 令 $a = 1.32843$, 通过 γ_0 的参数方程, 用 MATLAB 编写程序, 画出 Cremona 映射的对称线, 如图 6.2.1 所示.

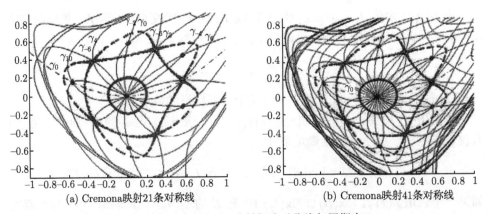

(a) Cremona映射21条对称线　　　(b) Cremona映射41条对称线

图 6.2.1　Cremona 映射低阶对称线与周期点

例 6.2.2　McMillan 映射, 可以看成一种特殊 QRT 映射,

$$M : x' = y, \quad y' = -x + \frac{2\mu y}{1 + y^2}.$$

它是可积的, 其积分为 $I = x^2 - 2\mu xy + y^2 + x^2 y^2$. 取对合映射为 $I_0 : x' = y, y' = x$, 由 $I_0 = M \circ I_0 \circ M$ 知 McMillan 映射是一个具有对合的可反映射. 取 $I_1 : x' = x, y' = -y + \dfrac{2\mu x}{1+x^2}$, 可得 McMillan 映射的逆映射,

$$M^{-1} : x' = -y + \frac{2\mu x}{1+x^2}, \quad y' = x.$$

进而可得 McMillan 映射及其对称线, 如图 6.2.2.

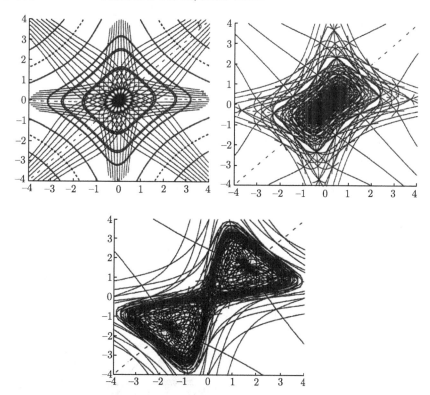

图 6.2.2 McMillan 映射及其对称线, 参数依次为 $\mu = 0.2, 1.15, 3.5$

例 6.2.3 Knuth 映射 $T(x, y) := (-y + |x|, x)$. 取对合映射为

$$I_0 : x' = y, y' = x \quad \text{和} \quad I_1 : x' = x, y' = -y + |x|,$$

知 $T = I_1 \circ I_0$, 可得 Knuth 映射及其对称线. 由于 Knuth 映射的周期性, 对称线有且仅有 18 条 (重合的线认作一条), 如图 6.2.3.

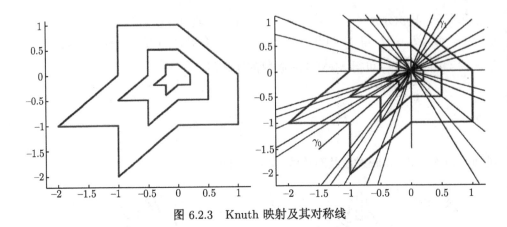

图 6.2.3　Knuth 映射及其对称线

例 6.2.4　三次 Hénon 映射

$$H : x' = -y + x^3 + \mu x + 0.7, \quad y' = x.$$

取对合映射 $I_0 : x' = y, y' = x$ 和 $I_1 : x' = -x + y^3 + \mu y + 0.7, y' = y$, 得三次 Hénon 映射是一个具有对合的可反映射. 其逆映射为

$$H^{-1} : x' = y, \quad y' = -x + y^3 + \mu y + 0.7.$$

其对称线的计算如下:

$$\gamma_0 : \mathrm{Fix}(R) = \{(x,y) | R(x,y) = (x,y)\} = \{(x,y) | y = x\},$$

$$\gamma_1 : \mathrm{Fix}(H \circ R) = \{(x,y) | H \circ R(x,y) = (x,y)\} = \left\{ (x,y) \Big| x = \frac{y^3 + \mu y + 0.7}{2} \right\},$$

$\gamma_{2n} : H^n \circ \gamma_0, \gamma_{2n+1} : H^n \circ \gamma_1$, 其中 $n \in \mathbb{N}$.

取 $\mu = -1.13$, 可得三次 Hénon 映射及其对称线, 如图 6.2.4.

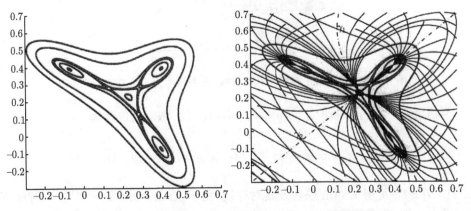

图 6.2.4　三次 Hénon 映射 ($\mu = -1.13$) 及其对称线

6.2.4 问题与研究现状

关于可反映射也有三大问题: ①如何刻画某类可反映射的规范型? ②如何刻画某类可反映射的动力学性质, 包括各类分岔、不变流形、混沌现象等? ③如何刻画某类可反映射形成群的结构? 针对以上问题, 近几十年来, 众多学者已经做出了很多贡献.

对于一维的情形, Brin, Squier, O'Farrell, Jarcyk 与 Young 对于实直线上各类同胚群中的强可反同胚进行了分类[13-18]; Gill 等刻画了圆周上可反同胚群[19].

对于二维的情形, Friedland 和 Milnor 给出了平面多项式自同构的分解结论[20]; Gómez 和 Meiss 利用这个分解的结论给出了平面多项式可反映射的规范型[21,22], Meiss 还专门开发了苹果机上的应用程序 StdMap[10], 用来研究不同可反映射的动力学性质, 包括相图、对称线、周期轨道和对称轨道等; 对于逐段线性的和非有理的二维可反转映射的对称线也被研究[23,24]. Dullin 和 Meiss 研究了一类三次保面积推广的 Hénon 映射, 分析了这类映射小周期轨的分岔[25].

参 考 文 献

[1] Jordan R, Jordan D A, Jordan J H. Reversible complex Hénon maps. Exp. Math., 2002, 11: 339-347.

[2] Lamb J S W, Roberts J A G. Time-reversal symmetry in dynamical systems: A survey. Physica D, 1998, 112: 1-39.

[3] Hénon M. Numerical study of quadratic area-preserving mappings. Quart. Appl. Math., 1969, 27: 291-312.

[4] Hirose K, Murakami W, Murakami C. Symmetry structure of the hyperbolic bifurcation without reflection of periodic orbits in the standard map. Chaos, Solitons and Fractals, 2001, 12: 1679-1685.

[5] MacKay R S. Renormalization in Area-Preserving Maps. Ph.D. thesis. Princeton: Princeton University, 1982.

[6] Richter P H, Scholz H, Wittek A. A breathing chaos. Nonlinearity, 1990, 3: 45-67.

[7] Qin W X, Xiao X. Homoclinic orbits and localized solutions in nonlinear Schödinger lattices. Nonlinearity, 2007, 20: 2301-2317.

[8] van den Essen A. Seven lectures on polynomial automorphisms// van den Essen A, ed. Automorphisms of Affine Spaces. Dordrecht: Kluwer Academic Publishers, 1995: 3-40.

[9] Fridrich J. Image encryption based on chaotic maps. IEEE Transactions on Computational Cybernetics and Simulation, 1997, 2: 1105-1110.

[10] Meiss J D. Visual explorations of dynamics: The standard map. Pramana, Indian Academy of Sciences, 2008, 70: 965-988.

[11] Devaney R L. Homoclinic bifurcations and the area-conserving Hénon mapping. J. Diff. Eqns., 1984, 51: 254-266.

[12] Piña E, Jiménez L. On the symmetry lines of the standard mapping. Physica D, 1987, 26: 369-378.

[13] Brin B M G, Squier C C. Presentations, conjugacy, roots, and centralizers in groups of piecewise linear homeomorphisms of the real line. Comm. Algebra, 2011, 29(10): 4557-4596.

[14] Jarczyk W. Reversibility of interval homeomorphisms without fixed points. Aequat. Math., 2002, 63: 66-75.

[15] Jarczyk W. Reversible interval homeomorphisms. J. Math. Anal. Appl., 2002, 272: 473-479.

[16] Gill N, Short I. Reversible maps and composites of involutions in groups of piecewise linear homeomorphisms of the real line. Aequat. Math., 2010, 79: 23-37.

[17] O' Farrell A G. Conjugacy, involutions, and reversibility for real homeomorphisms. Irish. Math. Soc. Bull., 2004, 54: 41-52.

[18] Young S. The representation of homeomorphisms on the interval as finite compositions of involutions. Proc. Am. Math. Soc., 1994, 121: 605-610.

[19] Gill N, O'Farrell A G, Short I. Reversibility in the group of homeomorphisms of the circle. Bull. London Math. Soc., 2009, 41: 885-897.

[20] Friedland S, Milnor J. Dynamical properties of plane polynomial automorphisms. Ergod. Theor. Dyn. Syst., 1989, 9: 67-99.

[21] Gómez A, Meiss J D. Reversible polynomial automorphisms of the plane: The involutory case. Phys. Lett. A., 2003, 312: 49-58.

[22] Gómez A, Meiss J D. Reversors and symmetries for polynomial automorphisms of the complex plane. Nonlinearity, 2004, 17: 975-1000.

[23] Bengochea A, Piña E. Symmetry lines and periodic points in the Baker's map. Qual. Th. Dyn. Syst., 2008, 7(1): 73-86.

[24] Shi Y G, Chen L. Reversible maps and their symmetry lines. Commun. Nonlinear Sci. Numer. Simulat., 2011, 16(1): 363-371.

[25] Dullin H R, Meiss J D. Generalized Hénon maps: The cubic diffeomorphisms of the plane. Physica D, 2000, 143: 262-289.

6.3 推广的 Hénon 映射的同宿轨与异宿轨

对于一类可反映射 —— 推广的 Hénon 映射, 本节利用 Devaney 几何方法, 给出了推广的 Hénon 映射同宿轨与异宿轨存在的充分条件. 同时, 提出了一种定位同宿轨的算法.

6.3.1 推广的 Hénon 映射的同宿轨与异宿轨

众所周知, 同宿/异宿轨比动力系统中其他类型的轨道更为重要. 特别地, 利用平面可反映射的同宿/异宿轨可以精确地构造一类一维非线性格子的呼吸 (和多呼吸) 解[1], 并求出离散非线性薛定谔方程的亮、暗孤立子解[2].

在 1984 年, Devaney[3] 发展了一种几何方法, 可以证明可反微分同胚的同宿轨存在性. 在 1990 年, Fontich[4] 考虑了推广的 Hénon 映射 $F : \mathbb{R}^2 \to \mathbb{R}^2$, 定义如下:

$$F(x,y) = (y, -x + 2g(y)),$$

其中 g 属于两类特殊的 C^2 函数类. 他构造了两个一致收敛函数序列, 逼近稳定流形和不稳定流形来获得同宿点. 由于同宿轨的重要性, 很多研究者也提出了定位同宿轨的诸多方法 (参见 [5,6]). 最近, 文献 [7] 利用 Devaney 的方法给出了映射 F 同宿/异宿轨存在的充分条件, 其中一个必要条件是 $f(y) := 2g(y) - 2y$ 是一个 C^1 奇函数, 且只有三个实零点. 本节将给出较为一般的充分条件:

(1) F 是一个 C^1 函数, 对于同宿轨的存在性, 要求在坐标半平面上仅有两个实零点.

(2) F 是一个 C^1 奇函数, 对于异宿轨的存在性, 要求在某个区间上有三个零.

通过我们的结果, 对于 Hénon 映射 $F(x,y) = (y, -x + 2y + f(y))$, 其中 $f(y) = 2y^2 + 2(c-1)y$ 不是奇函数, 且在 $c > 1$ 时仅具有两个实零点, 不难证明其具有同宿轨. 对于标准映射 $F(x,y) = (y, -x + 2y + f(y))$, 其中 $f(y) = \varepsilon \sin y$ 在 $\varepsilon \neq 0$ 时有无穷多个零点, 我们可以证明它具有异宿轨.

我们先给出可反平面映射、同宿轨与异宿轨的一些概念和预备引理.

自同构 R 称为可反对合, 如果 $R \circ R$ 是恒等映射, R 不是恒等映射. 如果 $R \circ T \circ R = L^{-1}$, 那么某个空间的自同构 T 称为 R-可反.

稳定和不稳定流形的交点, 异于不动点本身的那些点, 称为同宿点. 稳定流形与不稳定流形的交点, 异于两个不同的双曲不动点本身, 称为异宿点.

同宿 (异宿) 轨是同宿 (异宿) 点 q 的序列 $\{T^n(q) : n \in \mathbb{Z}\}$. 映射 T 关于 R 的对称周期点是在 T 迭代下 R 的不动点集的自交点.

下面的两个引理[3] 分别给出了同宿点和异宿点存在性的结论.

引理 6.3.1 设 $p \in \text{Fix}(R)$ 是 T 关于 R 的对称不动点, 设 $W^s(p)$ 和 $W^u(p)$ 表示 p 的稳定流形和不稳定流形, 则 $R(W^u(p)) = W^s(p)$ 和 $R(W^s(p)) = W^u(p)$. 特别地, 如果 $q \in W^u(p) \cap \text{Fix}(R)$, 那么 q 是同宿点.

引理 6.3.2 设 p 是 T 关于 R 的一个非对称不动点, 假设 $q \in W^u(p) \cap \text{Fix}(R)$, 则 $q \in W^u(p) \cap W^s(R(p))$.

6.3.2　同宿轨的存在性

推广的 Hénon 映射 $F(x,y) = (y, -x + 2g(y))$ 是一个保面积微分同胚, 其逆映射为

$$F^{-1}(x,y) = (-y + 2g(x), x).$$

可以看出, F 相对于 $R_1(x,y) = (y,x)$ 是 R_1-可反的. 若 g 是奇函数, 则 F 是相对于 $R_2(x,y) = (-y,-x)$ 也是 R_2-可反的. 注意到不动点集 $\mathrm{Fix}(R_1)$ 和 $\mathrm{Fix}(R_2)$ 分别由线 $y = x$ 和 $y = -x$ 给出.

我们仍然用 Devaney 几何方法给出了推广的 Hénon 映射 F 存在同宿轨的充分条件. 为了方便, 定义 $f(y) := 2g(y) - 2y$.

定理 6.3.1　假设

(i) f 是 C^1 函数, 且 $f'(0) > 0$, 并且在区间 $(-\infty, 0]$ 上只有两个实零点, 即 $-\xi(\xi > 0)$ 和 0;

(ii) 对于某个 $y' < -\xi$, $\inf\limits_{y < y'} f(y) > 0$,

则 F 有同宿轨.

证　注意, F 有两个不动点 $O(0,0)$ 和 $A(-\xi, -\xi)$. 由于

$$\mathrm{D}F(0,0) = \begin{pmatrix} 0 & 1 \\ -1 & 2g'(0) \end{pmatrix},$$

如果 $f(0) = 0$, $f'(0) = 2g'(0) - 2 > 0$, 那么原点 O 是双曲不动点. 用 $\lambda_1 > 1$ 和 $0 < \lambda_2 < 1$ 表示 $\mathrm{D}F(0,0)$ 的两个特征值. 于是, 不稳定流形 $W^u(O)$ 和稳定流形 $W^s(O)$ 分别与直线 $y = \lambda_1 x$ 和 $y = \lambda_2 x$ 相切.

首先, 我们证明了 $W^u(O)$ 与段 AB 内部的交是非空的, 其中 $B(0, -\xi)$ 位于 y 轴上 (图 6.3.1). 可以很容易地检验 $W^u(O)$ 的一个分支最初进入 $\mathrm{int}(\triangle OAB)$, 即 $\triangle OAB$ 的内部.

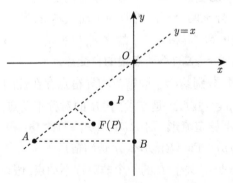

图 6.3.1　$W^u(O)$ 穿过 AB 段

对于每个点 $P(x,y) \in \text{int}(\triangle OAB)$, 我们有

$$-\xi < y < x < 0, \quad F(P) = (y, -x + 2g(y)).$$

令 $d(P,l)$ 表示点 P 到线 l 的距离. 于是

$$d(P,l_{OB}) = -x, \quad d(P,l_{OA}) = \frac{\sqrt{2}}{2}(x - y),$$
$$d(F(P),l_{OB}) = -y, \quad d(F(P),l_{OA}) = \frac{\sqrt{2}}{2}(x - y - f(y)).$$

因此, 有 $d(P,l_{OB}) < d(F(P),l_{OB})$. 根据 (i) 得到, 对于 $-\xi < y < 0$, $f(y) < 0$. 所以

$$d(F(P),l_{OA}) = \frac{\sqrt{2}}{2}(x - y - f(y)) > d(P,l_{OA}),$$

因此, 在 $\triangle OAB$ 内部的不稳定流形 $W^u(O)$ 不与 OA 或 OB 段相交. 下面, 我们用反证法证明 $W^u(O)$ 与线段 AB 相交.

假设 $W^u(O)$ 的分支在第三象限中总是位于 $\triangle OAB$ 的内部. 取一个点 $P \in W^u(O) \cap \text{int}(\triangle OAB)$. 于是所有图像点 $F^n(P) \in \text{int}(\triangle OAB)$, $n = 1, 2, \cdots$. 设 $(x_n, y_n) = F^n(P)$. 这样,

$$-\xi < \cdots < y_n < x_n = y_{n-1} < x_{n-1} < \cdots < x_2 = y_1 < x_1 < 0.$$

序列 $\{x_n\}$ 和 $\{y_n\}$ 都是严格递减的且有下界, 因此分别收敛到 x^* 和 y^*. 结果, $\{F^n(P)\}$ 的点序列收敛到 $N(x^*, y^*)$, 它必定是 F 的不动点. 根据 $x^* < 0$ 和 $y^* < 0$ 的事实来看, $N = A$. 另一方面, 在 $d(F(P),l_{OA}) > d(P,l_{OA})$ 中, 我们进一步有

$$d(F^n(P),l_{OA}) > d(F^{n-1}(P),l_{OA}) > \cdots > d(P,l_{OA}),$$

这意味着 $N \neq A$, 于是矛盾. 因此, 不稳定流形 $W^u(O)$ 穿过段 AB.

其次, 我们将证明 $W^u(O)$ 在第三象限中与直线 l_{OA} 相交于某点. 用 $Q_0(x_0, y_0)$ 表示 $W^u(O)$ 与段 AB(图 6.3.2) 的交点. 设 $(x_n, y_n) = F^n(x_0, y_0)$, 则

$$(x_n, y_n) = F(x_{n-1}, y_{n-1}) = (y_{n-1}, -x_{n-1} + 2y_{n-1} + f(y_{n-1})).$$

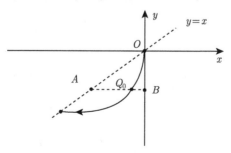

图 6.3.2 $W^u(O)$ 与线 $y = x$ 相交

因此, 对于 $n \geqslant 1$, 我们有 $x_n = y_{n-1}$. 假设 $W^u(O)$ 在第三象限中不与直线 l_{OA} 相交. 于是 $y_{n-1} < x_{n-1}$, 因为点 (x_{n-1}, y_{n-1}) 低于直线 $y = x$, 因此我们有

$$x_n = y_{n-1} < x_{n-1} < \cdots < x_2 = y_1 < x_1 = y_0 = -\xi.$$

设 $d_n = d\left(F^n(Q_0), l_{OA}\right)$. 我们有

$$\sqrt{2}d_{n+1} = x_{n+1} - y_{n+1} = y_n - y_{n+1} = y_n - (-x_n + 2g(y_n))$$
$$= x_n - y_n - f(y_n) = \sqrt{2}d_n - f(y_n).$$

由假设 (ii) 得出 $a = \inf_{y < y_1} f(y) > 0$. 因此

$$0 \leqslant \sqrt{2}d_{n+1} = \sqrt{2}d_0 - \sum_{k=1}^{n} f(y_k) \leqslant \sqrt{2}d_0 - na,$$

当 n 趋于无穷时, 就得到了矛盾. 因此, $W^u(O)$ 与直线 $l_{OA} = \text{Fix}(R_1)$ 的交集是非空的. 最后, 从引理 6.3.1 可知, $W^u(O)$ 和 $W^s(O)$ 在直线 l_{OA} 上相交于某个点 q, 蕴含在第三象限中存在同宿轨. 证毕.

例 6.3.1   对于 $c > 1$, Hénon 映射 $F(x,y) = (y, -x + 2y^2 + 2cy)$(参见 [5] 和图 6.3.3) 只有两个不动点 $(0,0)$ 和 $(1-c, 1-c)$, 函数 $f(y) = 2y^2 + 2(c-1)y$ 不是奇函数. 该映射 F 不满足文献 [2, 定理 2.3] 的条件, 但根据我们的定理 6.3.1 确实存在同宿轨.

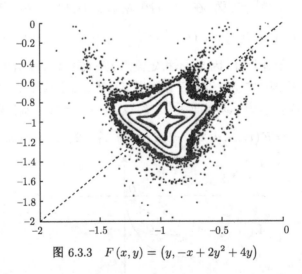

图 6.3.3 $F(x,y) = (y, -x + 2y^2 + 4y)$

设 $P(x,y) = (-x, -y)$. 考虑图 $\tilde{F}(x,y) = P^{-1} \circ F \circ P(x,y)$. 通过定理 6.3.1, 我们有下面结果.

推论 6.3.1 假设

(i) $f(y)$ 是 C^1 函数, 且 $f'(0) > 0$, 在区间 $[0, \infty]$ 上只有两个实零点 ξ 和 $0(\xi > 0)$;

(ii) 对于某个 $y' > \xi$, $\sup\limits_{y > y'} f(y) < 0$,

则 F 有同宿轨.

例 6.3.2 对于 $\mu > 1$, McMillan 映射 $M(x, y) = \left(y, -x + \dfrac{2\mu y}{y^2 + 1} \right)$ (见 [7]) 满足推论 6.3.1 的所有条件. 因此 M 具有同宿轨.

例 6.3.3 对于 $a > -1$, 考虑 Hénon 映射 $H_a(x, y) = (a - y - x^2, x)$ (见 [3]). 通过平移变换 $L(x, y) = (y + \xi, x + \xi)$, 其中 $\xi = -1 - \sqrt{1 + a}$, 我们得到 $\tilde{H}_a(x, y) = L^{-1} \circ H_a \circ L(x, y) = \left(y, -x + a + 2\xi - (y + \xi)^2 \right)$. 映射 $\widetilde{H_a}$ 满足推论 6.3.1 的所有条件. 因此 $\widetilde{H_a}$ 与 H_a 都具有同宿轨.

6.3.3 同宿轨的位置

如果上述充分条件成立, 那么可以确定 F 存在同宿轨. 虽然如此, 然而上述定理不能确定同宿轨的具体位置. 我们根据文献 [1] 的数值方法, 给出了推广的 Hénon 映射同宿轨的定位算法.

算法 6.3.1 输入: 推广的 Hénon 映射 F; F 的双曲不动点 q; 精度参数 $0 < \varepsilon \ll 1$.

输出: 同宿轨 $\{F^n(X_{-N})\}$, 其中 X_{-N} 是同宿点.

(1) 计算点 q 上的映射 F 和 F^{-1} 的雅可比矩阵, 分别由 $DF(q)$ 和 $DF^{-1}(q)$ 表示.

(2) 分别计算特征值绝对值大于 1 的 $DF(q)$ 和 $DF^{-1}(q)$ 的特征向量 E_1 和 E_2.

(3) 对于某个 $N \gg 1$, 设 $X_{-N} = \varepsilon k_1 E_1$, $Y_N = \varepsilon k_2 E_2$. 计算 $X_0 = F^N(X_{-N})$ 和 $Y_0 = F^{-N}(Y_N)$.

(4) 求解方程组 $X_0 - Y_0 = 0$ 中的 k_1, k_2.

(5) 对于每个不同的值 k_1, 计算 X_{-N}, 并得到一个对应的同宿轨 $\{F^n(X_{-N})\}$.

根据上述算法, 我们得到了关于 k_1 和 k_2 的方程组 $X_0 - Y_0 = 0$. 在图 6.3.4 中, 这两个零斜线的交点是解 (k_1, k_2). 根据定位同宿轨的算法, 图 6.3.5 中给出了 Hénon 映射 H_a 的三个同宿轨.

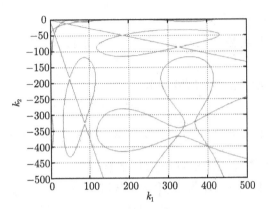

图 6.3.4　$X_0 - Y_0 = 0$ 方程组的零斜线, 其中 Hénon 映射 H_a 的参数值 $a = 2$,

$\varepsilon = 1.0 \times 10^{-5}$ 和 $N = 8$

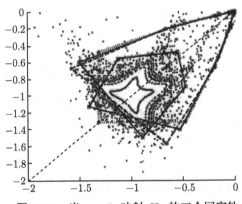

图 6.3.5　当 $a = 2$, 映射 H_a 的三个同宿轨

6.3.4　异宿轨的存在性

下面将给出推广的 Hénon 映射 $F(x, y) = (y, -x + 2g(y))$ 存在异宿轨的充分条件, 其中令 $f(y) := 2g(y) - 2y$.

定理 6.3.2　假定

(i) $f(y)$ 是 C^1 奇函数且 $f'(\xi) > 0$;

(ii) $f(y)$ 在区间 $[-\xi, \xi]$ 中只有三个实零点 $\pm\xi$ 和 $0 (\xi > 0)$,

则 F 存在异宿轨.

我们采用类似于文献 [2, 定理 2.7] 的证明方法, 但条件 (ii) 弱于文献 [2, 定理 2.7].

证　注意到 F 有三个不动点, 如果 $f'(\xi) > 0$, 那么其中两个不动点 $A(\xi, \xi)$ 和 $B(-\xi, -\xi)$ 是双曲的. 与定理 6.3.1 的证明类似, 可以验证 $W^u(A)$ 相交于 x 轴 $Q(x, 0)$, 其中 $0 < x < \xi$ (图 6.3.6). 可以看出 $F(Q)$ 和 Q 关于直线 $y = -x$ 对称, 因

为 $f(0) = 0$. 因此, $W^u(A)$ 和直线 $y = -x$ 在某点相交. 因此, 由引理 6.3.2 可知, $W^u(A)$ 与 $W^s(B)$ 的交点是非空的, 因此 F 存在异宿轨. 证毕.

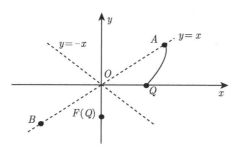

图 6.3.6 $W^u(A)$ 与 x 轴和直线 $y = x$ 相交

例 6.3.4 标准映射 $T(x, y) = (y, -x + 2y + \varepsilon \sin y)$ 在文献 [4] 中被研究, 参见图 6.3.7. 通过平移变换 $L(x, y) = (x - 2\pi, y - 2\pi)$, 我们得到了 $\widetilde{T}(x, y) = L^{-1} \circ T \circ L(x, y) = (y, -x + 2y + \varepsilon \sin y)$. 该映射与 T 都有无穷多个不动点 $(k\pi, k\pi), \forall k \in \mathbb{Z}$. 映射 $\widetilde{T}$ 和 T 不满足文献 [7, 定理 2.7] 的条件. 然而, 它们根据定理 6.3.2 有异宿轨.

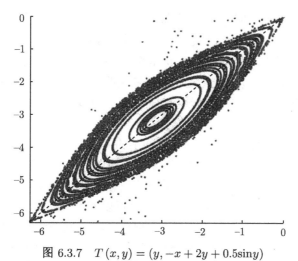

图 6.3.7 $T(x, y) = (y, -x + 2y + 0.5 \sin y)$

参 考 文 献

[1] Bergamin J M, Bountis T, Vrahatis M N. Homoclinic orbits of invertible maps. Nonlinearity, 2002, 15(5): 1603-1619.

[2] Qin W X, Xiao X. Homoclinic orbits and localized solutions in nonlinear Schrödinger lattices. Nonlinearity, 2007, 20(10): 2305-2317.

[3] Devaney R L. Homoclinic bifurcations and the area-conserving Hénon mapping. J. Differ. Equations, 1984, 51: 254-266.

[4] Fontich E. Transversal homoclinic points of a class of conservative diffeomorphisms. J. Differ. Equations, 1990, 87: 1-27.

[5] Bergamin J M, Bountis T, Jung C. A method for locating symmetric homoclinic orbits using symbolic dynamics. J. Phys. A: Math. Gen., 2000, 33: 8059-8070.

[6] Beyn W J, Kleinkauf J M. The numerical computation of homoclinic orbits for maps. SIAM J. Numer. Anal., 1997, 34: 1207-1236.

[7] Shi Y G, Chen L. Reversible maps and their symmetry lines. Commun. Nonlinear Sci. Numer. Simulat., 2011, 16: 363-371.

6.4 双曲微分同胚的线性化

如果 C^1 的双射有 C^1 的逆映射, 称这个映射为微分同胚. 在通常情况下, 微分同胚的全局性质实际上由微分同胚的不变集 (如不动点) 附近的动力学性质决定. 设 p 是微分同胚 F 的不动点, 如果 F 在 p 点的雅可比 $(\mathrm{D}F)_p$ 没有绝对值为 1 的特征值, 那么称 p 是微分同胚 F 的双曲不动点.

将微分同胚在不动点附近共轭到它的线性部分, 叫做微分同胚的线性化. 如果共轭函数和它逆函数均是光滑的 (C^r 或解析的) 映射, 那么称这样的线性化为光滑 (C^r 或解析) 线性化. 研究线性化是一种将复杂的非线性系统转化为简单的线性系统的局部性质研究的基本方法. 对线性化问题的研究最早可以追溯到解析映射的解析线性化, 我们将在下一节做介绍. 关于实空间中的一个结果是 Hartman-Grobman 线性化定理[2]. 该定理证明了 Banach 空间中的 C^1 微分同胚在其双曲不动点附近可以 C^0 线性化. Sternberg 在 1958 年证明了 $C^k(k \geqslant 1)$ 微分同胚在双曲不动点附近可以 C^r 线性化, 其中自然数 r 的取值依赖于 k 和非共振条件. 特别地, 一个 C^∞ 微分同胚在其非共振双曲不动点附近可以 C^∞ 线性化. 文献 [3] 中提出了在 Banach 空间双曲不动点附近的 C^∞ 线性化的技巧. 它是证明非共振微分同胚的光滑共轭存在的基础[4]. 在光滑共轭的情形下, Banach 空间本身须满足特定的 "光滑" 条件. 若考虑 Hölder 线性化, 则不必需要这样的条件. 尽管如此, 即使是对低阶光滑的线性化, Banach 空间和 $\mathbb{R}^n$ 中的线性化也存在定性差异. 众所周知, 如果线性部分的谱未被一个单位球分离, 那么在 $\mathbb{R}^n$ 的微分同胚是 C^1 线性化的, 参见文献 [5] 或 [6]. 然而, Rodrigues 和 Solà-Morales 的工作证明[7] 在 Banach 空间中, 即使是压缩的情形, 某些非共振假设也是必不可少的. 他们构造了一个无穷维的压缩微分同胚, 不是 C^1 线性化的例子.

由于非共振条件是光滑线性化的必要条件, 而当非共振条件不满足时, 人们自然而然研究 Hölder 线性化. 此时, 我们无须对给定的光滑微分同胚做额外的非共振条件假设. 这将 Hölder 线性化与那些低阶光滑线性化的证明有明显的差别. 本节将介绍 Belitskii 和 Rayskin 关于 Hölder 线性化的一个结果[8]. 其证明类似于 Nitecki[1] 关于拓扑线性化的证明. 这样的证明方法, 类似地可以运用到逐段单调的区间映射 Hölder 共轭问题[9]; 最新的关于双曲微分同胚 Hölder 线性化可以参见文献 [10] 及其里面的文献.

6.4.1 α-Hölder 连续性

设 E 是一个 Banach 空间, 称局部同胚 $\Phi : (E, 0) \to (E, 0)$ 为 α-Hölder 连续的, 如果在原点的附近满足

$$\|\Phi(x') - \Phi(x'')\| \leqslant C \|x' - x''\|^{\alpha}$$

且

$$\|\Phi^{-1}(x') - \Phi^{-1}(x'')\| \leqslant C \|x' - x''\|^{\alpha}.$$

设 $\Lambda : E \to E$ 是一个双曲线性算子, 它将 E 分成 Λ 不变量子空间的直和 $E = E_- \oplus E_+$, 使得 $\Lambda_{\mp} = \Lambda|E_{\mp}$ 分别是压缩和扩张的. 用 $r(\Lambda)$ 表示算子 Λ 的谱半径, 进一步设

$$\sigma(\Lambda) = \min \left(-\frac{\ln r(\Lambda_-)}{\ln r(\Lambda^{-1})}, -\frac{\ln r(\Lambda_+^{-1})}{\ln r(\Lambda)} \right).$$

如果 Λ 是收缩的, 即 $E_- = E$, 假设

$$\sigma(\Lambda) = -\frac{\ln r(\Lambda)}{\ln r(\Lambda^{-1})}.$$

如果 Λ 是扩张的, 即 $E_+ = E$, 假设

$$\sigma(\Lambda) = -\frac{\ln r(\Lambda^{-1})}{\ln r(\Lambda)}.$$

在任一种情形, 总有 $\sigma(\Lambda) \subset (0, 1]$.

6.4.2 Hölder 线性化

设直和分解

$$E = E_1 \oplus \cdots \oplus E_n.$$

考虑未知映射 $\varphi = (\varphi_1, \cdots, \varphi_n)$, $\varphi_i : E \to E_i$, $i \in \{1, 2, \cdots, n\}$ 的共轭方程组

$$\varphi_i(x) = \Lambda_i \varphi_i(G_i x) + h_i(x, \varphi(H_i x)), \quad i \in \{1, 2, \cdots, n\}, \tag{6.4.1}$$

其中 $\Lambda_i : E_i \to E_i$ 是线性映射, 当 $G_i, H_i : E \to E$ 是满足利普希茨条件

$$\|G_i(x') - G_i(x'')\| \leqslant L_i \|x' - x''\|, \quad \|H_i(x') - H_i(x'')\| \leqslant L_i \|x' - x''\|,$$

映射 h_i 是 "很小" 的, 在下列意义下

$$\sup \|h_i(u)\| \leqslant \delta, \quad \|h_i(u') - h_i(u'')\| \leqslant \delta \|u' - u''\|,$$

对于所有的 $u, u', u'' \in E \times E$ 成立.

引理 6.4.1 假设

$$\max_i \|\Lambda_i\|_i + \delta < 1, \quad \max_i \|\Lambda_i\|_i L_i^\alpha + \delta L^\alpha < 1,$$

那么方程组 (6.4.1) 具有唯一的有界解 $\varphi : E \to E$, 且这个解是 α-Hölder 连续的.

证 用 $C_b^0(E)$ 表示有界连续映射的 Banach 空间 $\varphi : E \to E$, 赋予范数

$$\|\varphi\| = \sup_x \|\varphi(x)\|.$$

用 T 表示方程组 (6.4.1) 右边的映射. 它是空间 $C_b^0(E)$ 自映射, 而且

$$\|T\varphi - T\varphi\| \leqslant \left(\max_i \|\Lambda_i\|_i + \delta \right) \|\varphi - \varphi\|.$$

由假设, 映射 T 在 $C_b^0(E)$ 中是压缩的, 因此有唯一解 $\varphi \in C_b^0(E)$.

为证 φ 是 α-Hölder, 用 $K(M)$ 表示所有满足下列条件映射 $\varphi \in C_b^0(E)$ 的闭子空间

$$\|\varphi(x') - \varphi(x'')\| \leqslant M \|x' - x''\|^\alpha.$$

在适当的 M 选择下, $K(M)$ 是 T-不变的. 实际上, 设 $\varphi \in C_b^0(E)$, 则

$$\|T\varphi(x') - T\varphi(x'')\|$$
$$\leqslant \left(\max_i \|\Lambda_i\| \cdot L_i^\alpha \right) M \|x' - x''\|^\alpha + \max_i \|h_i(x', \varphi(H_i x')) - h_i(x'', \varphi(H_i x''))\|.$$

如果 $\|x' - x''\| \geqslant 1$, 那么

$$\|T\varphi(x') - T\varphi(x'')\| \leqslant (\max_i \|\Lambda_i\| \cdot L_i^\alpha M + 2\delta) \|x' - x''\|^\alpha;$$

如果 $\|x' - x''\| \leqslant 1$, 那么

$$\|T\varphi(x') - T\varphi(x'')\| \leqslant \max_i(\|\Lambda_i\| L_i^\alpha) M \|x' - x''\|^\alpha + \delta \|x' - x''\|^\alpha + \delta L^\alpha M \|x' - x''\|^\alpha.$$

选择

$$M > \frac{2\delta}{1 - \delta L^\alpha - \max \|\Lambda_i\| L_i^\alpha}.$$

因此由 $\varphi \in K(M)$ 可得 $T\varphi \in K(M)$. 又由于封闭性, 集合 $K(M)$ 包含解 φ. 证毕.

下面给出本节的主要定理.

定理 6.4.1 设

$$F(x) = \Lambda x + f(x), \quad f(0) = 0, \quad f'(0) = 0$$

在 E 上的局部双曲微分同胚. 则对每个 $\alpha < \sigma(\Lambda)$, 都存在局部 α-Hölder 同胚, 将 F 共轭到它的线性部分 Λ.

该结论首先是重复说明了拓扑线性化存在性 (见 [7], 第 80 页, 定理 2); 其次, 我们需要保证相应的共轭方程的解是 α-Hölder 连续的.

证 通过文献 [1] 中的 69 页命题及 79 页的引理, 对于给定的 $\delta > 0$, 假设 $\tilde{F}$ 是 E 上的同胚解, 它与 F 的原点邻域重合, 从而使余项

$$f(x) = \tilde{F}(x) - \Lambda x, \quad f_1(x) = \tilde{F}^{-1}(x) - \Lambda^{-1}x$$

是利普希茨映射. 为简化标记, 移除 $\tilde{F}$ 上的 $\sim$ 符号. 找出形如 $\Phi(x) = x + \varphi(x)$ 的线性变换. 这时有

$$\varphi(Fx) = \Lambda\varphi(x) - f(x).$$

考虑分解 $E = E_- \oplus E_+$, 上面等式改写为

$$\varphi_-(x) = \Lambda_-\varphi_-(F^{-1}x) - f_-(F^{-1}x),$$
$$\varphi_+(x) = \Lambda_+^{-1}\varphi_+(Fx) - \Lambda_+^{-1}f_+(x),$$

其中 $f_\mp : E \to E_\mp$, $f = (f_-, f_+)$ 和 $\varphi_\mp : E \to E_\mp$. 相应地, 寻找解 $\varphi = (\varphi_-, \varphi_+)$. 选择 E 中范数, 使得

$$\max(\|\Lambda_-\| \cdot \|\Lambda^{-1}\|^\alpha, \|\Lambda_+^{-1}\| \cdot \|\Lambda\|^\alpha) < 1.$$

此外, 令 $\delta > 0$ 足够小, 使引理的结果可以应用于上面的方程组. 通过引理, 系统具有唯一有界连续解 φ. 且这个解是 α-Hölder 连续的. 映射 $\Phi(x) = x + \varphi(x)$ 满足

$$\Phi(Fx) = \Lambda\Phi(x).$$

为了证明 Φ 是 α-Hölder 同胚, 考虑方程组

$$\psi_-(x) = \Lambda_-\psi_-(\Lambda^{-1}x) + f_-(\Lambda^{-1}x + \psi(\Lambda^{-1}x)),$$
$$\psi_+(x) = \Lambda_+^{-1}\psi_+(\Lambda x) - \Lambda_+^{-1}f_+(x + \psi(x)).$$

在 $\delta > 0$ 的适当选择下, 引理适用于上面的方程组. 因此, 有 α-Hölder 解 $\psi = (\psi_-, \psi_+)$, 并且在 $C_b^0(E)$ 中唯一. 映射 $\Psi(x) = x + \psi(x)$ 满足

$$F(\Psi(x)) = \Psi(\Lambda x).$$

进而, 映射 $H(x) = \Phi(\Psi(x)) = x + h(x)$ 是 α-Hölder 连续的; 有界连续映射 h 满足 $h(\Lambda x) = \Lambda h(x)$. 由唯一性, $h = 0$. 类似有, 映射 $\tilde{H}(x) = \Psi(\Phi(x)) = x + \tilde{h}(x)$ 满足

$$\tilde{h}_-(x) = -\Lambda_-\tilde{h}_-(F^{-1}x) + f_-(F^{-1}x + \tilde{h}(F^{-1}x)) - f_-(F^{-1}x),$$
$$\tilde{h}_+(x) = \Lambda_+^{-1}\tilde{h}_+(Fx) - \Lambda_+^{-1}f_+(x + \tilde{h}(x)) + \Lambda_+^{-1}f_+(x).$$

因此, 相同的讨论, $\tilde{H}(x)$ 是恒等映射. 于是, Φ 是一个 α-Hölder 同胚, 并且 Ψ 是它的逆. 证毕.

参 考 文 献

[1] Nitecki Z. Differentiable Dynamics: An Introduction to the Orbit Structure of Diffeomorphisms. Cambridge: M.I.T. Press, 1971.

[2] Pugh C. On a theorem of P. Hartman. American Journal of Mathematics, 1969, 91(2): 363-367.

[3] Belitskii G. The Sternberg theorem for a Banach space. Functional Anal. Appl., 1984, 18: 238-239.

[4] Rayskin V. Theorem of Sternberg-Chen modulo the central manifold for Banach spaces. Ergodic Theory and Dynamical Systems, 2009, 29: 1965-1978.

[5] Belitskii G. Normal Forms, Invariant and Local Mappings. Kiev: Naukova Dumka, 1979.

[6] Hartman P. On local homeomorphisms of Euclidean spaces. Bol. Soc. Mat. Mexicana, 1960, 5(2): 220-241.

[7] Rodrigues H, Solà-Morales J. Invertible contractions and asymptotically stable ODE'S that are not C1-Linearizable. J. Dynam. Differential Equations, 2006, 18: 961-974.

[8] Belitskii G, Rayskin V. On the Grobman-Hartman Theorem in α-Hölder Class For Banach Spaces. https://web.ma.utexas.edu/mp_arc/c/11/11-134.pdf.

[9] Shi Y G, Tang Y. On conjugacies between asymmetric Bernoulli shifts. J. Math. Anal. Appl., 2015, 434: 209-221.

[10] Zhang W M, Zhang W N. α-Hölder linearization of hyperbolic diffeomorphisms with resonance. Ergodic Theory and Dynamical Systems, 2016, 36: 310-334.

6.5 全纯映射的局部规范型

人们在考虑一维数轴上非线性映射的动力学性质时, 往往会拓展到复数域上的全纯 (或解析) 映射来研究. 利用复变函数的解析理论工具, 往往能够站在较高的观点上看待各种问题. 例如, 考虑牛顿迭代法的收敛域.

由于复映射动力学性质的复杂性, 通常先考虑其不动点附近的性质. 不妨假设原点 $O \in \mathbb{C}$ 是全纯映射 $f: U \to M$ 的不动点, 其中 $U \subseteq M \subset \mathbb{C}$ 是原点的开邻域. 记这样的全纯映射的集合为 $H(M, 0)$. 则 f 可以改写成不带常数项且收敛的幂级数

$$f(z) = a_1 z + a_2 z^2 + a_3 z^3 + \cdots.$$

为了简化研究, 人们自然而然地想到全纯映射 f 的动力学性质能否由它的非零首项所确定, 如果不能, 是否找到 f 在不动点附近的规范型. 该问题还涉及复映射的解析线性化问题, 它们都是复动力系统中重要而基本的问题.

通过最近一百年的不断探索, 众多学者前仆后继、开拓进取的研究, 获得了许多精彩纷呈的结果和深刻的结论. 这些结果和方法, 犹如动力系统巅峰上的璀璨明珠光彩夺目, 使得复动力系统独立于微分动力系统、拓扑动力系统和符号动力系统, 成为动力系统不可或缺的新分支.

为叙述方便, 先给出下面基本的概念.

因为 $a_1 z$ 是 f 的最佳线性逼近, 自然地认为 a_1 极大地影响 f 在原点 $O \in \mathbb{C}$ 的局部动力学性质. 称 $a_1 = f'(0)$ 为 f 的**乘子**.

定义 6.5.1 设 $a_1 \in \mathbb{C}$ 是 $f \in H(M, 0)$ 的乘子.

(1) 若 $|a_1| < 1$, 称不动点 0 是**吸引的**;

(2) 若 $a_1 = 0$, 称不动点 0 是**超吸引的**;

(3) 若 $|a_1| > 1$, 称不动点 0 是**排斥的**;

(4) 若 $|a_1| \neq 0, 1$, 称不动点 0 为**双曲型**;

(5) 若 $a_1 \in S^1$ 是单位根, 称不动点 0 为**抛物型**;

(6) 若 $a_1 \in S^1$ 不是单位根, 称不动点 0 为**椭圆型**.

本节根据不动点的类型主要讨论全纯映射在双曲不动点、超吸引不动点、抛物型不动点和椭圆型不动点附近的规范型, 分别给出形式共轭、拓扑共轭和解析共轭的条件. 最后一节, 我们列表给出了本节的主要结果.

6.5.1 双曲的情形

我们先从较为简单的双曲情形开始研究.

不难验证, 如果原点 0 是具有非零的乘子 $f \in H(M, 0)$ 的吸引不动点, 那么原点 0 是逆映射 $f^{-1} \in H(M, 0)$ 的排斥不动点.

为简便, 改写 f 为 $f(z) = a_1 z + O(z^2)$, 其中 $0 < |a_1| < 1$. 因此, 可以找到足够大的常数 $M > 0$ 和充分小的常数 $\varepsilon > 0$ 和 $0 < \delta < 1$. 如果 $|z| < \varepsilon$, 那么

$$|f(z)| \leqslant (|a_1| + M\varepsilon) |z| \leqslant \delta |z|.$$

用 Δ_ε 表示中心在原点 0, 半径为 ε 的圆盘. 对于足够小的 $\varepsilon > 0$, 有 $f(\Delta_\varepsilon) \subset \Delta_\varepsilon$. 因此 $f|_{\Delta_\varepsilon}$ 的稳定集是 Δ_ε 本身 (特别地, 一维吸引不动点始终是稳定的). 进一步,

当 $k \to +\infty$ 时,
$$\left|f^k(z)\right| \leqslant \delta^k |z| \to 0.$$
于是, 从 Δ_ε 出发的每个轨道都被原点所吸引.

如果 0 是一个排斥不动点, 类似的讨论 (0 是 f^{-1} 的吸引不动点), 当 $\varepsilon > 0$ 足够小时, 稳定集 $f|_{\Delta_\varepsilon}$ 退化成原点, 所有 (非平凡) 轨道均逃逸.

不难发现, 具有双曲不动点的一维全纯映射局部解析共轭于它的线性部分. 这个结论是研究解析线性化或规范型理论的开端.

定理 6.5.1[1]　设原点是 $f \in H(M, 0)$ 的双曲不动点, $a_1 \in \mathbb{C}^* \backslash S^1$ 是其乘子, 则

(i) f 局部解析共轭于它的线性部分 $g(z) = a_1 z$, 且共轭 φ 由条件 $\phi'(0) = 1$ 唯一确定.

(ii) 两个全纯映射局部解析共轭当且仅当它们有相同的乘子.

(iii) 若 $|a_1| < 1$, 则 f 局部拓扑共轭于映射 $g_<(z) = z/2$; 若 $|a_1| > 1$, 则局部拓扑共轭于映射 $g_>(z) = 2z$.

证　不妨假设 $0 < |a_1| < 1$; 若 $|a_1| > 1$, 可类似讨论 f^{-1}.

(i) 取 $0 < \delta < 1$, 则 $\delta^2 < |a_1| < \delta$. 记 $f(z) = a_1 z + z^2 r(z)$, 其中 r 是某个全纯映射. 存在 $\varepsilon > 0$, 使得 $|a_1| + M\varepsilon < \delta$, 其中 $M = \max\limits_{z \in \Delta_\varepsilon} |r(z)|$. 所以 $|f(z) - a_1 z| \leqslant M |z|^2$. 对所有 $z \in \overline{\Delta_\varepsilon}$ 和 $k \in \mathbb{N}$, 有 $\left|f^k(z)\right| \leqslant \delta^k |z|$. 记 $\varphi_k = f^k / a_1^k$, 下面证明序列 $\{\varphi_k\}$ 收敛到一个全纯映射 $\varphi : \Delta_\varepsilon \to \mathbb{C}$. 实际上
$$\begin{aligned} |\varphi_{k+1}(z) - \varphi_k(z)| &= \frac{1}{|a_1|^{k+1}} \left|f(f^k(z)) - a_1 f^k(z)\right| \\ &\leqslant \frac{M}{|a_1|^{k+1}} \left|f^k(z)\right|^2 \leqslant \frac{M}{|a_1|} \left(\frac{\delta^2}{|a_1|}\right)^k |z|^2, \end{aligned}$$
其中 $z \in \overline{\Delta_\varepsilon}$, 所以序列 $\{\varphi_k\}$ 在 Δ_ε 中一致收敛 φ.

易验证
$$\varphi(f(z)) = \lim_{k \to +\infty} \frac{f^k(f(z))}{a_1^k} = a_1 \lim_{k \to +\infty} \frac{f^{k+1}(z)}{a_1^{k+1}} = a_1 \varphi(z).$$
由于对于所有 $k \in \mathbb{N}$ 有 $\varphi_k'(0) = 1$, 故 $\varphi'(0) = 1$. 所以 φ 在原点附近可逆, 因此有 $f = \varphi^{-1} \circ g \circ \varphi$.

不妨设 ψ 是另一个局部全纯函数, 则 $\psi'(0) = 1$ 和 $\psi^{-1} \circ g \circ \psi = f$. 于是 $\psi \circ \varphi^{-1}(\lambda z) = \lambda \psi \circ \varphi^{-1}(z)$. 通过幂级数展开比较等式两边, 得到 $\psi \circ \varphi^{-1} \equiv \mathrm{Id}$, 即 $\psi \equiv \varphi$.

(ii) 由 $f_1 = \varphi^{-1} \circ f_2 \circ \varphi$ 得 $f_1'(0) = f_2'(0)$. 因此乘子具有全纯映射局部解析共轭不变性, 故而具有双曲不动点的两个全纯映射局部解析共轭当且仅当有相同的乘子.

(iii) 因为 $|a_1| < 1$, 下面在 Δ_ε 上建立 g 和 $g_<$ 的拓扑共轭. 首先选择圆环 $\{|a_1|\varepsilon \leqslant |z| \leqslant \varepsilon\}$ 和圆环 $\{\varepsilon/2 \leqslant |z| \leqslant \varepsilon\}$ 之间的同胚 φ, 它是外圆上的恒等映射, 在内圆上定义 $\varphi(z) = z/(2a_1)$. 现在通过如下归纳延拓 φ 成为在圆环 $\left\{|a_1|^k \varepsilon \leqslant |z| \leqslant |a_1|^{k-1}\varepsilon\right\}$ 和 $\{\varepsilon/2^k \leqslant |z| \leqslant \varepsilon/2^{k-1}\}$ 之间的同胚

$$\varphi(a_1 z) = \frac{1}{2}\varphi(z).$$

最后令 $\varphi(0) = 0$, 于是 Δ_ε 到自身的同胚 φ, 且满足 $g = \varphi^{-1} \circ g_< \circ \varphi$. 证毕.

注意 $g_<(z) = \frac{1}{2}z$ 和 $g_>(z) = 2z$ 不是拓扑共轭的, 因为原点对于前者是吸引的, 后者是排斥的. 然而 $g(z) = 2z$ 和 $g(z) = 3z$ 拓扑共轭, 但不是局部解析共轭. 事实上, 局部解析共轭比拓扑共轭的条件更强.

该定理的证明使用了构造共轭的两种方法. 第一种方法: 构造收敛的迭代函数序列, 使其收敛于共轭函数. 假设我们想证明两可逆映射 $f, g \in H(M, 0)$ 是共轭. 设 $\varphi_k = g^{-k} \circ f^k$, 则

$$\varphi_k \circ f = g^{-k} \circ f^{k+1} = g \circ \varphi_{k+1}.$$

若能证明当 $k \to \infty$ 时, $\{\varphi_k\}$ 收敛到一个可逆映射 φ, 则 $\varphi \circ f = g \circ \varphi$. 因此 f 和 g 是共轭的. 这正是证明该定理 (i) 的方法. 后面也会给出这种技巧的运用.

为了描述第二种方法, 即所谓的基本域法, 或延拓法, 先给出下面的定义.

定义 6.5.2 设 $f : X \to X$ 是拓扑空间 X 的一个连续开自映射. 称开子集 $D \subset X$ 是 f 的一个**基本域**, 如果

(1) 对每个 $h \neq k \in \mathbb{N}$, $f^h(D) \cap f^k(D) = \varnothing$;

(2) $\bigcup_{k \in \mathbb{N}} f^k(\bar{D}) = X$;

(3) 对于某个 $h > k \in \mathbb{N}$, 若 $z_1, z_2 \in \overline{D}$ 使得 $f^h(z_1) = f^k(z_2)$, 则 $h = k + 1$ 且 $z_2 = f(z_1) \in \partial D$.

基本域还有其他可能的定义, 但是上面的定义足以满足构造的要求. 假设要证明两个连续开映射 $f_1 : X_1 \to X_1$ 和 $f_2 : X_2 \to X_2$ 是拓扑共轭. 假设对 $f_j(j = 1, 2)$ 有基本域 $D_j \subset X_j$, 存在同胚 $\varphi_0 : \overline{D_1} \to \overline{D_2}$, 使得在 $\overline{D_1} \cap f_1^{-1}(\overline{D_1})$ 上满足

$$\varphi_0 \circ f_1 = f_2 \circ \varphi_0.$$

为了使得 f_1 和 f_2 共轭, 将 φ_0 延拓成同胚 $\varphi : X_1 \to X_2$,

$$\varphi(z) = f_2^k(\varphi_0(w)), \quad \forall z \in X_1,$$

其中 $k = k(z) \in \mathbb{N}$, $w = w(z) \in \overline{D}$ 使得 $f_1^k(w) = z$. 由基本域的定义, φ 是良定义的. 显然有 $\varphi \circ f_1 = f_2 \circ \varphi$, 利用 f_1 和 f_2 是开映射, 不难验证 φ 是同胚. 这正是前面定理 (iii) 的证明方法.

6.5.2　超吸引不动点的情形

一维双曲情形的动力学是完全清楚的. 对于超吸引的情形可类似处理. 若 0 是 $f \in H(M,0)$ 的超吸引点, 则

$$f(z) = a_r z^r + a_{r+1} z^{r+1} + \cdots,$$

其中 $a_r \neq 0$. 称 $r \geqslant 2$ 为**超吸引点的阶**(或局部次数).

类似于前面讨论, 对 $\varepsilon > 0$ 足够小, $f|_{\Delta_\varepsilon}$ 的稳定集仍是 Δ_ε, 轨道收敛 (比吸引的情形更快) 到原点. 进一步有下面结论.

定理 6.5.2[2]　设原点是 $f \in H(M,0)$ 的超吸引不动点, $r \geqslant 2$ 是 f 的阶, 则

(1) f 是局部解析共轭于 $g(z) = z^r$, 共轭函数相差一个 $(r-1)$ 阶单位根的乘数是唯一的;

(2) 两个全纯映射局部解析或拓扑共轭当且仅当它们有相同的阶.

证　首先, 运用线性共轭 $z \mapsto \mu z$, 其中 $\mu^{r-1} = a_r$, 可以不妨假设 $a_r = 1$.

改写 $f(z) = z^r h_1(z)$, 其中 h_1 为某个全纯映射, 且 $h_1(0) = 1$. 通过归纳, 进一步改写 $f^k(z) = z^{r^k} h_k(z)$, 其中 h_1 为某个全纯胚, 且 $h_k(0) = 1$. 由 $f \circ f^{k-1} = f^k = f^{k-1} \circ f$, 得

$$(h_{k-1}(z))^r h_1(f^{k-1}(z)) = h_k(z) = h_1(z)^{r^{k-1}} h_{k-1}(f(z)). \tag{6.5.1}$$

取 $0 < \delta < 1$. 可以找到 $1 > \varepsilon > 0$ 有 $M\varepsilon < \delta$, 其中 $M = \max\limits_{z \in \overline{\Delta_\varepsilon}} |h_1(z)|$. 对任意的 $z \in \overline{\Delta_\varepsilon}$, 设 $h_1(z) \neq 0$. 则

$$|f(z)| \leqslant M|z|^r \leqslant M|z||z|^{r-1} \leqslant M\varepsilon|z|^{r-1} < \delta|z|^{r-1} < \varepsilon, \quad \forall z \in \overline{\Delta_\varepsilon}.$$

故而 $f(\Delta_\varepsilon) \subset \Delta_\varepsilon$.

由 (6.5.1) 可知, 每个 h_k 在 $\overline{\Delta_\varepsilon}$ 上非零. 因此对每一个 $k \geqslant 1$, 可以选择在 Δ_ε 上唯一的全纯映射 ψ_k 使得 $\psi_k(z)^{r^k} = h_k(z), \psi_k(0) = 1$.

在 Δ_ε 上, 令 $\varphi_k = z\psi_k(z)$ 使得 $\varphi_k'(0) = 1$ 和 $\varphi_k(z)^{r^k} = f_k(z)$; 特别地, 形式上有 $\varphi_k = g^{-k} \circ f^k$. 于是, 序列 $\{\varphi_k\}$ 在 Δ_ε 上收敛到一个全纯函数 φ. 事实上, 有

$$\left|\frac{\varphi_{k+1}(z)}{\varphi_k(z)}\right| = \left|\frac{\psi_{k+1}(z)^{r^{k+1}}}{\psi_k(z)^{r^{k+1}}}\right|^{1/r^{k+1}} = \left|\frac{h_{k+1}(z)}{h_k(z)^r}\right|^{1/r^{k+1}} = \left|h_1(f^k(z))\right|^{1/r^{k+1}}$$

$$= |1 + O(|f^k(z)|)|^{1/r^{k+1}} = 1 + \frac{1}{r^{k+1}}O(|f^k(z)|) = 1 + O\left(\frac{1}{r^{k+1}}\right).$$

所以 $\prod_k (\varphi_{k+1}/\varphi_k)$ 在 Δ_ε 处均匀收敛到 φ/φ_1.

对于所有 $k \in \mathbb{N}$, 有 $\varphi'_k(0) = 1$ 和 $\varphi'(0) = 1$. 对于足够小的 ε, 设 φ 是全纯双射. 于是有

$$(\varphi_k(f(z)))^{r^k} = (f(z))^{r^k} (\psi_k(f(z)))^{r^k} = z^{r^k} (h_1(z))^{r^k} h_k(f(z))$$
$$= z^{r^{k+1}} h_{k+1}(z) = [(\varphi_{k+1}(z))^r]^{r^k},$$

这样 $\varphi_k \circ f = [\varphi_{k+1}]^r$. 取极限, 得 $f = \varphi^{-1} \circ g \circ \varphi$.

假设 ψ 是 f 到 g 的另一个全纯双射的共轭, 对所有的 z, 在原点附近有 $\psi \circ \varphi^{-1}(z^r) = \psi \circ (\varphi^{-1}(z))^r$. 在原点级数展开, 比较系数, 得 $\psi \circ \varphi^{-1}(z) = az$, 其中 $a^{r-1} = 1$, 因此 $\psi(z) = a\varphi(z)$.

最后, 结论 (2) 成立是由于 z^r 和 z^s 局部拓扑共轭当且仅当 $r = s$ (因为阶是原点附近的点的原像个数). 证毕.

所以, 关于双曲和超吸引不动点的一维局部动力学是完全清楚的. 现在讨论抛物型不动点的情形.

6.5.3 抛物的情形

设原点是 $f \in H(M, 0)$ 的抛物型不动点. 记

$$f(z) = \mathrm{e}^{2\mathrm{i}\pi p/q} z + a_{r+1} z^{r+1} + a_{r+2} z^{r+2} + \cdots, \tag{6.5.2}$$

其中 $a_{r+1} \neq 0$. 有理数 $p/q \in \mathbb{Q} \cap [0, 1)$ 称为 f 的 **旋转数**, 称 $r + 1 \geqslant 2$ 为 f **在不动点处的重数**. 如果 $p/q = 0$ (即重数是 1), 那么称 f 与恒等映射相切.

初步观察这样的映射可能不会局部解析共轭于它的线性部分, 甚至不是拓扑共轭的.

定理 6.5.3 设 $f \in H(M, 0)$ 有乘子 λ, $\lambda = \mathrm{e}^{2\mathrm{i}\pi p/q}$ 是 q 阶的本原单位根, 则 f 局部解析 (或拓扑或形式上) 共轭于 $g(z) = \lambda z$ 当且仅当 $f^q = \mathrm{Id}$.

证 若 $\varphi^{-1} \circ f \circ \varphi(z) = \mathrm{e}^{2\pi\mathrm{i}p/q}z$, 则 $\varphi^{-1} \circ f^q \circ \varphi = \mathrm{Id}$, 于是 $f^q = \mathrm{Id}$. 相反, 若 $f^q = \mathrm{Id}$, 设

$$\varphi(z) = \frac{1}{q} \sum_{j=0}^{q-1} \frac{f^j(z)}{\lambda^j}.$$

不难验证 $\varphi'(0) = 1$ 且 $\varphi \circ f(z) = \lambda\varphi(z)$, 于是 f 局部解析 (或拓扑或形式上) 共轭于 λz. 证毕.

特别是, 如果 f 与恒等映射相切, 那么它就不能与恒等映射局部共轭 (除非它是恒等映射). 更确切地说, 这样的 f 的稳定集决不是原点的邻域. 不妨考虑如下映射

$$f(z) = z(1 + az^r),$$

其中 $a \neq 0$ 为给定的常数. 设 $v \in S^1 \subset \mathbb{C}$ 使得 av^r 是正实数. 对于任意的 $c > 0$ 有

$$f(cv) = c(1 + c^r a v^r)v \in \mathbb{R}^+ v.$$

进而, $|f(cv)| > |cv|$. 换句话说, 半直线 $\mathbb{R}^+ v$ 是 f 不变的和原点是排斥, 即 $K_f \cap \mathbb{R}^+ v = \varnothing$. 相反, 如果 av^r 是负数, 那么线段 $[0, |a|^{-1/r}]v$ 是 f 不变的, 原点是吸引的. 因此, K_f 既不是原点的邻域, 也不是收缩到 $\{0\}$.

这个例子给出了如下定义.

定义 6.5.3 设 $f \in H(M, 0)$ 与恒等映射相切, 重数为 $r + 1 \geqslant 2$. 如果 $a_{r+1}v^r$ 是负的 (正的), 称为单位向量 $v \in S^1$ 是 f 在原点的**吸引 (排斥) 方向**.

显然, 存在 r 个等距吸引的方向, 同时隔着 r 个等距排斥方向. 具体地讲, 如果 $a_{r+1} = |a_{r+1}|\mathrm{e}^{\mathrm{i}\alpha}$, 那么 $v = \mathrm{e}^{\mathrm{i}\theta}$ 是吸引 (排斥) 的当且仅当

$$\theta = \frac{2k+1}{r}\pi - \frac{\alpha}{r} \left(\text{对应地}, \theta = \frac{2k}{r}\pi - \frac{\alpha}{r}\right).$$

此外, f 的排斥 (吸引) 方向是 f^{-1} 的吸引 (排斥) 方向, 这是它们在原点邻域的定义.

结果表明, 每一个吸引方向都与 $K_f \backslash \{0\}$ 的一个连通分量有关.

定义 6.5.4 设 $f \in H(M, 0)$ 与恒等映射相切, $v \in S^1$ 是 f 吸引的方向. 以 v 为中心的吸引盆是满足如下条件点 $z \in K_f \backslash \{0\}$ 的集合: $f^k(z) \to 0$ 和 $f^k(z)/|f^k(z)| \to v$(注意到 f 的吸引域, 不妨设假定对所有的 $z \in K_f \backslash \{0\}$, $f(z) \neq 0$). 如果 z 属于以 v 为中心的吸引盆, 我们称 z 的轨道与 v **相切趋向于** 0.

一个更加具体的 (但更有用的) 对象如下.

定义 6.5.5 设 $f \in H(M, 0)$ 与恒等映射相切, $v \in S^1$ 是 f 吸引的方向. 一个以 v 为吸引方向的吸引花瓣 $P \subseteq K_f \backslash \{0\}$ 是一个简单连通开的 f-不变集使得 $z \in K_f \backslash \{0\}$ 属于以 v 为中心的吸引盆当且仅当它的轨道与 P 相交.

换句话说, 一个点的轨道与 v 相切趋向于 0 当且仅当它最终被包含在 P 中. 一个排斥花瓣 (以排斥方向为中心) 是 f 的逆的吸引花瓣.

事实证明, 在吸引方向为中心的吸引盆恰好是 $K_f \backslash \{0\}$ 的连通部分. 参见下面的 Leau-Fatou 花瓣定理.

引理 6.5.1[3] 设 $f \in H(M, 0)$ 与恒等映射相切, 在原点的重数为 $r + 1 \geqslant 2$. 令 $v_1^+, \cdots, v_r^+ \in S^1$ 是 f 在原点的 r 个吸引方向, $v_1^-, \cdots, v_r^- \in S^1$ 是 r 个排斥方向. 那么

(i) 每个吸引 (排斥) 方向 $v_j^\pm$ 存在一个吸引 (排斥) 花瓣 $P_j^\pm$, 这样所有 $2r$ 花瓣和原点形成原点的邻域. 进一步, $2r$ 花瓣是环形排列的, 任意两个花瓣相交当且仅当两个花瓣的中心方向之间的夹角为 π/r.

(ii) $K_f \backslash \{0\}$ 是 r 个吸引方向为中心的吸引盆 (不相交) 的并.

(iii) 如果 B 是一个以吸引方向为中心的吸引盆, 那么存在函数 $\varphi: B \to \mathbb{C}$ 使得对所有 $z \in B$ 有 $\varphi \circ f(z) = \varphi(z) + 1$. 进而, 如果 P 是在 (i) 中构造的相应的花

瓣, 那么 $\varphi|_P$ 是一种含有右半平面的复平面的开子集上的全纯双射. 因此 $f|_P$ 是解析共轭于平移变换 $z \mapsto z+1$.

实际上, Camacho 已经进一步获得了与恒映射相切的那些 $f \in H(M,0)$ 的完整的拓扑分类.

定理 6.5.4[4,5] (拓扑共轭) 设 $f \in H(M,0)$, 与恒映射相切, 在不动点的重数为 $r+1$. 那么 f 局部拓扑共轭于

$$g(z) = z - z^{r+1}.$$

形式上的分类虽然不同, 但也很简单, 例如参见文献 [6].

定理 6.5.5 (形式共轭) 设 $f \in H(M,0)$, 与恒映射相切, 在不动点的重数为 $r+1$. 那么 f 形式共轭于

$$g(z) = z - z^{r+1} + \beta z^{2r+1},$$

其中 β 是形式 (和解析) 不变, 由下式给出

$$\beta = \frac{1}{2\pi i} \oint_\gamma \frac{dz}{z - f(z)}, \tag{6.5.3}$$

其中积分是关于一个正方向绕原点的小闭合路径 γ.

证 简单计算可知, 若 $f = g(z) = z - z^{r+1} + \beta z^{2r+1}$, 则 (6.5.3) 成立. 下面证明积分 (6.5.3) 是一个解析不变量. 设 φ 是局部全纯双射, 且原点为不动点, 并设 $F = \varphi^{-1} \circ f \circ \varphi$. 然后

$$\frac{1}{2\pi i} \int_\gamma \frac{dz}{z - f(z)} = \frac{1}{2\pi i} \int_{\varphi^{-1} \circ \gamma} \frac{\varphi'(w)dw}{\varphi(w) - f(\varphi(w))} = \frac{1}{2\pi i} \int_{\varphi^{-1} \circ \gamma} \frac{\varphi'(w)dw}{\varphi(w) - \varphi(F(w))}.$$

可以找到 $M, M_1 > 0$ 使得在原点附近有

$$\left| \frac{1}{w - F(w)} - \frac{\varphi'(w)}{\varphi(w) - \varphi(F(w))} \right| = \frac{1}{|\varphi(w) - \varphi(F(w))|} \left| \frac{\varphi(w) - \varphi(F(w))}{w - F(w)} - \varphi'(w) \right|$$

$$\leqslant M \frac{|w - F(w)|}{|\varphi(w) - \varphi(F(w))|} \leqslant M_1,$$

其中, 最后不等式依据事实 $\varphi'(0) \neq 0$. 这意味着两个亚纯函数 $1/(w - F(w))$ 和 $\varphi'(w)/(\varphi(w) - \varphi(F(w)))$ 相差一个全纯函数. 因此它们沿着原点周围的任何小闭合路径都有相同的积分, 即

$$\frac{1}{2\pi i} \int_\gamma \frac{dz}{z - f(z)} = \frac{1}{2\pi i} \int_{\varphi^{-1} \circ \gamma} \frac{dw}{w - F(w)}.$$

为了证明 f 形式共轭于 g, 考虑如下形式

$$\varphi(z) = z + \mu z_d + O_{d+1},$$

其中 $\mu \neq 0$, 用 O_{d+1} 代替了 $O(z^{d+1})$. 于是 $\varphi^{-1}(z) = z - \mu z^d + O_{d+1}$, $(\varphi^{-1})'(z) = 1 - d\mu z^{d-1} + O_d$, 且对所有 $j \geqslant 2$ 有 $(\varphi^{-1})^{(j)} = O_{d-j}$. 利用 φ^{-1} 的泰勒展开, 得到

$$
\begin{aligned}
&\varphi^{-1} \circ f \circ \varphi(z) \\
&= \varphi^{-1}\left(\varphi(z) + \sum_{j \geqslant r+1} a_j \varphi(z)^j\right) \\
&= z + (\varphi^{-1})'(\varphi(z)) \sum_{j \geqslant r+1} a_j \varphi(z)^j (1 + \mu z^{d-1} + O_d)^j + O_{d+2r} \\
&= z + [1 - d\mu z^{d-1} + O_d] \sum_{j \geqslant r+1} a_j z^j (1 + j\mu z^{d-1} + O_d)^j + O_{d+2r} \\
&= z + a_{r+1} z^{r+1} + \cdots + a_{r+d-1} z^{r+d-1} + [a_{r+d} + (r+1-d)\mu a_{r+1}] z^{r+d} + O_{d+r+1}.
\end{aligned}
$$

如果 $d = r+1$, 那么项 $[a_{r+d} + (r+1-d)\mu a_{r+1}] z^{r+d} = a_{2r+1} z^{2r+1}$ 不一定为 0, 无法消除 $2r+1$ 次项. 除此之外, 如果 $d \neq r+1$, 可以使用合适的 $\varphi(z) = z + \mu z^d$, 除去 f 的泰勒展开中的 $r+d$ 次项, 且不改变低次项.

这样, 首先利用线性的共轭坐标变换, 可令 $a_{r+1} = -1$; 然后利用一系列形如 $\varphi(z) = z + \mu z^d$ 的共轭, 可消去 f 的泰勒展开中的其他所有项, 除了三个项 z, $a_{r+1} z^{r+1}$, z^{2r+1} 外.

最后, 上面的共轭变换还表明两个具有不同 β 的形式映射 $g(z) = z - z^{r+1} + \beta z^{2r+1}$ 不是形式共轭. 证毕.

我们称 (6.5.3) 中的数 β 为 f 在不动点处的**指数**.

对于与恒等映射相切的全纯映射的局部解析分类, 比上面的形式 (拓扑) 分类要复杂得多. 这种分类还依赖于某个所谓扇形不变量.

定理 6.5.6[7] (局部解析共轭)　设 $f, g \in H(M, 0)$ 是两个与恒等映射相切的全纯映射. f 局部解析共轭于 g 当且仅当它们具有相同的重数、相同的指数和相同的扇形不变量.

特别地, 我们可以得到与恒等映射相切的这些全纯映射不同共轭之间的关系: 两个局部拓扑共轭的映射可以既不局部解析共轭也不形式共轭; 两个形式共轭的映射可以不是局部解析共轭.

如果 $f \in H(M, 0)$ 满足 $a_1 = e^{2\pi i p/q}$, 那么 f^q 与恒等映射相切. 因此, 可将前面的结果应用到 f^q, 然后推导出关于原始 f 的动力学性质.

引理 6.5.2　设 $f, g \in H(M, 0)$ 具有相同的乘子 $e^{2\pi i p/q} \in S^1$, 则 f 和 g 局部解析共轭当且仅当 f^q 和 g^q 是局部解析共轭.

证　充分性显而易见. 对于必要性, 设 φ 是 f^q 和 g^q 的共轭函数, 即有

$$g^q = \varphi^{-1} \circ f^q \circ \varphi = (\varphi^{-1} \circ f \circ \varphi)^q,$$

因此, 相差一个共轭, 用 $\varphi^{-1} \circ f \circ \varphi$ 代替 f, 可假设 $f^q = g^q$. 令

$$\psi = \sum_{k=0}^{q-1} g^{q-k} \circ f^k = \sum_{k=1}^{q} g^{q-k} \circ f^k.$$

则 ψ 是局部全纯的双射, 因为 $\psi'(0) = q \neq 0$, 且 $\psi \circ f = g \circ \psi$. 证毕.

在此, 我们列出了一些结果, 具体可参见文献 [6], [4] 的证明和细节.

定理 6.5.7 设 $f \in H(M, 0)$ 具有乘子 $\lambda \in S^1$, λ 是 q 阶的本原单位根, 且 $f^q \not\equiv \mathrm{Id}$, 那么存在 $n \geqslant 1$ 和 $\alpha \in \mathbb{C}$, 使得 f 形式共轭于

$$g(z) = \lambda z - z^{nq+1} + \alpha z^{2nq+1}.$$

定理 6.5.8 设 $f \in H(M, 0)$ 具有乘子 $\lambda \in S^1$, λ 是 q 阶的本原单位根, 且 $f^q \not\equiv \mathrm{Id}$, 且具有抛物型的重数 $n \geqslant 1$. 则 f 拓扑共轭于

$$g(z) = \lambda z - z^{nq+1}.$$

引理 6.5.3 设 $f \in H(M, 0)$ 具有乘子 $\lambda \in S^1$, λ 是 q 阶的本原单位根, 且 $f^q \not\equiv \mathrm{Id}$, $n \geqslant 1$ 是 f 的抛物型的重数. 则 f^q 具有重数 $nq + 1$, f 作用于 f^q 的吸引 (排斥) 的花瓣, 类似于在 n 个不相交环上的轮换. 且 $K_f = K_{f^q}$.

此外, 还可以得到类似于前面的局部解析共轭的结论.

6.5.4 椭圆的情形

考虑下面椭圆的情形

$$f(z) = \mathrm{e}^{2\pi \mathrm{i}\theta} z + a_2 z^2 + \cdots, \tag{6.5.4}$$

其中 $\theta \notin \mathbb{Q}$. 结果表明, 局部动力学主要取决于 θ 的数值属性. 这里最主要的问题是 f 是否局部解析共轭于它的线性部分. 首先介绍一些基本概念.

定义 6.5.6 如果形如 (6.5.4) 的映射 f 局部解析共轭于它的线性部分, 即无理旋转 $z \mapsto \mathrm{e}^{2\pi \mathrm{i}\theta} z$, 那么称 f 可以**解析线性化**. 在此情形下, 称 0 是 f 的 **Siegel 点**; 否则, 称为 **Cremer 点**.

已知的结果表明: 形如 (6.5.4) 的映射可解析线性化, 对应的 $\theta \in [0, 1] \backslash \mathbb{Q}$ 集合是全测度的子集, 记为 B; 相反, 补集 $[0, 1] \backslash B$ 是 G_δ 稠密集, 对于所有 $\theta \in [0, 1] \backslash B$ 二次多项式 $z \mapsto z^2 + \mathrm{e}^{2\pi \mathrm{i}\theta} z$ 不能解析线性化. 这些著名结论归功于 Cremer, Siegel, Brjuno 和 Yoccoz 这四位数学家. 本小节将作简要介绍.

若 $f \in H(M, 0)$ 的不动点 p 在 K_f 的内部, 则称 p 是稳定的.

定理 6.5.9 设 $f \in H(M, 0)$ 具有乘子 $\lambda \in S^1$, 则 f 解析线性化 $\Leftrightarrow$ 拓扑线性化 $\Leftrightarrow$ 0 是 f 的稳定点.

证 若 f 可以解析线性化, 则它可以拓扑线性化, 并且如果它可以拓扑线性化 ($|\lambda| = 1$), 那么它是稳定的. 反过来, 假设 0 是稳定的, 并设

$$\varphi_k(z) = \frac{1}{k} \sum_{j=0}^{k-1} \frac{f^j(z)}{\lambda^j},$$

其中 $\varphi_k'(0) = 1$ 和

$$\varphi_k \circ f = \lambda\varphi_k + \frac{\lambda}{k}\left(\frac{f^k}{\lambda^k} - \mathrm{Id}\right). \tag{6.5.5}$$

0 的稳定性意味着: 存在包含有原点的有界开集使得对于所有 $k \in \mathbb{N}$, $f^k(V) \subset U$. 由于 $|\lambda| = 1$, 可以得到 $\{\varphi_k\}$ 是 V 上的一致有界的, 因此, 通过 Montel 定理, 存在收敛子序列. 但是 (6.5.5) 蕴含着收敛子序列收敛到 f 与旋转 $z \mapsto \lambda z$ 之间的共轭函数, 因此 f 可以解析线性化.

人们还发现: 两个具有相同乘子的椭圆型局部全纯映射总是形式共轭的.

定理 6.5.10 设 $f \in H(M, 0)$ 的乘子 $\lambda = e^{2\pi i\theta} \in S^1$, $\theta \notin \mathbb{Q}$. f 形式共轭于它的线性部分, 形式共轭函数是唯一的, 且与恒等映射相切.

证 下面证明存在唯一的形式幂级数

$$h(z) = z + h_2 z^2 + \cdots$$

使得 $h(\lambda z) = f(h(z))$. 由于

$$h(\lambda z) - f(h(z)) = \sum_{j \geqslant 2}\left\{[(\lambda^j - \lambda)h_j - a_j]z^j - a_j\sum_{\ell=1}^{j}\binom{j}{\ell}z^{\ell+j}\left(\sum_{k\geqslant 2}h_k z^{k-2}\right)^{\ell}\right\}$$

$$= \sum_{j \geqslant 2}\left[(\lambda^j - \lambda)h_j - a_j - X_j(h_2, \cdots, h_{j-1})\right]z^j,$$

其中 X_j 是某个含有 $j-2$ 个变量的多项式, 其系数取决于 $a_2, \cdots, a_{j-1}$. 由此可见, h 的系数由归纳法来唯一确定, 且

$$h_j = \frac{a_j + X_j(h_2, \cdots, h_{j-1})}{\lambda^j - \lambda}, \tag{6.5.6}$$

特别地, h_j 仅依赖于 $\lambda, a_2, \cdots, a_j$. 证毕.

同样可以证明: 如果 $f \in H(M, 0)$ 的乘子 $\lambda \neq 0$, 且不是单位根, 那么 f 形式共轭于它的线性部分.

考虑形式共轭函数线性化 f 时, 如果其形式幂级数 h 的系数增长过快, 那么 h 不收敛. 因此, 关系式 (6.5.6) 将 h 的收敛半径与 $\lambda^j - \lambda$ 的性质联系起来: 如果

后者变得太小, 则定义 h 的级数不收敛. 这就是所谓的 "小分母问题" 或 "小除数问题".

自然而然地引入以下数量

$$\Omega_\lambda(m) = \min_{1 \leqslant k \leqslant m} \left| \lambda^k - \lambda \right|,$$

对于 $\lambda \in S^1$ 和 $m \geqslant 1$. 显然, λ 是单位根 $\Leftrightarrow$ 所有大于或等于某个 $m_0 \geqslant 1$ 的 m, $\Omega_\lambda(m) = 0$. 进一步, 对于所有的 $\lambda \in S^1$, 有

$$\lim_{m \to +\infty} \Omega_\lambda(m) = 0.$$

第一个证明椭圆型的局部全纯映射不能解析线性化的人是 Cremer, 他在 1928 年[8] 给出下面的结果.

定理 6.5.11   设 $\lambda \in S^1$ 使得

$$\limsup_{m \to +\infty} \frac{1}{m} \ln \frac{1}{\Omega_\lambda(m)} = +\infty. \tag{6.5.7}$$

则存在具有乘子 λ 的 $f \in H(M, 0)$ 不能解析线性化. 此外, $\lambda \in S^1$ 满足 (6.5.7) 的集合包含 G_δ-稠密集.

证   递归地选择 $a_j \in \{0, 1\}$ 使得对于所有 $j \geqslant 2$, $|a_j + X_j| \geqslant 1/2$, 其中 X_j 如式 (6.5.6) 中的定义. 定义

$$f(z) = \lambda z + a_2 z^2 + \cdots.$$

然而 (6.5.7) 意味着形式线性化共轭函数 h 的收敛半径是 0. 因此 f 不能解析线性化.

最后, 令 $C(q_0) \subset S^1$, 表示满足下列条件的 $\lambda = \mathrm{e}^{2\pi i \theta} \in S^1$ 集合

$$\left| \theta - \frac{p}{q} \right| < \frac{1}{2^{q!}}. \tag{6.5.8}$$

对于一些 $p/q \in \mathbb{Q}$ 的最低项, $q \geqslant q_0$. 不难验证每个 $C(q_0)$ 是 S^1 的稠开集, 并且所有的 $\lambda \in S = \bigcap_{q_0 \geqslant 1} C(q_0)$ 均满足 (6.5.7). 事实上, 如果 $\lambda = \mathrm{e}^{2\pi i \theta} \in S$, 那么可以找到任意大 $q \in \mathbb{N}$ 使得存在 $p \in \mathbb{N}$ 有式子 (6.5.8) 成立. 对于所有 $t \in [-1/2, 1/2]$, 容易得到

$$\left| \mathrm{e}^{2\pi i \theta} - 1 \right| \leqslant 2\pi |t|.$$

然后令 p_0 为最接近 $q\theta$ 的整数, 使得 $|q\theta - p_0| \leqslant 1/2$. 于是, 对于任意大 q, 有

$$|\lambda^q - 1| = \left| \mathrm{e}^{2\pi i \theta} - \mathrm{e}^{2\pi i p_0} \right| = \left| \mathrm{e}^{2\pi i (q\theta - p_0)} - 1 \right| \leqslant 2\pi |q\theta - p_0| < \frac{2\pi}{2^{q!-1}}.$$

证毕.

另一方面, Siegel 在 1942 年给出了一个充分条件, 保证可以解析线性化.

定理 6.5.12[9]   设 $\lambda \in S^1$, 且存在 $\beta > 1$ 和 $\gamma > 0$, 使得

$$\frac{1}{\Omega_\lambda(m)} \leqslant \gamma m^\beta, \quad \forall m \geqslant 2, \tag{6.5.9}$$

则所有具有乘子 λ 的 $f \in H(M, 0)$ 均能解析线性化. 此外, 满足上述条件的 $\lambda \in S^1$ 是 S^1 上的 Lebesgue 全测集.

上述定理表明, 满足上述条件的 $\lambda \in S^1$ 的集合足够大, 是全测集. 可以证明若 $\theta \in [0, 1] \setminus \mathbb{Q}$ 是代数数, 则满足上述条件.

根据前面两个定理, 能得到可解析线性化和不可解析线性化集合的大小关系: 对于通有的 (拓扑意义上的)$\lambda \in S^1$, 存在不可解析线性化的局部全纯映射, 其乘子为 λ; 而对于几乎所有的 (在测度理论意义上)$\lambda \in S^1$, 存在可以解析线性化的局部全纯映射, 其乘子为 λ.

上面的定理提出了关于乘子 λ 的算术条件, 具有这样乘子 λ 的局部全纯映射的原点是 Siegel 点. 下面是著名的 Brjuno-Yoccoz 定理.

定理 6.5.13   设 $\lambda \in S^1$, 则三条陈述是等价的:

(i) 原点是二次多项式 $f_\lambda(z) = \lambda z + z^2$ 的 Siegel 点;

(ii) 原点是所有具有乘子 λ 的 $f \in H(M, 0)$ 的 Siegel 点;

(iii) 数 λ 满足 Brjuno 条件

$$\sum_{k=0}^{+\infty} \frac{1}{2^k} \ln \frac{1}{\Omega_\lambda(2^{k+1})} < +\infty. \tag{6.5.10}$$

Brjuno 条件 (6.5.10) 通常用不同的表示方式. 记 $\lambda = e^{2\pi i \theta}$, 设 $\{p_k/q_k\}$ 是 θ 的连分式展开给出的有理分式逼近序列. 则条件 (6.5.10) 等价于

$$\sum_{k=0}^{+\infty} \frac{1}{q^k} \ln q_{k+1} < +\infty.$$

而条件 (6.5.9) 等价于

$$q_{n+1} = O(q_n^\beta);$$

条件 (6.5.7) 等价于

$$\limsup_{m \to +\infty} \frac{1}{q_k} \ln q_{k+1} = +\infty.$$

相关细节可以参见文献 [10], [11], [6] 等.

6.5.5   总结

根据前面的结果, 我们把局部全纯映射的规范型和共轭条件简单归纳成表 6.5.1.

表 6.5.1 全纯映射局部规范型和共轭条件

不动点的类型	$f \in H(M,0)$ 的形式	共轭的类型	条件	规范型
双曲型	$f(z) = a_1 z + O(z^2)$	局部解析共轭	相同的乘子	$g(z) = a_1 z$
双曲型	$f(z) = a_1 z + O(z^2)$	局部拓扑共轭	同时吸引 (排斥)	$g_<(z) = z/2$ $(g_>(z) = 2z)$
超吸引不动点	$f(z) = a_r z^r + a_{r+1}z^{r+1} + \cdots$	局部解析 (拓扑) 共轭	相同的阶	$g(z) = z^r$
抛物型，与恒等映射相切	$f(z) = z + a_{r+1}z^{r+1} + a_{r+2}z^{r+2} + \cdots$	局部拓扑共轭	相同的重数	$g(z) = z - z^{r+1}$
抛物型，与恒等映射相切	$f(z) = z + a_{r+1}z^{r+1} + a_{r+2}z^{r+2} + \cdots$	形式共轭	相同的重数，相同的 $\beta = \dfrac{1}{2\pi i}\oint_\gamma \dfrac{dz}{z - f(z)}$	$g(z) = z - z^{r+1} + \beta z^{2r+1}$
抛物型，与恒等映射相切	$f(z) = z + a_{r+1}z^{r+1} + a_{r+2}z^{r+2} + \cdots$	局部解析共轭于	相同的重数，相同的指数，相同的扇形不变量	未知
抛物型，重数 ≥ 2	$f(z) = \mathrm{e}^{2i\pi p/q}z + a_{r+1}z^{r+1} + a_{r+2}z^{r+2} + \cdots$	局部解析 (拓扑上) 共轭	$f^q = \mathrm{Id}$	$g(z) = \mathrm{e}^{2i\pi p/q}z$
抛物型，重数 ≥ 2	$f(z) = \mathrm{e}^{2i\pi p/q}z + a_{r+1}z^{r+1} + a_{r+2}z^{r+2} + \cdots$	局部解析共轭于 g	相同的乘子，f^q 和 g^q 是局部解析共轭	未知
抛物型，重数 ≥ 2	$f(z) = \mathrm{e}^{2i\pi p/q}z + a_{r+1}z^{r+1} + a_{r+2}z^{r+2} + \cdots$	形式共轭	相同的乘子，$f^q \neq \mathrm{Id}$	$g(z) = \lambda z - z^{nq+1} + \alpha z^{2nq+1}$
抛物型，重数 ≥ 2	$f(z) = \mathrm{e}^{2i\pi p/q}z + a_{r+1}z^{r+1} + a_{r+2}z^{r+2} + \cdots$	拓扑共轭	相同的乘子，相同的重数，$f^q \neq \mathrm{Id}$	$g(z) = \lambda z - z^{nq+1}$

续表

不动点的类型	$f \in H(M,0)$ 的形式	共轭的类型	条件	规范型
椭圆型 ($\lambda = e^{2\pi i\theta}$, $\theta \notin \mathbb{Q}$)	$f(z) = e^{2\pi i\theta}z + a_2 z^2 + \cdots$	局部解析 (拓扑) 共轭	0 是 f 的稳定点	$z \mapsto e^{2\pi i\theta}z$
椭圆型	$f(z) = e^{2\pi i\theta}z + a_2 z^2 + \cdots$	形式共轭	—	$z \mapsto e^{2\pi i\theta}z$
椭圆型	$f(z) = e^{2\pi i\theta}z + a_2 z^2 + \cdots$	不能解析线性化	$\limsup\limits_{m\to+\infty} \dfrac{1}{m}\ln\dfrac{1}{\Omega_\lambda(m)} = +\infty$ 或 $\limsup\limits_{m\to+\infty}\dfrac{1}{q_k}\ln q_{k+1} = +\infty$	
椭圆型	$f(z) = e^{2\pi i\theta}z + a_2 z^2 + \cdots$	局部解析共轭	$\dfrac{1}{\Omega_\lambda(m)} \leqslant \gamma m^\beta,\ \forall m \geqslant 2$ 或 $q_{n+1} = O(q_n^\beta)$	$z \mapsto e^{2\pi i\theta}z$
椭圆型	$f(z) = e^{2\pi i\theta}z + a_2 z^2 + \cdots$	局部解析共轭	$\sum\limits_{k=0}^{+\infty}\dfrac{1}{2^k}\ln\dfrac{1}{\Omega_\lambda(2^{k+1})} < +\infty$ 或 $\sum\limits_{k=0}^{+\infty}\dfrac{1}{q^k}\ln q_{k+1} < +\infty$	$z \mapsto e^{2\pi i\theta}z$

参 考 文 献

[1] Koenigs G. Recherches sur les intégrales de certains équations fonctionnelles. Ann. Sci. Ec. Norm. Sup., 1884, 1: 3-41.

[2] Böttcher L E. The principal laws of convergence of iterates and their application to analysis. Izv. Kazan. Fiz.-Mat. Obshch, 1904, 14: 155-234.

[3] Abate M. Discrete holomorphic local dynamical systems.//Gentili G, Guenot J, Patrizio G. Holomorphic Dynamical Systems, Lectures notes in Math. Berlin: Springer, 2010, 1-55.

[4] Camacho C. On the local structure of conformal mappings and holomorphic vector fields. Astérisque, 1978, 59-60: 83-94.

[5] Shcherbakov A A. Topological classification of germs of conformal mappings with identity linear part. Moscow Univ. Math. Bull, 1982, 37: 52-57,111.

[6] Milnor J. Dynamics in One Complex Variable. 3rd ed. Annals of Mathematics Studies, 160. Princeton: Princeton University Press, 2006.

[7] Voronin S M. Analytic classification of germs of conformal mappings $(C, 0) \to (C, 0)$ with identity linear part. Func. Anal. Appl., 1981, 15: 1-13.

[8] Cremer H. Zum zentrumproblem. Math. An., 1928, 98: 151-163.

[9] Siegel C L. Iteration of analytic functions. Ann. of Math., 1942, 43: 607-612.

[10] Brjuno A D. Analytical form of differential equations, I. Trans. Moscow Math. Soc., 1971, 25: 131-288

[11] Brjuno A D. Analytical form of differential equations, II. Trans. Moscow Math. Soc., 1972, 26: 199-239.

6.6 Cremona 映射局部解析线性化

本节将考虑一类二维保面积的可反映射 —— Cremona 映射

$$F_\alpha(x, y) = \left(x \cos \alpha - (y - x^2) \sin \alpha, x \sin \alpha + (y - x^2) \cos \alpha\right),$$

其中 $\alpha \in [0, 2\pi)$. 研究其在原点附近解析线性化的条件. 将二维映射线性化问题转化为一个复映射的 Siegel 盘存在性问题. 通过共轭变换, 转化为相应的函数方程局部可逆解析解的存在性问题. 其中涉及这种类型的小分母 $\lambda^n + \lambda^{-n} - \lambda - \lambda^{-1}$ 问题. 最后利用一个类似的 Brjuno 条件, 得到了 Cremona 映射局部解析线性化的条件.

6.6.1 解析线性化

一个复映射的动力学可以将复球面划分为两个集合, 分别称为 Fatou 集和 Julia 集. 粗略地讲, 对于 Fatou 集中的每个点, 在其邻域的动力学性质是不可控的, 而对于 Julia 集中的每个点, 在其邻域的动力学性质是可以控制的. 通常称 Fatou 集也是稳定集或正常集. Fatou 集是开集, Julia 集是闭集.

一个映射的 Siegel 盘是这个映射向前迭代的不变集, 属于 Fatou 集的一部分, 且局部解析共轭于单位圆盘上的无理旋转 $R_\theta : z \mapsto \mathrm{e}^{2\pi \mathrm{i}\theta} z$, $\theta \in \mathbb{R} \backslash \mathbb{Q}$.

Cremona 映射 F_α 是一类经典的保面积的可反映射. 本节将研究 F_α 在不动点附近的解析线性化问题. 设 $z = x + \mathrm{i}y$, 则 F_α 改写成

$$F_\alpha (z) = \lambda z - \frac{\mathrm{i}\lambda}{4} (z + \bar{z})^2, \quad \lambda = \mathrm{e}^{\mathrm{i}\alpha}.$$

若 F_α 可以局部解析线性化或存在 Siegel 盘, 即与无理旋转 $R_\alpha : z \mapsto \lambda z$ 共轭. 这意味着存在一个局部可逆全纯函数 $H : \mathbb{C} \to \mathbb{C}$, 改写为 $H(z) = \Phi(z) + \mathrm{i}\Psi(z)$, 在某个圆盘中解析, 满足

$$F_\alpha \circ H = H \circ R_\alpha,$$

结合 F_α 形式, 我们有

$$\Phi(z) \cos \alpha - \left(\Psi(z) - (\Phi(z))^2\right) \sin \alpha = \Phi(\lambda z),$$

$$\Phi(z) \sin \alpha + \left(\Psi(z) - (\Phi(z))^2\right) \cos \alpha = \Psi(\lambda z).$$

于是解出 $\Psi(\lambda z) = (\Phi(\lambda z) - \Phi(z) \cos \alpha) \csc \alpha$. 这样 $\Phi(z)$ 满足下面的迭代函数方程

$$\Phi(\lambda z) - 2\Phi(z) \cos \alpha + \Phi\left(\lambda^{-1} z\right) = (\Phi(z))^2 \sin \alpha$$

或

$$\Phi(\lambda z) - \left(\lambda + \lambda^{-1}\right) \Phi(z) + \Phi\left(\lambda^{-1} z\right) = \frac{1}{2} \left(\lambda^{-1} - \lambda\right) (\Phi(z))^2. \tag{6.6.1}$$

将幂级数 $\Phi(z) = \sum\limits_{n=1}^{+\infty} \phi_n z^n$ 代入上式, 得到

$$\Phi(z) = \sum_{n=1}^{+\infty} \phi_n z^n \sum_{n=1}^{+\infty} D_n \phi_n z^n = \sum_{n=2}^{+\infty} \sum_{j=1}^{n-1} \phi_j \phi_{n-j} z^n \sin \alpha,$$

其中 $D_n = \lambda^n + \lambda^{-n} - \lambda - \lambda^{-1}$. 通过比较上面式子两边的系数, 易发现

$$D_1 \phi_1 = 0, \quad D_n \phi_n = \sum_{j=1}^{n-1} \phi_j \phi_{n-j} z^n \sin \alpha, \quad n \geqslant 2$$

为得到的非平凡解析解, 设 $\phi_1 \neq 0$.

因此我们得到下面关于 Φ 的幂级数结果.

引理 6.6.1 函数方程 (6.6.1) 满足 $\Phi(0)=0$ 和 $\Phi'(0)\neq 0$ 的形式解为

$$\Phi(z)=\sum_{n=1}^{+\infty}\phi_n z^n,\quad \phi_1\neq 0,$$

$$\phi_n=\frac{\lambda-\lambda^{-1}}{2\mathrm{i}}\cdot\frac{1}{\lambda^n+\lambda^{-n}-\lambda-\lambda^{-1}}\sum_{j=1}^{n-1}\phi_j\phi_{n-j},\quad n\geqslant 2.$$

当 λ 在单位圆上但不是单位根时, 对上述问题的主要困难在于必须估计小分母 $\lambda^n+\lambda^{-n}-\lambda-\lambda^{-1}$ 的问题 (所谓 "小除数问题").

6.6.2 Diophantine 条件和强 Brjuno 条件

首先介绍无理数的高斯连分数展开. 设 $[a_0,a_1,\cdots]$ 是 $\omega\in\mathbb{R}/\mathbb{Q}$ 的连分数展开, 所有的 $j\geqslant 1$, 递归定义 $a_j=\lfloor 1/\omega_j\rfloor$ 和 $\omega_j=1/\omega_{j-1}-\lfloor 1/\omega_{j-1}\rfloor$, 其中 $\lfloor\;\rfloor$ 表示整数部分, $\omega_0=\omega-\lfloor\omega\rfloor$ 和 $a_0=\lfloor\omega\rfloor$. 部分分式 $p_k/q_k=[a_0,\cdots,a_k]$ 为 $\omega\in\mathbb{R}/\mathbb{Q}$ 的 k 次有理逼近, 其中, 对所有的 $k\geqslant 0$,

$$p_k=a_k q_{k-1}+p_{k-2},\quad q_k=a_k q_{k-1}+q_{k-2},$$

初始值 $q_{-2}=p_{-1}=1$, $q_{-1}=p_{-2}=0$. 在文献 [1,2] 中, 序列 $(p_k/q_k)_{k\geqslant 1}$ 有下列重要的性质

$$(2q_{k+1})^{-1}<(q_k+q_{k+1})^{-1}<|q_k\omega-p_k|<q_{k+1}^{-1},\quad \forall k\geqslant 1 \tag{6.6.2}$$

$$q_k\geqslant\frac{1}{2}\left(\frac{\sqrt{5}+1}{2}\right)^{k-1},\quad k\geqslant 1, \tag{6.6.3}$$

$$\sum_{k\geqslant 0}\frac{1}{q_k}\leqslant\frac{\sqrt{5}+5}{2}.$$

如文献 [3] 所述, 称无理数 $\omega\in\mathbb{R}/\mathbb{Q}$ 满足 **Brjuno 条件**(或是 **Brjuno 数**), 如果 ω 的收敛序列 $(p_k/q_k)_{k\geqslant 1}$ 的分母满足下面条件

$$B(w):=\sum_{k=0}^{+\infty}\frac{\ln q_{k+1}}{q_k}<+\infty.$$

称无理数 $\omega\in\mathbb{R}/\mathbb{Q}$ 满足 **Diophantine 条件**(或者 w 是 **Diophantine 数**), 如果存在常数 $c>0$ 和 $\mu>2$ 使得对所有的 $p\in\mathbb{Z}, q\in\mathbb{Z}^+$, 有

$$\left|w-\frac{p}{q}\right|\geqslant\frac{c}{q^n}.$$

另一个与上式等价的条件[4] 如下: 存在常数 $c > 0$ 和 $\beta \geqslant 0$ 使得 ω 的第 k 次有理逼近 p_k/q_k 满足

$$q_{k+1} \leqslant c q_k^{1+\beta}, \quad \forall k \geqslant 0. \tag{6.6.4}$$

我们称无理数 $\omega \in \mathbb{R}/\mathbb{Q}$ 满足**强 Brjuno 条件**, 如果 ω 的收敛序列 $(p_k/q_k)_{k \geqslant 1}$ 的分母满足

$$\bar{B}(w) := \sum_{k=0}^{+\infty} \frac{\ln q_{k+2}}{q_k} < +\infty.$$

因为对 $k \in \mathbb{Z}^+$ 有 $q_{k+1} < q_{k+2}$, 这个条件显然不比 Brjuno 条件弱.

引理 6.6.2　设 $\omega \in \mathbb{R}/\mathbb{Q}$ 是 Diophantine 数, p_k/q_k 为 ω 的第 k 次有理逼近, 则

$$\bar{B}(\omega) := \sum_{k=0}^{+\infty} \frac{\ln q_{k+2}}{q_k} < +\infty.$$

证　在 Diophantine 条件下, 存在常数 $c > 0$ 和 $\mu > 2$, 因此对所有的 $p \in \mathbb{Z}, q \in \mathbb{Z}^+$, 有

$$\left| \omega - \frac{p}{q} \right| \geqslant \frac{c}{q^\mu}.$$

通过 (6.6.2), 对所有的 k, 有 $\left| \omega - \dfrac{p_k}{q_k} \right| < \dfrac{1}{q_k q_{k+1}}$. 于是

$$q_{k+2} \leqslant c^{-1} q_{k+1}^{\mu-1} \leqslant c^{-1} \left(c^{-1} q_k^{\mu-1} \right)^{\mu-1} \leqslant c^{-\mu} q_k^{(\mu-1)^2}.$$

因此

$$\frac{\ln q_{k+2}}{q_k} < \frac{\ln c^{-\mu}}{q_k} + (\mu-1)^2 \frac{\ln q_k}{q_k}.$$

由 (6.6.3) 得 $\sum\limits_{k=0}^{+\infty} \dfrac{\ln q_{k+2}}{q_k} < +\infty$. 证毕.

下面我们给出一个满足强 Brjuno 条件, 但不满足 Diophantine 条件的无理数. 设 $\omega \in \mathbb{R}/\mathbb{Q}$ 的有理逼近的分母满足 $q_{k+2} = \lfloor e^{\sqrt{q_k}} \rfloor, \forall k \geqslant 0$. 根据 (6.6.3) 得

$$q_k^{-1} \ln q_{k+2} \leqslant \frac{1}{\sqrt{q_k}} \leqslant \sqrt{2} \left(\frac{\sqrt{5}-1}{2} \right)^{\frac{k-1}{2}}.$$

于是 $\sum\limits_{k=0}^{+\infty} \dfrac{\ln q_{k+2}}{q_k} < +\infty$. 然而, 这个数不满足条件 (6.6.4). 事实上, 假设这个数字满足 (6.6.4). 这时 $q_{k+2} \leqslant c^{2+\beta} q_k^{(1+\beta)^2}$. 另一方面, 存在某个很小的 $\varepsilon > 0$ 使得 $q_{k+2} > e^{q_k^\varepsilon}$. 对足够大的 k, 有

$$e^{q_k^\varepsilon} > c^{2+\beta} q_k^{(1+\beta)^2},$$

矛盾.

下面这个例子 (参见 [4]) 满足 Brjuno 条件但不满足强 Brjuno 条件. 让 $\omega \in \mathbb{R}/\mathbb{Q}$ 的有理逼近的分母满足 $q_{k+1} = \lfloor e^{\sqrt{q_k}} \rfloor$, $\forall k \geqslant 0$. 根据 (6.6.3) 得

$$q_k^{-1} \ln q_{k+1} \leqslant \frac{1}{\sqrt{q_k}} \leqslant \sqrt{2} \left(\frac{\sqrt{5}-1}{2} \right)^{\frac{k-1}{2}}.$$

因此 $\sum\limits_{k=0}^{+\infty} \dfrac{\ln q_{k+1}}{q_k} < +\infty$. 另一方面, 存在足够小的 $\varepsilon > 0$ 使得 $q_{k+1} > e^{q_k^{\varepsilon}}$. 对足够大的 k, 有

$$q_k^{-1} \ln q_{k+2} \geqslant q_k^{-1} \left(e^{q_k^{\varepsilon}} \right)^{\varepsilon} \geqslant q_k^{-1} \left(e^{\varepsilon} \right)^{q_k^{\varepsilon}} \geqslant q_k.$$

于是 $\sum\limits_{k=0}^{+\infty} \dfrac{\ln q_{k+2}}{q_k} = +\infty$.

6.6.3 局部解析线性化

定理 6.6.1 若 $\bar{B}(\alpha/(2\pi)) < +\infty$, 则 F_α 在原点附近可以局部解析线性化, 换句话讲, F_α 存在 Siegel 盘.

证 为了证明在引理 6.2.1 中幂级数 $\Phi(z)$ 的收敛性, 只需证明

$$\sup_n \frac{1}{|n|} \ln |\phi_n| < \infty.$$

用 $\|\cdot\|$ 表示与最近整数的距离, 例如, $\|y\| := \min\limits_{p \in \mathbb{Z}} |y + p|$. 对 $n \geqslant 1$, 令

$$\varepsilon_n := \min \left\{ \left| \lambda^{n+1} - 1 \right|^2, \left| \lambda^{n-1} - 1 \right|^2 \right\} \leqslant \left| \left(\lambda^{n+1} - 1 \right) \left(\lambda^{n-1} - 1 \right) \right| = |D_n|.$$

设 $\omega = \alpha/(2\pi)$, 于是 $\varepsilon_n = \min \left\{ 4 |\sin \pi (n+1) \omega|^2, 4 |\sin \pi (n-1) \omega|^2 \right\}$. 由于对所有的 $x \in [0, 1/2]$, 有 $2x \leqslant \sin(\pi x) \leqslant 1$, 即得

$$\min \left\{ 16 \|(n+1) w\|^2, 16 \|(n+1) w\|^2 \right\} \leqslant \varepsilon_n \leqslant 4.$$

根据 Siegel 的方法[9], 递归定义

$$\sigma_1 = |c_1|, \quad \sigma_n = \sum_{l=1}^{n-1} \sigma_l \sigma_{n-l}, \quad n \geqslant 2$$

和

$$\delta_1 = 1, \quad \delta_n = \frac{1}{\varepsilon_n} \max_{1 \leqslant j \leqslant n-1} \delta_j \delta_{n-j}, \quad n \geqslant 2. \tag{6.6.5}$$

根据归纳法, 有

$$|\phi_n| \leqslant \frac{|\sin\alpha|}{|D_n|} \sum_{j=1}^{n-1} |\phi_j| \, |\phi_{n-j}|$$

$$\leqslant \frac{1}{\varepsilon_n} \sum_{j=1}^{n-1} \sigma_l \sigma_{n-l} \delta_l \delta_{n-l}$$

$$\leqslant \left(\frac{1}{\varepsilon_n} \max_{1 \leqslant l \leqslant n-1} \delta_l \delta_{n-l} \right) \left(\sum_{j=1}^{n-1} \sigma_l \sigma_{n-l} \right)$$

$$= \sigma_n \delta_n.$$

因此 $\phi_n \leqslant \sigma_n \delta_n, \forall n \geqslant 2$. 为了证明幂级数的收敛性, 只需要 σ_n 和 δ_n 的估计. 为了估计 σ_n, 假设 $f(z) = \sum\limits_{n=1}^{+\infty} \sigma_n z^n$, 不难发现 f 满足函数方程

$$f(z) = |c_1| z + (f(z))^2.$$

这个方程在 $f(0) = 0$ 的条件下有唯一的解析解

$$f(z) = \frac{1 - \sqrt{1 - 4|c_1| z}}{2}, \quad |z| \leqslant \frac{1}{4|c_1|}.$$

由柯西估计,

$$\sigma_n \leqslant (4|c_1|)^n \max_{|z| \leqslant 1/4|c_1|} |f(z)| \leqslant (4|c_1|)^n \cdot \frac{1+\sqrt{2}}{2} \leqslant \frac{(4|c_1|)^n (1+\sqrt{2})}{2}.$$

因此

$$\sup_n \frac{1}{|n|} \ln \sigma_n < \infty.$$

现考虑 δ_n. 在这里我们基本上重复 Brjuno 的讨论[5,6]; 同时也参考了文献 [7,8] 一些较为可读的论述, 以及 Brjuno 方法在 Siegel 定理中的进一步应用.

在 (6.6.5) 中, 某个分解达到最大值

$$\delta_1 = 1, \delta_n = \frac{1}{\varepsilon_n} \delta_{j_n} \delta_{n-j_n}, \quad \text{其中 } 1 \leqslant j_n \leqslant n-1. \tag{6.6.6}$$

在这个相同方式中不断分解 $\delta_{j_n}, \delta_{n-j_n}$, 最终将得到某个确定的分解

$$\delta_n = \prod_{k=1}^{l(n)} \varepsilon_{i_k}^{-1}, \quad \text{其中 } \varepsilon_{i_1} = \varepsilon_n, \, 2 \leqslant i_2 \leqslant \cdots \leqslant i_{l(n)} \leqslant n-1. \tag{6.6.7}$$

我们宣称 $l(n) = n-1$. 事实上, 因为 $\delta_1 = 1, \delta_2 = 1/\varepsilon_2$, 有 $l(1) = 0, l(2) = 1$. 由归纳, 从 (6.6.6) 得到: 对 $n \geqslant 2$, 有

$$l(n) = 1 + l(j_n) + l(n-j_n) = 1 + j_n - 1 + n - j_n - 1 = n - 1.$$

很自然地引入函数 $\Omega_\lambda : \mathbb{N}\backslash\{1\} \to \mathbb{R}^+$, 定义如下:

$$\Omega_\lambda(m) := \min_{1 \leqslant j \leqslant m-1} \varepsilon_j.$$

显然 Ω_λ 是非增的, 因为 $\omega \in \mathbb{R}\backslash\mathbb{Q}$, $\displaystyle\lim_{m\to+\infty} \Omega_\lambda(m) = 0$. 从 (6.6.2) 得

$$\Omega(q_k) \geqslant \min_{1 \leqslant j \leqslant q_k - 1} \min\left\{16\|(j+1)\omega\|^2, 16\|(j-1)\omega\|^2\right\} \geqslant 16|q_k\omega - p_k|^2 \geqslant \frac{4}{q_{k+1}^2}.$$

用 $N_m(n)$ 表示在 (6.6.7) 中满足下面条件的因子 $\varepsilon_{i_k}^{-1}$ 的个数

$$\varepsilon_{i_k} < \frac{1}{4}\Omega_\lambda(m).$$

下面的引理包含了关键的估计.

引理 6.6.3 对 $m \geqslant 2$, 有

$$N_m(n) = 0, \quad 若\ n \leqslant m;$$

$$N_m(n) \leqslant \frac{2n}{m} - 1, \quad 若\ n > m.$$

证 对 n 进行的归纳证明. 如果 $i_k \leqslant n \leqslant m$, 我们有 $\varepsilon_{i_k} \geqslant \Omega_\lambda(m)$, 因此 $N_m(n) = 0$.

现在假设 $n > m$. 记 δ_n 如 (6.6.7) 中的表示, 我们有一些情形需要考虑.

情形 1 $\varepsilon_n \geqslant \frac{1}{4}\Omega_\lambda(m)$. 那么由 (6.6.6) 得

$$N_m(n) = N_m(n_1) + N_m(n_2), \quad n_1 + n_2 = n,$$

并应用归纳到每个项, 得到 $N_m(n) \leqslant 2n/m - 1$.

情形 2 $\varepsilon_n < \frac{1}{4}\Omega_\lambda(m)$. 于是

$$N_m(n) = 1 + N_m(n_1) + N_m(n_2), \quad n_1 + n_2 = n, \quad n_1 \geqslant n_2.$$

该情形还有三种子情形.

情形 2.1 $n_1 \leqslant m$, 于是 $N_m(n) = 1$.

情形 2.2 $n_1 \geqslant n_2 \geqslant m$. 那么根据归纳

$$N_m(n) = 1 + N_m(n_1) + N_m(n_2) \leqslant 1 + \frac{2n}{m} - 2 = \frac{2n}{m} - 1.$$

情形 2.3 $n_1 \geqslant m > n_2$, 于是 $N_m(n) = 1 + N_m(n_1)$. 该情形我们又有两种不同的子情况.

情形 2.3.1 $n_1 \leqslant n - m + 1$. 由归纳得

$$N_m(n) \leqslant 1 + 2\frac{n - m + 1}{m} - 1 \leqslant \frac{2n}{m} - 1.$$

在这种情况下得证.

情形 2.3.2 $n_1 > n - m + 1$. 注意到 $\varepsilon_{n_1}^{-1}$ 对 $N_m(n_1)$ 没有贡献. 实际上, 反证法, 假设 $\varepsilon_{n_1} < \frac{1}{4}\Omega_\lambda(m)$. 于是

$$\frac{1}{2}\Omega_\lambda(m) > \varepsilon_n + \varepsilon_{n_1} \geqslant \min\left\{\left|\lambda^{n - n_1 + 2} - 1\right|^2, \left|\lambda^{n - n_1} - 1\right|^2, \left|\lambda^{n - n_1 - 2} - 1\right|^2\right\}$$

$$\geqslant \Omega_\lambda(n - n_1 + 2) \geqslant \Omega_\lambda(m),$$

矛盾.

所以情形 1 运用到 δ_{n_1}, 有

$$N_m(n_1) = 1 + N_m(k_{l_1}) + N_m(n_1 - k_{l_1}),$$

不断地分解, 重复讨论, 直至结束, 除非再次遇到情形 2.3.2. 然而, 这个循环讨论不会超过 $m + 1$ 次, 并且我们最终到达其他不同的情形. 证毕.

现在可以完成定理的证明. 定义指标集的序列

$$I(0) := \left\{ \text{在 (6.6.7) 中的 } k = 1, \cdots, l(n) \,\middle|\, \frac{1}{4}\Omega_\lambda(q_1) \leqslant \varepsilon_{i_k} \leqslant 4 \right\},$$

$$I(v) := \left\{ \text{在 (6.6.7) 中的 } k = 1, \cdots, l(n) \,\middle|\, \frac{1}{4}\Omega_\lambda(q_{v+1}) \leqslant \varepsilon_{i_k} \leqslant \frac{1}{4}\Omega_\lambda(q_v) \right\},$$

其中序列 $(q_v)_{v=1}^{+\infty}$ 是 ω 的连分式有理逼近的分母序列. 由 $l(n) = n - 1$, 得 $\operatorname{card} I(0) \leqslant n - 1$. 如果 $v \geqslant 1$, 那么 $\operatorname{card} I(v) \leqslant \frac{2n}{q_v} - 1$. 由前面的关系式, 得

$$\frac{1}{n}\ln\delta_n = \sum_{k=1}^{l(n)} \frac{1}{n}\ln\varepsilon_{i_k}^{-1} \leqslant \sum_{v=0}^{+\infty} \frac{1}{n}\operatorname{card} I(v) \ln\frac{4}{\Omega_\lambda(q_{v+1})}$$

$$\leqslant \sum_{v=0}^{+\infty} \frac{1}{n} \cdot \frac{2n}{q_v}\ln q_{v+2}^2 = 4\sum_{v=0}^{+\infty} \frac{\ln q_{v+2}}{q_v},$$

与前面的估计相结合, 有

$$\sup_{n \geqslant 1} \frac{1}{n}\ln|\phi_n| \leqslant \sup_{n \geqslant 1} \frac{1}{n}(\ln\sigma_n + \ln\delta_n)$$

$$\leqslant \ln|4c_1| + \ln\frac{1 + \sqrt{2}}{2} + 4\sum_{v=0}^{+\infty} \frac{\ln q_{v+2}}{q_v} < +\infty,$$

这意味着幂级数 $\Phi(z) = \sum_{n=1}^{+\infty} \phi_n z^n$ 在原点邻域收敛. 证毕.

6.6.4 数值验证

本小节, 对于不同的参数值 α, 作出一些数值实验.

实验表明当 $\alpha = 2\pi/3 - 1/1000$ 时, 原点是椭圆型的不动点, 存在 Siegel 盘, 可局部解析线性化, 见图 6.6.1; 当 $\alpha = 2\pi/3$ 时, 原点是抛物型的不动点, 不存在 Siegel 盘, 出现了花瓣定理表示的不变集, 见图 6.6.2. 当 $\alpha = 2\pi/3 + 1/1000$ 时, 原点又变成了椭圆型的不动点, 存在 Siegel 盘, 可局部解析线性化, 见图 6.6.3.

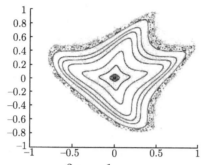

图 6.6.1 当 $\alpha = \dfrac{2\pi}{3} - \dfrac{1}{1000}$ 时, 可局部解析线性化

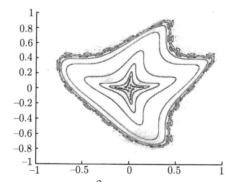

图 6.6.2 当 $\alpha = \dfrac{2\pi}{3}$ 时, 不可局部解析线性化

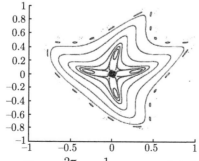

图 6.6.3 当 $\alpha = \dfrac{2\pi}{3} + \dfrac{1}{1000}$ 时, 可局部解析线性化

参 考 文 献

[1]　Hardy G H, Wright E M. An Introduction to the Theory of Numbers. 5th ed. Oxford: Oxford Univ. Press, 1979.

[2]　Carletti T, Marmi S. Linearization of analytic and nonanalytic germs of diffeomorphisms of $(\mathbb{C}, 0)$. Bull. Soc. Math. France, 2000, 128: 69-85.

[3]　Yoccoz J C. Analytic linearization of circle diffeomorphisms // Eliasson L H, Kuksin S B, Marmi S, Yoccoz J C. Dynamical Systems and Small Divisors, 1998. Lecture Notes in Math., 1784. New York: Springer-Verlag, 2002: 125-173.

[4]　Xu B, Zhang W. Small divisor problem for an analytic q-difference equation. Journal of Mathematical Analysis and Applications, 2008, 342(1): 694-703.

[5]　Brjuno A D. Analytical form of differential equations. Transactions of the Moscow Mathematical Society, 1971, 25: 131-288.

[6]　Brjuno A D. Analytical form of differential equations. II. Transactions of the Moscow Mathematical Society, 1972, 26: 199-239.

[7]　Abate M. Discrete holomorphic local dynamical systems// Gentili G, Guenot J, Patrizio G, eds. Holomorphic Dynamical Systems. Lectures notes in Math. Berlin: Springer-Verlag, 2010:1-55, arXiv:0903.3289v1.

[8]　Pöschel J. On invariant manifolds of complex analytic mappings near fixed points. Expositiones Mathematicae, 1986, 4: 97-109.